JN075922

動画でよくわかる

速習**C**言語

菅原朋子 [著]

マイナビ

まえがき

　私が、「速習C言語入門－脳に定着する新メソッドで必ず身につく」を上梓したのは 2006 年のことでした。2012 年の改訂版を経て、今回二度目の改訂版として装いも新たに出版の運びとなりました。これほど長い間ご愛読いただいていることに感謝するとともに、今なお多くの方々によって C 言語が学ばれているということに少なからず驚きを感じます。これはやはり C 言語がすべてのプログラミング言語の基本として位置づけられているからなのでしょう。

　初版から 15 年の間にプログラミングの学習環境は大きく変わりました。インターネットで学ぶことが一般的となり、専門のプログラミング講座はもとより動画学習サイトも多数開設されています。私自身も 2016 年から「LinkedIn ラーニング」という動画学習サイトで初心者向けのプログラミングのコースを担当しています。動画作成にも関わるようになって感じる最大のメリットは、何より手軽にわかりやすくノウハウを知ることができるという点でしょう。しかしその反面、ピンポイントで情報を探したり、忘れてしまったことをあとから確認したりしたいときなど、書籍では簡単にできることも動画では容易なことではありません。そういう悶々とした思いを抱えていたとき、今回の改訂に際して、「動画解説を入れたらどうか」という担当編集者の山口正樹様からの提案は、まさに私自身が求めていた理想のプログラミング学習方法だと思いました。

　改訂にあたっては、C99 と C11 の内容を取り入れ、それにともないコンパイラも MinGW GCC に変更いたしましたが、改訂前に好評だった、多くの図解、単元ごとの演習問題、ソースコード行間の細かな解説、情報処理の基礎や C 言語に関する多くのコラムなどは変えることなく、初めて C 言語を学ぶ方に配慮したわかりやすい内容になっています。

　これから C 言語の学習を始めるみなさまの頼れるガイドとして、本書が一助となれば幸いです。

2021 年 3 月　菅原　朋子

········ 本書の使い方 ― 解説動画について ········

　本書は動画なしでも十分学習できますが

・実際のプログラミング方法がよくわからない、自信がもてない

・やはり講義を受けながら理解していきたい

という読者のために、誌面解説に合わせて活用できる動画レッスンを用意しています。

　書籍で解説している内容の、著者による分かりやすい動画解説でサポートします。

※動画サービスは予告なく終了することがございます。予めご了承ください。

本書の内容は書籍だけでも十分学習できますが、動画学習と組み合わせてより深く理解することができます。

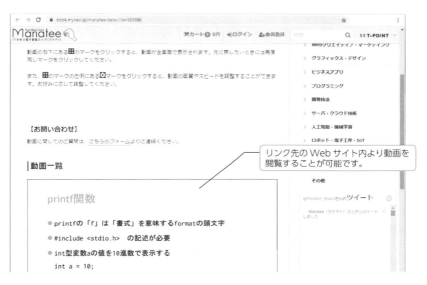

リンク先の Web サイト内より動画を
閲覧することが可能です。

エディターへのプログラム入力や、実際
の実行結果などを動画で確認できます。

●本書のサポートサイト

　「本書で紹介したプログラムソースコード」や「演習問題の解答例ソース
コード」等は以下のサイトで提供します。

　書籍・動画の学習前にあらかじめダウンロードしておいてください。

https://book.mynavi.jp/supportsite/detail/9784839975456.html

･･････････････ 本書の使い方 ･･････････････

　本書は脳に定着する新メソッドにより、必ずC言語が身につく入門書です。何冊もC言語の入門書を買ったがいつも途中で挫折してしまう……という方でも必ず身につきます。本書では3大挫折ポイントを3ステップの学習法で攻略します。

●ステップ1

　挫折ポイントその1は、なんとなく読んでいるうちにわからなくなるというもの。これは理解していないのに読み進み、わからないことが雪だるま式にふくらんでいくからです。そこでステップ1。チェックポイント！ の重要な用語、概念を色の付いた文字で表現していますので、章や節などの区切りで、理解しているか確認しながら読み進みましょう。また、コラムの「再確認！情報処理の基礎知識」もぜひ読んでください。より理解が深まり、記憶が確実になるはずです。

チェックポイント！

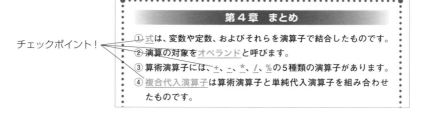

① **&& 演算子**
「A && B」の形で用い、**Aが真かつBが真**であるとき（AとBがともに真のとき）に1を、それ以外のときに0を生成します。表の使用例の a > 0 && b > 0 は、aとbがともに0より大きいときのみ1となります。

チェックポイント！

第4章　まとめ

① 式は、変数や定数、およびそれらを演算子で結合したものです。
② 演算の対象をオペランドと呼びます。
③ 算術演算子には、+、-、*、/、%の5種類の演算子があります。
④ 複合代入演算子は算術演算子と単純代入演算子を組み合わせたものです。

※ 関数名などの読み方に決まりはありませんが、記憶が定着しやすいように一般的と思われる読みのふりがなを振っています。

●ステップ2

挫折ポイントその2は、途中でソースコードが読めなくなってしまうというもの。ソースコードが長くなり、わからない部分が増えるとストレスがたまり学習意欲が低下します。そこでステップ2。わからなくなったらソースコードの行間に書かれている解説を見てみましょう。ソースコードが簡単に理解できるはずです。さらに、ソースコードのチェックポイントは色の付いた文字になっています。理解しているか確認してみましょう。

ソースコードの意味
を解説（ソースコー
ドには記述しません）

ソースコード各部の
解説（ソースコード
には記述しません）

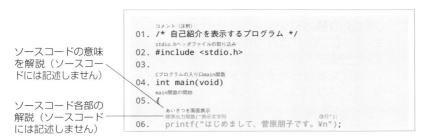

●ステップ3

挫折ポイントその3は、わかったはずが、いざとなるとプログラムが書けないというもの。百聞は一見に如かず。実際にプログラムを書かなければ身につきません。そこでステップ3。本書は、取り組みやすい演習問題を豊富に掲載しました。解答例のソースコードに解説を加えたHTML文書を本書サポートサイト（https://book.mynavi.jp/supportsite/detail/9784839975456.html）で配布しています。演習問題に取り組み、実際にプログラムを書いてみましょう。

難易度を表します。☆の数が少ないほど簡単です

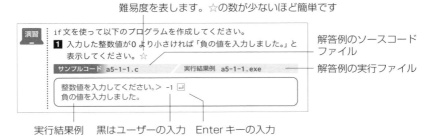

目　次

コラム

第1章 機械のコトバと翻訳者

　この章ではプログラミング言語とC言語の概要について学びます。これから学習するC言語が、プログラミング言語全体の中でどのような位置づけにあるかを理解しましょう。

　コンピュータを動かすためには、その手順を指示するプログラム（ソフトウェア）が必要です。プログラムはコンピュータが理解できるコトバで書かなければなりません。

　人間は五十音などを使った複雑な言葉を理解できますが、実はコンピュータが直接理解できるコトバは、電流の「OFF」と「ON」を数字の「0」と「1」に置き換えた機械語だけです。しかし、人間が0と1だけでプログラムを書くのはとても大変です。ですから、人間にわかるプログラミング言語を使ってプログラムを書いてから、機械語に翻訳します。

　現在、数え切れないくらいのプログラミング言語が世の中に存在しています。C言語はその中でよく使われるプログラミング言語の一種です。プログラミング言語としての歴史が古く、効率のよい無駄のないプログラムが書けるからです。また、C言語のあとに開発されたプログラミング言語の多くはC言語のスタイルを踏襲しています。そのため、C言語は最初に学ぶプログラミング言語として、学校や企業の新人教育などでよく取り上げられます。

　C言語はプログラミング言語の基本です。C言語を使いこなせるようになると、あらゆる局面で応用が利くようになります。ぜひ最後まで本書を読み通し、C言語を習得してください。

プログラミング言語とは

Programming Language

解説動画

https://book.mynavi.jp/c_prog/1_1_program/

　「コンピュータ、ソフトがなければただの箱」というたとえがありますが、コンピュータはプログラムがなければ何も仕事をすることができません。では、そもそもプログラムとはどのようなものなのでしょうか。

1.1.1 機械語とアセンブリ言語

　プログラムとは、コンピュータに仕事をさせる命令とデータをひとかたまりにしたものです。コンピュータはプログラムがあってはじめて動作することができます。電源を入れたときから切るときまで、コンピュータの頭脳であるCPU (中央処理装置) がプログラムの命令とデータを解読し、処理を行っているのです。

　そして、そのプログラムを書くために、英語などを元に作られたのがプログラミング言語です。

図1-1-1　機械語とアセンブリ言語

機械語	アセンブリ言語
`10111000 00101101`	`main_::`
`00000001 10001110`	`  MOV BX,1`
`11010000 10111100`	`  MOV AX,2`
`00110100 00001101`	`  ADD BX,AX`
`00110110 10001100`	`  XOR AX,AX`
`00011110 01011000`	`  RET`
`00000000 10110100`	
`00110000 11001101`	

コンピュータが直接理解できるのは、前述のように0と1の数字の羅列で表現された機械語です。国によって言葉が異なるように、機械語もCPUの種類ごとに用意されています。今から70年ほど前に開発された初期のコンピュータでは、この機械語を使ってプログラムが書かれていました。けれども、0と1だけの機械語で書いていたのでは生産性が上がりません。そのため、まもなくアセンブリ言語と呼ばれるプログラミング言語が開発されました。

このアセンブリ言語では、加算する命令を「ADD」と書いたり、メモリ上のデータを移動する命令を「MOV」(moveの略)と書いたりします。これなら人間にも理解しやすいですね。アセンブリ言語が開発されて、だいぶプログラミングの効率がよくなりました。けれども、まだ十分ではありません。アセンブリ言語は機械語の命令を記号(ニーモニックと呼びます)に置き換えただけです。そのため表現が豊かではなく、大規模なプログラムを書くのには不向きです。また、CPUの種類ごとにアセンブリ言語が異なっているので、同じ内容のプログラムでもCPUが違えば書き直さなければなりません。

①①② 高水準言語の登場

そこで、次に開発されたのが高水準言語です。アセンブリ言語のような機械語に近いプログラミング言語を低水準言語、人間の自然言語(英語など)に近いものを高水準言語と呼びます。

1956年、Fortranという科学技術計算向けのプログラミング言語が開発されました。これが世界初の高水準言語です。その後も多くの高水準言語が世に生み出されました。C言語も高水準言語の一種です。

高水準言語はどれもみな、アセンブリ言語にくらべるとはるかに人間が理解しやすい書き方をします。たとえば加算には「ADD」ではなく、数式で使われる「+」が使われます。また、表現力が格段に向上し、機械語の複数の命令を1つにまとめたりもしています。そして、何よりも、アセンブリ言語と違って、CPUの種類によってプログラムを書き分ける必要がほとんどないのです。こうして開発効率はずっとよくなりました。

ところで、なぜ、高水準言語はCPUの種類に大きく依存しないのでしょうか。多くの日本人は日本語しかしゃべれませんが、英語の通訳者を介せばアメリカ人と話をすることができます。中国語の通訳者を介せば中国人とも話せます。同じように、高水準言語ではコンパイラと呼ばれる翻訳プログラムを使い、CPUの種類ごとの機械語に翻訳するからです。

図1-1-2　高水準言語 C言語

```c
int main(void)
{
  int a, b, c;

  a = 1;
  b = 2;
  c = a + b;

  return 0;
}
```

❶ 機械のコトバと翻訳者

再確認！ 情報処理の基礎知識

高水準言語の種類

　高水準言語は、機械語への翻訳の仕方やプログラミング手法の違いでいくつかの種類に分類されます。以下に代表的な種類を説明しておきましょう。

　まず、翻訳の仕方で分けるとインタプリタ言語とコンパイラ言語があります。**インタプリタ言語**は、コンピュータがプログラムを機械語に翻訳しながら順次実行していきます。一方、**コンパイラ言語**は、あらかじめ翻訳しておいてから一気に実行します。

　インタプリタ言語で書いたプログラムは、翻訳作業の分どうしても実行速度が遅くなります。そのため、インタプリタ言語は大規模なプログラムや高速処理が求められるプログラムには向きません。一方、コンパイラ言語では、翻訳済みの機械語を実行するので処理速度が速くなります。

　次にプログラミング手法の違いで分けると、手続き型プログラミング言語とオブジェクト指向プログラミング言語があります。**手続き型プログラミング言語**は、コンピュータに行わせる処理の流れ（手続き）に沿ってプログラムを書いていきます。一方、**オブジェクト指向プログラミング言語**は、データとそれに対する手続

きを「オブジェクト」としてまとめて、それらを組み合わせてプログラムを作っていきます。

　現在はオブジェクト指向プログラミング言語が主流になりましたが、オブジェクトの「手続き」の部分を記述するには、手続き型プログラミング言語の考え方も理解している必要があります。

　C言語は、「コンパイラ言語」、「手続き型プログラミング言語」に分類されます。

●翻訳の仕方による分類

コンパイラ言語

機械語に翻訳してから実行

オブジェクティブシー　シーシャープ
Objective-C　C#
シープラスプラス　ジャバ
C＋＋　Java※など

インタプリタ言語

機械語に翻訳しながら実行

バイソン　ルビー
Python　Ruby
ジャバスクリプト　ピーエイチピー
JavaScript　PHP など

※ Java は特殊な言語で、インタプリタ言語としての側面も持つ。

●プログラミング手法による分類

手続き型プログラミング言語

処理手順に重点を置く

C言語　Fortran　COBOL
BASIC など

オブジェクト指向プログラミング言語

操作対象に重点を置く

C++　Java　Objective-C
C#　Python　Ruby
JavaScript　PHP など

C言語の概要

Quick Introduction to C

解説動画

https://book.mynavi.jp/c_prog/1_2_quickintro/

C言語は、いつ何のために開発されたのでしょう。そして、現在、どのような分野で使われているのでしょうか。

1.2.1　C言語の歴史

C言語は、1972年ごろUNIX（ユニックス）というオペレーティングシステム（OS）を記述するためにアメリカの情報通信会社AT&Tのベル研究所のデニス・リッチーによって開発されました。

その後、C言語はさまざまな分野で使われるようになり、プログラミング言語を開発する会社の多くが独自の仕様を加えていきます。そのため、C言語には多くの方言ができてしまいました。方言が多くなると、あるコンピュータ用に開発したC言語のプログラムが別のコンピュータに移植できないといったことが起こります。そこでANSI（アンシ）（アメリカ規格協会）により、1989年にC言語の統一規格ANSI X3.159-1989が制定されました。このANSI規格のC言語はANSI Cと呼ばれます。さらに、1999年に、ISO（国際標準化機構）によって機能拡張が行われ、ISO/IEC 9899:1999（通称C99（シーキュウジュウキュウ））が制定されました。また、2011年にISOによって、機能の追加と変更が行われISO/IEC 9899:2011（通称C11（シージュウイチ））として制定されました。ほかにも小さな改定はありますが、本書執筆時点の最新バージョンはC11です。

C11は、一部のコンパイラでは未実装の仕様も多く、そのため本書では広く普及しているANSI Cを中心に解説し、必要に応じて、C99とC11について取り上げたいと思います。

1②② C言語の利用分野

　C言語が開発されてから、すでに50年の年月を経ていますが、いまだに多くのシステムがC言語で開発され続けています。これほど長い間、開発の第一線で使用されているプログラミング言語はほかにありません。それだけ強力なプログラミング言語だといえましょう。

　C言語は高水準言語の一種です。けれども、低水準言語に近い高水準言語だといわれます。低水準というのは機械語に近いという意味ですが、C言語は高水準言語でありながら、アセンブリ言語でしか記述できなかった、ハードウェアに直接アクセスするようなきめの細かいプログラミングが可能なのです。そのため、人間が直接利用するアプリケーションから、その裏でコンピュータの制御を行うオペレーティングシステム、Pythonなどのプログラミング言語、そして、携帯電話や家電製品などに組み込まれているマイクロコンピュータ上で動くプログラムまで、さまざまなプログラムを開発するのに使われています。

C言語の利用分野例

・アプリケーションプログラム

　　…人間が直接利用するプログラム

　　(例) ワープロソフト、表計算ソフト、ゲームソフト、Web関係のソフト
　　　　など

・オペレーティングシステム

　　…コンピュータの制御を行うプログラム

　　(例) UNIX オペレーティングシステムなど

・プログラミング言語

　　(例) Python、Ruby など

・マイクロコンピュータのプログラム

　　…極小コンピュータ上のプログラム

　　(例) 携帯電話、家電製品など

言語プロセッサ

　言語プロセッサ（翻訳プログラム）の名称と動作を英語の意味とくらべてみましょう。

言語プロセッサ		英語	
名称	意味	つづり	意味
アセンブル	アセンブリ言語を機械語に翻訳すること。	assemble	組み立てる
アセンブラ	上記を行うソフトウェア。	assembler	組立工
コンパイル	高水準言語で書かれたソースコードを機械語に翻訳すること。	compile	編集する
コンパイラ	上記を行うソフトウェア。	compiler	編集者
インタプリタ	高水準言語で書かれたソースコードを、機械語に変換しながら実行するソフトウェア。	interpreter	通訳

❶ 機械のコトバと翻訳者

開発環境の構築方法

How to build a development environment

解説動画 https://book.mynavi.jp/c_prog/1_3_developenv/

　C言語習得の近道は、実際にコンピュータ上でプログラムを作成し動かしてみることです。そのためには、コンピュータ上にC言語プログラムを開発する環境を用意しなければなりません。それが、「開発環境の構築」です。

　そろえなければならないソフトウェアは、C言語のソースファイルを編集するための「テキストエディタ」と、ソースファイルを翻訳するための「コンパイラ」です。

　この節では、テキストエディタとコンパイラの準備について説明します。

1 3 1 テキストエディタについて

　C言語プログラムの元となるソースファイルを作成するためには、「テキストエディタ」が必要になります。

　テキストエディタとは、テキストだけを編集するソフトウェアです。マイクロソフトのWordのようなワープロソフトは、文字の大きさや色などの書式情報が保存されるのでソースファイルの作成には向きません。

　Windows OSで一番手軽に利用できるテキストエディタは「メモ帳」ですが、プログラミングを行うために便利な機能を備えたテキストエディタも多数あります。Vector（https://www.vector.co.jp/）や窓の杜（https://forest.watch.impress.co.jp/）といったソフトウェア配布サイトで「テキストエディタ」をキーに検索すると無料や安価なものが多数紹介されていますから、気に入ったものをダウンロードしてお使いになるといいでしょう。ちなみに筆者の愛用は「TeraPad」（https://tera-net.com/library/tpad.html）です。Windows OS上で動作する、シンプルで初心者にも扱いやすいテキストエ

ディタです。ほかにも、Microsoft社製の「Visual Studio Code」や、GitHub
が開発した「Atom」のような高機能テキストエディタもあります。慣れて
きたらこのようなテキストエディタを使ってもいいでしょう。なお、Atom
エディタのインストール方法を動画で解説しています。使ってみたい方は
参照してください。

❶❸❷　コンパイラのインストール

　お使いになっているOSによって、動作するコンパイラは異なります。こ
こでは、フリーのコンパイラである **GCC** を Windows 上で利用できるよう
にした「MinGW」を使って、C言語開発環境を構築する方法を説明します。
　Windows 10以外のOSをお使いの方は、OSに合ったコンパイラをご自
分でご用意ください。

1.3.2.1　コンパイラのダウンロード

まず、下記のインターネット サイトにアクセスし、「Downloads」をクリッ
クしてください。

mingw-w64　`http://mingw-w64.org/`

図 1-3-1　mingw-w64 GCC for Windows 64 & 32 bits の提供ページ

　次に、表示されたページで、「MingW-W64-builds」をクリックしてくだ
さい。

1.3.2.2　コンパイラのインストール

　すると、図1-3-2のようなページが表示されるので、「Sourceforge」をク
リックしてください。MinGWのインストーラー「mingw-w64-install.exe」
がダウンロードされるので、任意の場所に保存してください。ダウンロー
ドした「mingw-w64-install.exe」をダブルクリックするとコンパイラのイ
ンストールが始まります。このとき、「この不明な発行元からのアプリがデ
バイスに変更を加えることを許可しますか？」というダイアログボックス
が出現した場合には、［はい］をクリックしてください。

図1-3-2　MinGW-w64インストーラーのダウンロード

　最初の画面で「Next」をクリックするとインストールに関する設定画面
が表示されます。64bit環境の場合は図1-3-3のように、「Architecture」を
「i686」から「x86_64」に変更してください。「Next>」をクリックすると図
1-3-4のようにインストール先を指定する画面になります。特に問題がなけ
ればそのまま「Next>」をクリックしてください。

図1-3-3　MinGW-W64のインストール

図1-3-4 インストール先の指定

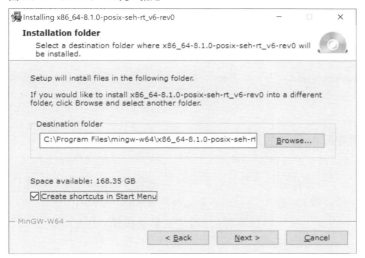

インストールが始まるので、しばらく待って、図1-3-5のような画面になればインストールは完了です。「Next>」をクリックしてください。最後の画面で「Finish」をクリックして作業を終了してください。

図1-3-5 インストールの終了

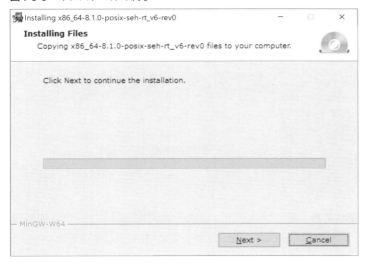

①③③ コンパイラの実行のための設定

次にコンパイラの実行のための設定を行います。『1.3.2.2　コンパイラのインストール』で、「C:¥Program Files¥mingw-w64¥x86_64-8.1.0-posix-seh-rt_v6-rev0¥mingw64」フォルダーにインストールしたものとして説明をします。

1.3.3.1　環境変数Pathの設定

MinGW-w64に含まれるコンパイラのGCCでは、「コマンドプロンプト」（P.17）を使用してC言語プログラムのコンパイルや実行を行います。そのためには、「環境変数Path」の設定が必要になります。

まず、スタートメニューの検索窓に「環境変数を編集」と入力してください。

図1-3-6　「環境変数を編集」を検索

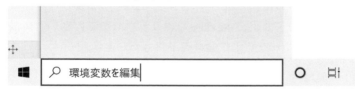

検索結果の一番上に出てきた「環境編集を編集」をクリックしてください。

図1-3-7　「環境変数を編集」をクリック

すると、「環境変数」ダイアログボックスが開くので、「ユーザー環境変数」の「Path」を選択してから「編集」ボタンをクリックしてください。

図1-3-8 「環境変数」ダイアログボックス

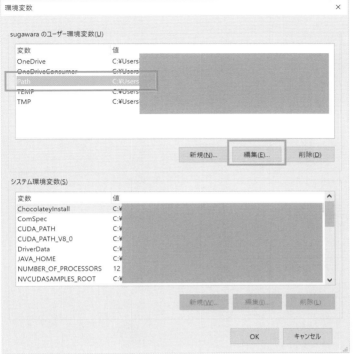

機械のコトバと翻訳者

すると、「環境変数名の編集」ダイアログが開かれるので、図1-3-9のように先に「新規」ボタンをクリックしてから、「参照」ボタンをクリックしてください。そして、「フォルダーの参照」でMinGW-w64をインストールしたディレクトリの中の「bin」ディレクトリを選択してください。

```
C:¥Program Files¥mingw-w64¥x86_64-8.1.0-posix-seh-rt_v6-rev0¥
mingw64¥bin
```

このとき、すでに入力されている他のPathの値は絶対に消したり、書き換えたりしないでください。システム起動エラーを起こすことがあります。

順に［OK］をクリックしてダイアログボックスを閉じたら、作業は終了です。

図1-3-9 「環境変数名の編集」のダイアログ

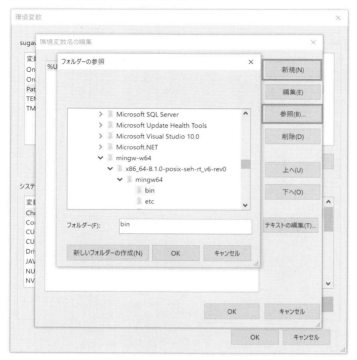

1.3.3.2 Pathの設定の確認

　スタートメニューの検索窓に「cmd」と入力してから「Enter」キーを押してください。すると「コマンドプロンプト」が立ち上がります。「C:¥Users¥（ユーザアカウント名）>」が表示されているので、そのまま、「gcc -v」とコンパイルコマンドを入力してから［Enter］キーを押します。

図1-3-10 コンパイルコマンドを入力するところ

```
コマンド プロンプト
Microsoft Windows [Version 10.0.18363.1082]
(c) 2019 Microsoft Corporation. All rights reserved.

C:¥Users¥sugaw>gcc -v_
```

　下図のように、バージョン情報などの文字列が出力されればPathの設定は完了です。うまくいかない場合はPathの設定を見直してください。

図1-3-11　コンパイルコマンド入力後

①③④ コマンドプロンプトについて

　Windows 10に代表されるWindows OS は、マイクロソフト社が開発したOS です。そのマイクロソフト社が創業後まもなくして開発したOSがMS-DOS です。

　Windows OS は、マウスで画面上のアイコンやウィンドウをクリックするといった操作のグラフィカルユーザインタフェース（GUI）です。一方、MS-DOS は、マウスを使わず、キーボードからコマンド（命令）を入力してコンピュータに指示を与えるキャラクタユーザインターフェース（CUI）のOS です。

　コマンドプロンプトは、MS-DOS コマンドをWindows OS上で実現するために用意された機能です。コマンドを入力することにより、WindowsのGUI を使用せずにコンピュータ上でプログラムを実行することができます。今でも、プログラマを中心に使われています。

　現在では、プログラムの開発には、ソースの編集、デバッグやファイル管理などが行える統合開発環境（IDE）を使用するのが一般的です。しかし、

C言語という歴史の古いプログラミング言語を学ぶのですから、コマンドプロンプトを使った開発にも是非慣れてください。今後、プログラミングを行う上で、コマンドプロンプトを使った開発経験は必ず役に立つはずです。

1.3.4.1　ディレクトリ

　Windows OSでは、ファイルを分類・整理するための保管場所を「フォルダー」と呼び、書類ばさみの形をしたアイコンで示しますが、MS-DOSでは、それを「ディレクトリ」と呼びます。Windows OS では、フォルダーを作ったり、移動したりするためにはアイコンをクリックすればいいのですが、文字中心のコマンドプロンプトでは、コマンドを入力してディレクトリを操作する必要があります。

1.3.4.2　cdコマンド

　コマンドプロンプト上でMinGW-w64に含まれるコンパイラのGCCを使う上で最低限知っておいてほしいコマンドは「cd」です。

　現在作業中のディレクトリを「カレントディレクトリ」と呼びますが、cdコマンドはchange directoryの略で、カレントディレクトリを移動することができます。

　本書では、C ドライブ直下に「cwork」という名前のフォルダーを作り、C言語プログラムの元になるソースプログラムを保存することにします。たとえば、「sample.c」という名前のソースプログラムをcworkディレクトリに保存し、エクスプローラーで確認すると図1-3-12のようになります。

図**1-3-12** sample.cを「エクスプローラー」を使って表示した例

このsample.cをコンパイルする前に、カレントディレクトリをCドライブ直下の「cwork」に移動する必要があります。そのためには、「cd ¥cwork」とコマンド入力し、Enterキーを押下します。「¥」はルートディレクトリという一番上のディレクトリを意味し、「cd ¥cwork」で「ルートの下のcworkディレクトリにカレントディレクトリを移動する」という意味になります。

図**1-3-13** 「cd ¥cwork」とコマンド入力した例

これで開発環境の構築は終了です。次の章からは、実際にプログラムを作成していきましょう。

Visual C++でコンパイルする場合の注意

　マイクロソフト社のVisual Studioを使ってscanfやfopenなどの標準ライブラリ関数を使用したプログラムをコンパイルするとC4996エラーが発生します。これは、Visual C++では、これらの関数が安全ではないと判断され、非推奨となっているためです。代わりに、scanf_sやfopen_sといったセキュリティを強化した関数を使うようにと提案されます。これらはC11で追加された関数ですが、現時点ではサポートしていないコンパイラも多いため、本書では従来通り、scanfやfopenを使用しています。ですから、本書のプログラムをVisual StudioでコンパイルするとC4996エラーが発生することがあります。その場合には、次の1文をプログラムの1行目に追加してから再度コンパイルしてください。

```
#define _CRT_SECURE_NO_WARNINGS
```

この文を追加することで、非推奨を無効にすることができます。

さらなる理解のために

高水準言語の系図

　高水準言語には多くの種類がありますが、それらは互いに影響を受けて開発されています。下図に主な高水準言語の系図を示します。C言語が多くのプログラミング言語に影響を与えているのがよくわかりますね。

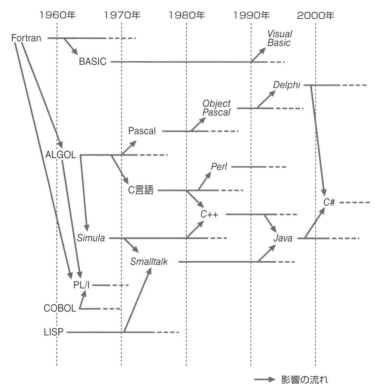

→ 影響の流れ

斜体：オブジェクト指向の
　　　プログラミング言語

21

第1章 まとめ

① コンピュータはプログラムによって処理を行います。

② プログラムはプログラミング言語によって記述されます。

③ コンピュータが直接理解できるプログラミング言語は機械語です。

④ C言語はコンパイラによって機械語に翻訳されます。

⑤ C言語はUNIXというオペレーティングシステムを記述するために開発されました。

⑥ C言語の最新規格はC11（本書執筆時点）です。

⑦ C言語は高水準言語でありながら、ハードウェアに直接アクセスするような記述が可能です。

第2章 C言語の基本作法

　この章では、手順に従って実際にプログラムを作成してみましょう。細かな内容は学習を進めていくうちに理解できるようになりますので、まずは画面に文字列を表示するプログラムを作れるようにしてください。

はじめに

　本章では、実際に簡単なC言語のプログラムを作成し、実行させてみましょう。この章で作成するのは、「hello, world」という文字列を画面に表示するプログラムです。

　ブライアン・カーニハンとC言語の開発者デニス・リッチーがC言語の文法についてまとめた、『The C Programming Language』という本があります。この本は2人の頭文字を取って通称「K & R」と呼ばれ、C言語のバイブルとなっていますが、その中で最初に書かれたプログラムも「hello, world」と画面に表示するものでした。ですから、この一文には、C言語の事始めのような意味合いがあるのです。日本語でいえば、「いろは」でしょうか。本書でもこの一文を表示することからはじめることにします。

　さて、たったこれだけの文字列を表示する小さなプログラムですが、一言では説明できない多くの学習事項を含んでいます。とりあえず割愛せずに一通りの説明をしますが、本章を読み終えた時点でそれらを理解できなくても、まったく問題はありません。ここではCプログラミングの手順とスタイルだけをわかっていただければいいのです。細かいことは本書を読み進めているうちに必ずわかるようになります。

Cプログラムの作成

Creating C Programs

https://book.mynavi.jp/c_prog/2_1_creating_c/

　C言語のプログラムを作成し、実行してみましょう。必ずコンピュータ上に開発環境を準備して（1.3節　開発環境の構築方法　参照）一緒にやってみてください。「百聞は一見に如かず」ですよ。

2.1.1　Cプログラムの作成手順

　Cプログラムの作成は次の手順で行われます。まず、流れを把握してください。

① テキストエディタを使ってプログラムコード（ソースコード）を入力しソースファイルを作成します。

② ソースファイルをコンパイルし、オブジェクトファイルを作成します。

③ オブジェクトファイルと他のオブジェクトファイルやライブラリファイルをリンクし、実行ファイルを作成します。

④ 実行ファイルを実行します。

図2-1-1　Cプログラム作成の流れ

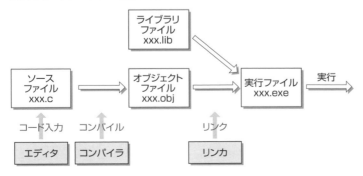

本書では、マイクロソフトのOSであるWindows 10上で、1.3節で紹介した、GNUプロジェクトが開発・公開しているフリーのコンパイラであるGCCを用いてこの流れを説明します。他の環境をお使いの方は、それぞれのマニュアルを参照してください。

②①② ソースファイルの作成

C言語のプログラミングで最初に行うのは、プログラムの元（ソース）となるソースファイルの作成です。テキストエディタを使用して、実際にC言語のソースコードを記述します。

テキストエディタとは、テキスト（文字）だけを編集するソフトウェアです。マイクロソフトのWordのようなワープロソフトは、文字の大きさや色などの書式情報が保存されるのでソースファイルの作成には向きません。Windows 10をお使いの方は、「TeraPad」や「Atom」、「Visual Studio Code」というテキストエディタを使うのがオススメです（『1.3.1項　テキストエディタについて』参照）。C言語の予約語（P.66参照）が強調表示され入力ミスを防ぐことができます。なお、図2-1-2はWindows 10に標準で備わっているメモ帳を使用しています。

では、実際に図2-1-2のようにソースコードを入力してみましょう。このとき、次の点に注意してください。

・英数字は半角で入力する。

・小文字と大文字は区別する。

・セミコロン（;）とコロン（:）、{}や()の括弧を間違えない。

・空白はTabキーと半角スペースキーで入力する。

なお、円マーク（¥）をバックスラッシュ（\）で表すテキストエディタをお使いの方は、¥を\に読み替えてください。

入力し終わったら、C言語のソースファイルであることを示す拡張子（P.27参照）「.c」をつけて保存します。ここでは、Cドライブに「cwork」という名前のフォルダーを作り、「sample.c」というファイル名で保存することにします。

メモ帳をお使いの方は、保存時に「ファイルの種類」を「すべてのファイル」

にしておかないと、拡張子が「.txt」になってしまうので注意してください。

図2-1-2　サンプルプログラム

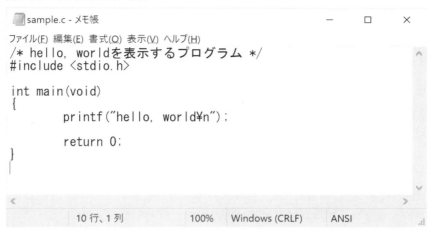

拡張子

ファイル名のうち「.」以下の部分を拡張子と呼び、ファイルの種類を表します。OSは拡張子によってファイルの種類を判断します。

Windows 10は通常、初期状態のエクスプローラーでは拡張子が表示されないようになっています。次の手順で拡張子を表示するようにしておきましょう。

① スタートメニューの検索窓に「エクスプローラー」と入力し、エクスプローラーを起動してください。

② [表示] タブをクリックし、「ファイル名拡張子」のチェックをオンにします。

②①③ コンパイル

　C 言語で作成したソースファイルは、コンパイラという翻訳ソフトを使って機械語であるオブジェクトファイルに変換します。この作業をコンパイルと呼びます。

　コンパイルするためにはコンパイラがコンピュータにインストールされている必要があります。コンパイラをインストールしていない方は、ここでいったん中断し、1.3節を参考にコンパイラのインストールと Path の設定を行ってください。

　さて、コンパイラの準備はできたでしょうか。GCCをお使いの方は、コマンドプロンプト上でカレントディレクトリ (現在の作業対象のフォルダー) を「C:¥cwork」に移動した後、次のように入力してコンパイルを行ってください。コマンドプロンプトの使い方はP.18で解説しています。

図2-1-3　コンパイル

　コンパイルが成功すると、以下のようにプロンプトが出力されます。

図2-1-4　コンパイル成功

　もし、図2-1-5のようにエラーメッセージが表示された場合は、ソースコードの入力を間違えたことになります。P.27の図2-1-2をよく確認し、ソースコードを修正してから再度コンパイルしてください。

図2-1-5 コンパイル失敗

```
C:¥cwork>gcc sample.c
sample.c: In function 'main':
sample.c:6:26: error: expected ';' before 'return'
 printf("hello, world¥n")
                         ^
sample.c:8:2:
 return 0;
 ~~~~~~

C:¥cwork>_
```

用語コラム

フォルダーとディレクトリ

　Windows OS だけをお使いの方には、「ディレクトリ」という言い方はなじみが薄いと思いますが、これはフォルダーと同じものです。UNIXやMS-DOSなどのCUI環境では、フォルダーはディレクトリと呼ばれます。

　CUIとは、キャラクター・ユーザー・インターフェースの略で、ユーザーがキーボードで入力し、コンピュータが文字や記号だけで情報を表示する操作環境です。一方、Windows OSやMac OSなどのように、ウィンドウやアイコンなどを多用し、キーボードとマウスなどを併用する操作環境を、グラフィカル・ユーザー・インターフェースの略でGUIと呼びます。

　コマンドプロンプトは、CUIであるMS-DOSをWindows OS上で使えるようにしたものです。本書ではコマンドプロンプトを使ってCプログラムを実行するので、フォルダーをディレクトリと表記しています。

2 1 4 リンク

リンクは、オブジェクトファイルにライブラリファイルや他のオブジェクトファイルを連係させ実行ファイルを作成する作業です。実は、すでにリンクは済んでいます。上記のように、「gcc sample.c」と入力すると、コンパイルと一緒にリンクも行われます。ですから、実行ファイルもすでにできていることになります。

dirコマンドを用いてディレクトリの内容を見てみましょう。ソースファイル以外にもファイルができていますね。拡張子「.exe」は実行ファイルを示すので、「a.exe」がコンパイルで作成された実行ファイルです。

図2-1-6　ディレクトリ内容の確認

コマンド プロンプト

```
C:¥cwork>dir
 ドライブ C のボリューム ラベルは OS です
 ボリューム シリアル番号は 307A-09A3 です

 C:¥cwork のディレクトリ

2020/10/11  16:13    <DIR>          .
2020/10/11  16:13    <DIR>          ..
2020/10/11  16:13            54,022 a.exe
2020/10/11  16:12               126 sample.c
               2 個のファイル              54,148 バイト
               2 個のディレクトリ  167,725,113,344 バイトの空き領域

C:¥cwork>
```

　なお、実行ファイル名を「a.exe」以外にする場合には、「-o」をつけて、gcc -o sample sample.cのようにコンパイルします。すると、実行ファイル名は「sample.exe」になります。今後、本書の説明では、この-oオプションをつけた形でコンパイルを行っていきます。

図2-1-7　-oオプションをつけてコンパイル

②①⑤ 実行

　最後はプログラムの実行です。「a.exe」と実行ファイル名（プログラム名）を入力してみましょう。次のように「hello, world」と表示されれば成功です（このとき「.exe」は省略してもかまいません）。

図2-1-8　実行（実行ファイルがa.exeの場合）

　なお、-oオプションをつけてコンパイルした場合には、図2-1-9のように作成された実行ファイル名を入力してください（このとき「.exe」は省略してもかまいません）。

図2-1-9　実行（実行ファイルがsample.exeの場合）

Cプログラムの様式

Style of C

解説動画 https://book.mynavi.jp/c_prog/2_2_styleofc/

　はじめてのCプログラムが完成したところで、次は各部の詳細について説明します。最初から全部を理解しようとは思わず、だいたいのスタイルを把握するようにしてください。

２２① サンプルコードの解説

　あらためてサンプルのソースコードを見てみましょう。

hello, worldを表示するプログラム

```
        コメント（注釈）
01.     /* hello, worldを表示するプログラム */    ← ①
        stdio.hヘッダファイルの取り込み
02.     #include <stdio.h>    ← ②
03.
        Cプログラムの入り口main関数
04.     int main(void)    ← ③
        main関数の開始
05.     {    ← ④
          「hello, world」を画面表示する
06.        printf("hello, world¥n");    ← ⑤
07.
          main関数からOSへ正常リターン
08.        return 0;    ← ⑥
        main関数の終了
09.     }
```

サンプルコード sample.c	実行結果例 sample.exe

```
hello, world
```

① コメント

1行目の/* */で囲まれた部分をコメント（注釈）と呼びます。プログラムの説明を書いてください。コンパイラは、コメントは機械語に翻訳しません。コメントには、次の2種類の記述方法があります。

- ●「//」から文末まではコメントとして扱われる
  文の先頭に「//」を記述すると1行分がコメントになります。文の途中に書けば、そこから文末までがコメントになります。
- ●「/*」と「*/」で囲まれた部分はコメントとして扱われる
  特に複数行をコメントにする場合には、この書き方が使われます。ただし、/* */の中に/* */を書くネストはできないので注意してください。

```
// 1行分のコメント
int max = 1000;      // ここから文末までコメント

/* 複数行に渡るコメントは
このように囲んで記述
する */
```

② #include <stdio.h>

2行目はstdio.hというファイルをこの部分に取り込んでいます。
拡張子「.h」のファイルはヘッダファイルと呼ばれ、stdio.hは6行目に書かれているprintfという画面表示を行う関数（まとまりのある機能を実現する単位）を使用するための宣言が記述されています。2行目でstdio.hをプログラムコードに挿入し、sample.cと一緒にコンパイルしています。
このようにコンパイルに先立って行われる処理をプリプロセス（前処理）と呼び、前処理を行うプログラムをプリプロセッサと呼びます。#include

のように#ではじまる行はプリプロセッサに指令を与えます。

プリプロセッサ指令については2.4節でさらに詳しく説明します。

③ `int main(void)`

4行目はC プログラムの入り口です。C プログラムを実行するときに、OSが最初に呼び出すのが`main`関数です。`main` 関数は最低限次の部分を書かなければいけません。

```
int main(void)
{
    return 0;
}
```

最初の `int` は `main` 関数の返却値型で、プログラムが終了するときにOSに対して返却する値が `int` 型 (整数) であることを示します。`return 0;` の部分でOSに正常終了を意味する0を返却しています。

この0は `int` 型なので、`main`の前には `int` を書きます。

次の`main`は関数名です。CプログラムはすべてKを組み合わせて構成されています。`main`関数はシステムに必ず1つだけ存在するCプログラムの入り口です。

`void`はOSが`main`関数を呼び出すときに、何も引数 (渡す値) はないということを意味します。引数がある場合については8章で説明します。

④ `{ }`

C 言語では、まとまりのある文を`{}`で囲んでブロック化します。関数は必ず`{}`で囲み、ブロック化しなければなりません。

⑤ `printf` 関数

6行目の`printf`は画面表示を行う関数です。ここでは、「hello, world」という文字列を表示して改行しています。

⑥ `return` 文

8行目の `return 0;` はOSに対し、正常終了を示す値0を返却します。異常終了のときには、異常に応じた値を返却します。

②②② Cプログラムのスタイル

ずいぶんと難しい説明が続きましたが、最低限押さえておいてほしいのは次のことだけです。あとは、学習を進めるうちに少しずつわかってきます。

① Cプログラムに最低限必要なのは次の部分です。

```c
#include <stdio.h>
int main(void)
{
    return 0;
}
```

なお、printfなどの入出力関数を使わない場合には#include行は不要です。

② 通常は小文字を用いて記述します。

特別な場合に大文字を使う場合もあります。

③ 文の終わりにセミコロン (;) をつけます。

;を忘れるとコンパイルエラーになるので注意してください。

④ 字下げ (インデント) で見やすくします。

{}で囲んだブロックの中はブロックの外よりも何文字分か下げて書きます。これを字下げと呼びますが、通常はTabキーを使って入力します。Tab幅の文字数はテキストエディタで指定することができます。本書では紙面スペースの関係で2文字幅を用います。

```c
int main(void)
{
        文    ;
}
```
{}の中は字下げします

⑤ 適切にコメントを記述してください。

適切なコメントを書き、見やすくわかりやすいソースコードにしましょう。

1 自分の名前を表示するプログラムを作成してください。☆

| サンプルコード　a2-2-1.c | 実行結果例　a2-2-1.exe |

> 私の名前は菅原朋子です。

再確認！ 情報処理の基礎知識

ウォーターフォールモデル

　Cプログラミングの流れがわかったところで、プログラミングのフェーズ（段階）がシステムの開発の中でどこに位置するのか確認しておきましょう。
　伝統的な開発手法にウォーターフォールモデルがあります。

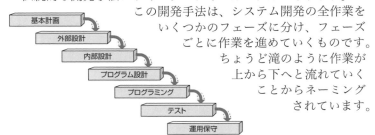

この開発手法は、システム開発の全作業をいくつかのフェーズに分け、フェーズごとに作業を進めていくものです。ちょうど滝のように作業が上から下へと流れていくことからネーミングされています。

基本計画：開発システムを分析し要求定義（ユーザーの要求を仕様書にまとめたもの）を作成します。

外部設計：ユーザーの視点からユーザーインターフェースに関する部分の設計を行います。

内部設計：開発者の立場から内部的な処理の設計を行います。

プログラム設計：各プログラムの内部構造の設計を行い、モジュール分割を行います。モジュールはC言語では関数（8章参照）に該当します。

プログラミング：モジュールの論理構造の設計とコーディングを行います。コーディングとは実際にソースコードを記述する作業です。

テ ス ト：作成したプログラムに誤りがないかをチェックします。誤りがある場合には修正します。

運用保守：実際に運用し、使用後の不具合や不都合は修正します。

文字列を画面表示する

Prints the String

解説動画 https://book.mynavi.jp/c_prog/2_3_printstr/

　Cプログラムの作成手順と概要がわかったところで、文字列を画面に表示するプログラムをいくつか作ってみましょう。

❷❸❶ 2行以上表示する

　まずは、printf関数を使って複数行の文字列を表示するプログラムを作成します。

自己紹介を表示してみましょう。

```
        コメント（注釈）
01.     /* 自己紹介を表示するプログラム */
        stdio.hヘッダファイルの取り込み
02.     #include <stdio.h>
03.
        Cプログラムの入り口main関数
04.     int main(void)
        main関数の開始
05.     {
        あいさつを画面表示
        標準出力関数("表示文字列                          改行");
06.     printf("はじめまして、菅原朋子です。\n");
        住んでいるところを画面表示
        標準出力関数("表示文字列               改行");
07.     printf("日本に住んでいます。\n");
        好きな食べ物を画面表示
        標準出力関数("表示文字列                     改行");
08.     printf("好きな食べ物は乳製品です。\n");
09.
```

```
       main関数からOSへ正常リターン
10.    return 0;
       main関数の終了
11.  }
```

> はじめまして、菅原朋子です。
> 日本に住んでいます。
> 好きな食べ物は乳製品です。

　printfは標準出力関数です。通常、標準出力にはディスプレイが割り当てられています。ですから、printfを使うと画面に文字列を表示することができます。printfはダブルクォーテーション (") で囲まれた文字列を画面に表示します。

　s2-3-1.cでは、printfを3行使い、3行の文字列を表示しています。printfが3行ですから、文字列も3行。当たり前といえば当たり前ですね。

　では、6〜8行目を次のように書き換えてみてください。

```
06.  printf("はじめまして、菅原朋子です。");
07.  printf("日本に住んでいます。");
08.  printf("好きな食べ物は乳製品です。");
```

　実行してみると文字列が1行になってしまいましたね。では、次のようにすると今度はどうでしょう。

```
06.  printf("はじめまして、¥n菅原朋子です。¥n");
07.  printf("日本に住んでいます。¥n");
08.  printf("好きな食べ物は¥n乳製品です。¥n");
```

　今度は5行表示されますね。どうも、printfの数だけ文字列を表示するわけではなさそうです。

2.3.2 エスケープシーケンス（拡張表記）

　みなさんは、printf中の「¥n」の箇所で文字列が改行されることに気がついていますね。この¥nは改行を行う**エスケープシーケンス**（拡張表記）です。

　コンピュータで扱う文字には改行やタブのように目に見えない文字が存在します。これらは、コンピュータの表記では欠かせないものですが通常の文字で表現することはできません。そこで**円マーク（¥）**を用いて、¥nや¥tのように表記するのです。

2

C言語の基本作法

例

　いろいろなエスケープシーケンスを用いたプログラムを書いてみましょう。

```
       コメント（注釈）
01.    /* エスケープシーケンスを確認するプログラム */
       stdio.hヘッダファイルの取り込み
02.    #include <stdio.h>
03.
       Cプログラムの入り口main関数
04.    int main(void)
       main関数の開始
05.    {
          タブの確認
          標準出力関数("          タブ          表示文字列                    改行");
06.       printf("これは¥tエスケープシーケンスの確認です。¥n");
          "と'の確認
          標準出力関数("文字"  文字'          表示文字列                 改行");
07.       printf("¥"も¥'もエスケープシーケンスで出力します。¥n");
          改行を使わない場合の確認
          標準出力関数("文字¥ 表示文字列          ");
08.       printf("¥¥nを使わないと");
          改行を使わない場合の確認
          標準出力関数("          表示文字列                 改行");
09.       printf("1行に続けて出力されます。¥n");
          改行を使う場合の確認
          標準出力関数("文字¥          改行 表示文字列     改行");
10.       printf("¥¥nを使うと、¥n改行します。¥n");
          バックスペースの確認
          標準出力関数("文字¥          表示文字列                 ");
11.       printf("¥¥bでは出力位置を戻します。");
```

12.
バックスペースの確認
標準出力関数(" 後退 後退 後退 後退 後退 後退 ");
```
printf("a¥bb¥bc¥bd¥be¥bf¥bg");
```

13.
警告音の確認
標準出力関数("改行　　表示文字列　　　　　　文字? 警告");
```
printf("¥n警告音も聞こえますか¥?¥a");
```

14.

15.
main関数からOSへ正常リターン
```
return 0;
```

16.
main関数の終了
```
}
```

<table>
<tr><td>サンプルコード s2-3-2.c</td><td>実行結果例 s2-3-2.exe</td></tr>
</table>

これは（タブ）エスケープシーケンスの確認です。（改行）
"も'もエスケープシーケンスで出力します。（改行）
¥nを使わないと一行に続けて出力されます。（改行）
¥nを使うと、（改行）
改行します。（改行）
¥bでは出力位置を戻します。g（この位置に続けてb,c,d,e,f,gと表示）⏎
警告音も聞こえますか？（警告音を鳴らす）

　このプログラムにはたくさんのエスケープシーケンスが使われています。「¥」、「"」、「'」などの機能文字も一般の文字と区別をするために「¥"」のようにエスケープシーケンスで示します。

　代表的なエスケープシーケンスを表にまとめてみましょう。

表2-3-1　主なエスケープシーケンス

表記	意味	
¥n	改行	：次の行の先頭に移動する
¥t	水平タブ	：次の水平タブ位置に移動する
¥b	後退	：現在行で前に移動する
¥f	改頁	：次の論理ページの先頭に移動する
¥r	復帰	：現在行の先頭に移動する
¥a	警告	：警告音を鳴らす
¥¥	文字¥	：円マーク
¥'	文字'	：シングルクォーテーション（一重引用符）
¥"	文字"	：ダブルクォーテーション（二重引用符）
¥?	文字?	：クエスチョンマーク
¥0	空文字	：文字列終了コード

演習

1 次の実行結果例のようになるように、文字列をprintfで表示してください。☆

サンプルコード a2-3-1.c ／ **実行結果例 a2-3-1.exe**

```
10月11日(火)
1講目　(タブ)　データベース　　　(タブ)　佐藤
2講目　(タブ)　CAD　　　　(タブ)(タブ)　武田
3講目　(タブ)　プログラム実習　　(タブ)　藤原

休み時間に¥120のジュースを買った。
放課後は"C言語"の勉強だ。
時間ですよ！(警告音)
```

再確認！ 情報処理の基礎知識

コンピュータの5大装置

　標準出力関数の説明をしたところで、コンピュータの5大装置について確認しておきましょう。

　コンピュータは、入力、記憶、演算、制御、出力の5つの装置から構成されています。これをコンピュータの5大装置といいます。

① 入力装置:

　入力装置は人間の目や耳に相当し、コンピュータは入力装置からデータを入力します。キーボード、マウス、イメージスキャナなどが該当します。

② 記憶装置:

　人間の脳の記憶部分に相当し、入力されたデータを記憶する装置です。

　主記憶装置（メモリ）やハードディスクなどの補助記憶装置が該当します。

③ 演算装置:

　人間の脳の思考部分に相当し、データの演算を行います。次の制御装置と共にCPU（中央処理装置）が該当します。

④ 制御装置：

　　人間の中枢神経に相当し、他の4つの装置を制御します。

⑤ 出力装置：

　　人間の手や口に相当し、処理したデータを外部に出力する装置
　　です。ディスプレイやプリンタなどが該当します。

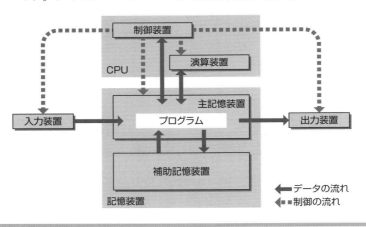

プリプロセッサ指令

The C Preprocessor

解説動画 https://book.mynavi.jp/c_prog/2_4_preprocessor/

　コンパイル前にソースファイルに対して前処理を行うのがプリプロセッサです。プログラムコード中の#ではじまる行は、プリプロセッサ指令と呼ばれ、プリプロセッサに指示を与えます。

2.4.1 #include指令

　#include指令の場合は、< >や""で囲んで記述したヘッダファイルを、その位置に挿入（インクルード）します。

図2-4-1　#includeの動作例

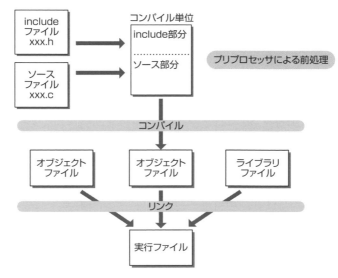

```
① #include <ファイル名>
② #include "ファイル名"
```

① 標準ヘッダファイルのインクルード

printf関数のようにC言語の処理系（P.45参照）に用意されている関数を標準ライブラリ関数（6章参照）と呼びますが、標準ライブラリ関数を使用するには、関数ごとに決められた標準ヘッダファイルをインクルードしなければいけません。

標準ヘッダファイルは<>で囲んで、

```
#include <stdio.h>
```

のように記述します。#include指令によって、<>で囲まれた標準ヘッダファイルが、コンパイラが規定するヘッダファイル用のディレクトリから検索されインクルードされます。通常、「include」というディレクトリが用意され、そこにヘッダファイルが格納されています。

② ユーザー定義のヘッダファイル

一方""で囲まれたヘッダファイルは、通常、ユーザー定義のヘッダファイルです。標準ライブラリ関数とは別にユーザーも関数を作ることができますが、そこでの関数プロトタイプ宣言（P.281参照）やマクロ定義（P.45参照）などが多い場合にはヘッダファイルを作成しそれらを記述します。

ユーザー定義のヘッダファイルは""で囲んで、

```
#include "myheader.h"
```

のように記述します。""で囲まれたヘッダファイルの場合は、一般に、まずソースファイルのあるディレクトリが検索されます。そこにない場合には標準ヘッダファイルが格納されているディレクトリが検索されます。

このようにヘッダファイルの記述を分けるのは、格納場所を区別することで標準ヘッダファイルの誤った変更や削除を防止するためです。

補足コラム

処理系依存

　システムを開発していると、処理系依存という言葉をよく耳にします。本書でも、処理系依存として説明する部分がいくつかあります。

　処理系とは、広い意味ではコンパイラやOS、CPUまでを含めた開発環境のことをいうのですが、一般的にはコンパイラを意味します。特に処理系依存という場合には、コンパイラによる定義や解釈の違いを指すことが多いようです。そもそもコンパイラ自体がCPUやOSに依存していますし、コンパイラにはその開発会社による独自の設計思想が反映されていますので、規格外の部分では違いが出てくるのです。

❷❹❷ #define指令

　プログラミングでは、「マジックナンバーは使わない」という鉄則があります。マジックナンバーといっても野球の話ではありません。プログラミングの世界では、何の前触れもなく、いきなり使われる数値を通称マジックナンバーと呼びます。

　マジックナンバーの使用を避けるためにC言語では数値にマクロ名をつけます。そして、コンパイルの前処理で#defineを使い、マクロ名を数値で置き換えます。これをマクロ定義と呼びます。

構文　**#define**

　　#define　マクロ名　置換文字列

例

マクロ名LIMITを100で置き換えます。

```
#define LIMIT 100    // 限界値
```

マクロ名は通常は大文字で記述します。セミコロン（;）もつけないように気をつけてください。

この例では、プリプロセッサの働きで、コンパイル前にソースコード中のLIMITがすべて100に置き換わります。ソースコードにLIMITと記述することにより、単に100と書くよりも意味がわかりやすくなります。また、プログラムに変更が生じて限界値が100から他の数値になったときには、#define指令行を修正するだけで対応できるなどのメリットがあります。

 1 次のプログラムは、四角形を表示します。LENGTHの置換文字列5をいろいろ変えて、四角形の大きさが変わる様子を確認してください。
なお、このプログラムはまだ学習していない内容を多く含みます。無理に処理内容を追う必要はありません。☆

```c
/* 四角形を描くプログラム */
#include <stdio.h>
#define LENGTH 5      // 辺の長さ

int main(void)
{
  for (int i = 1; i <= LENGTH; i++) {
    for (int j = 1; j <= LENGTH; j++) {
      printf("■");
    }
    printf("¥n");
  }

  return 0;
}
```

サンプルコード a2-4-1.c ／ **実行結果例** a2-4-1.exe

Cプログラム関連のファイルの名称

Cプログラム作成に関係のあるファイルの名称と英語の意味をくらべてみましょう。

言語プロセッサ		英語	
名称	意味	つづり	意味
ソースファイル	プログラミング言語で記述されたファイル。	source	源泉
オブジェクトファイル	コンピュータに理解できる機械語に変換されたファイル。	object	目的、物
エグゼファイル	Windows OS上の実行ファイルのこと。EXEファイルともいう。	execution	実行
ライブラリファイル	特定の機能を持つプログラムを部品化し、それを複数まとめて1つのファイルにしたもの。	library	図書館、書庫

第 2 章　まとめ

① テキストエディタでプログラムコードを入力しソースファイル
　を作成します。

② ソースファイルをコンパイルし、オブジェクトファイルを作成
　します。

③ オブジェクトファイルをリンクし、実行ファイルを作成します。

④ main 関数は C プログラムの入り口です。

⑤ C プログラムは小文字をベースに記述します。

⑥ C プログラムは文の終わりにセミコロン (;) をつけます。

⑦ 文字列を画面に表示するには printf 関数を使います。

⑧ ソースコード中の # ではじまる行はプリプロセッサ指令です。

データと型

コンピュータの5大装置については P.41 で解説しました。この章では記憶装置（メモリ）に保持されるデータについて理解しましょう。また、データを画面に表示したりキーボードから入力したりできるようになりましょう。

章目次

■コラム

　私たちが情報を脳に記憶して行動するように、コンピュータもデータをメモリに保持しCPUが演算することで動作しています。

　データを扱うには、それを入れる区画をメモリに作ります。この区画を「変数」と呼びます。

```
a = 10;
```

と記述すると、aという名前の変数に10が代入されます。代入演算子「=」については4章で説明しますが、これは数式の等号とは異なり、右辺から左辺に値を代入する演算子です。

　さて、ここで10という値が出てきましたが、この10を「定数」と呼びます。いったんソースコードに10と記述すればその値は変わりません。つまり「定まった数」というわけです。けれども変数のほうは、

```
a = 20;
```

とすると、20に値を変えます。つまり「変わる数」なのです。

　変数と定数について詳しく説明していきましょう。

図　変数と定数

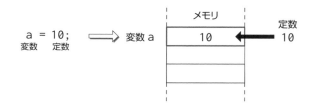

定　数

Constant

解説動画 | https://book.mynavi.jp/c_prog/3_1_constant/

　定数はソースコードに記述される値です。一口に値といってもいろいろな種類があります。ここでは定数の種類を詳しく学びます。

3.1.1 定数の種類

　定数は具体的に次の表のように分類できます。

表3-1-1　主な定数の分類

定数の種類		表記方法	表記例
整数定数	8進定数	先頭に 0 をつける	0173
	10進定数	通常の10進数と同じ	123
	16進定数	先頭に 0x あるいは 0X をつける	0x7b 0X7B
浮動小数点定数	10進数	小数点形式はピリオド (.) をつける	3.14
		指数形式は指数文字 (e または E) をつける	1.23e-12 ※ 1.23×10^{-12} のこと
	16進数 (※ C99以降)	0x または 0X で始まり、小数の後ろに指数部を書く。指数部は p または P で始まり、2のべき乗を10進数で書く	0xa.fp-10 ※ (10+15/16)×2^{-10} のこと
文字定数		'' で囲む	'A'　'\n'
文字列リテラル		"" で囲む	"ABC" "computer"

① 整数定数

　整数定数には8進、10進、16進の3種類があります。0b または 0B からはじめ、2進定数を扱える処理系もありますが、標準のC言語には用意されていません。

② 10進浮動小数点定数

小数点以下を持つ定数です。小数点形式と指数形式の2通りの表記方法があります。

③ 16進浮動小数点定数

16進浮動小数点定数は、C99で導入されました。コンピュータは内部的に数を2進数で扱うため、10進浮動小数点定数の多くは、2進数に変換する際に誤差を生じます。けれども、16進数は2進数に変換するときに誤差を生じません。そのため、精度を厳密に制御したい場合に利用できます。

表記方法は、小文字の `0x` または、大文字の `0X` で始まる16進数で、小数点（`.`）を含めることができます。小数の後ろに指数部を書きます。指数部は小文字の `p` または大文字の `P` で始まり、2のべき乗を10進数で書きます。指数部は省略できません。指数部が必要ないときは `p0` と書きます。

たとえば、`0xa3.f2p-10` は
$$(10 \times 16^1 + 3 \times 16^0 + 15 \times 16^{-1} + 2 \times 16^{-2}) \times 2^{-10}$$
を表しています。

④ 文字定数

シングルクォーテーション（`'`）で囲んだ1文字です。P.39で説明したエスケープシーケンスは表記上2文字ですが1文字として扱います。ひらがなや漢字はマルチバイト文字なので、文字定数としての扱いが処理系（P.45参照）に依存します。通常は文字列リテラルとして扱ってください。

⑤ 文字列リテラル

ダブルクォーテーション（`"`）で囲まれた0文字以上の文字の列です。ダブルクォーテーションで囲めば「`""`」のように何も文字がなくても文字列リテラルになります。

なお、文字列は定数ではなく文字列リテラルと呼びます。定数は値を変えることができませんが、ポインタ（P.266）という仕組みを使い文字列

の値を変更できる処理系があるからです。

 1 コメントを参考に次のプログラムの空欄部を埋めて、プログラム
を完成させてください。☆

（注意）このプログラムにはこれから学習する変数と配列が使われて
います。str は3.3節で学習する配列です。a、b、c、x、ch1、ch2
は3.2節で学習する変数です。これらは、この章の「はじめに」で
説明したように、それぞれデータを格納するメモリ上の区画です。

```c
#include <stdio.h>

int main(void)
{
  int a, b, c;
  double x;
  char ch1, ch2;
  char str[] =      ;  // 文字列リテラルSUNを代入

  a =      ;           // 10進定数 1000 を代入
  b =      ;           // 16進定数 abc を代入
  c =      ;           // 8進定数 777 を代入
  x =      ;           // 浮動小数点定数 0.01 を代入

  ch1 =   ;            // 文字定数 A を代入
  ch2 =   ;            // 文字定数 8 を代入

  printf("str = %s\n", str);
  printf("a = %d\n", a);
  printf("b = %x\n", b);
  printf("c = %o\n", c);
  printf("x = %.2f\n", x);
  printf("ch1 = %c\n", ch1);
  printf("ch2 = %c\n", ch2);

  return 0;
}
```

```
str = SUN
a = 1000
b = abc
c = 777
x = 0.01
ch1 = A
ch2 = 8
```

補足コラム

const 定数

　C99では、変数をconst型修飾子で修飾することで、変更することのできない定数にすることができます。

　たとえば、次のコードでは、変数maxに値を代入することはできますが（①）、constをつけて宣言したMaxに初期化後に値を代入しようとするとコンパイルエラーが発生します（②）。いったん初期化した変数を変更したくない場合には、constをつけて宣言しましょう。

```
int max = 100;
const int Max = 100;
max = 200;     ← ① 初期化後に値の代入が可能
Max = 200;     ← ② 初期化後に値を代入するとコンパイルエラー
```

再確認！ 情報処理の基礎知識

2進数、8進数、16進数

　私たちは数を数えるのに、普通は10進数を使います。10本の指で数えるのに便利だからです。

　コンピュータの場合はどうでしょう。初期のコンピュータは真空管という電球に似た素子を使い、そのONとOFFで数値を表現していました。ONとOFFですから扱える数字は2種類となります。そのためコンピュータでは2進数が使われるようになったのです。そして、2進数の1桁であるビットがデータを扱う最小の単位となっています。

OFF=0　　ON=1

人間は10進数を使う　　　　　　　コンピュータは2進数を使う

　10進数は0〜9の10種類の数字を使い、9の次に桁上がりをして10になりますが、2進数は0と1の2種類の数字を使い、1の次に桁上がりをして10になります。ですから2進数の数値は、0、1、10、11、100、101、110、111、1000…と増えていきます。

　さて、2進数は数字を2種類しか使わないのでとても単純ですが、ひんぱんに桁上がりをするので10進数よりもだいぶ桁数が多くなります。62は10進数では2桁ですが、2進数では111110となり6桁です。これでは長くて扱うのが大変ですね。そこでプログラミングでは、2進数を3桁で区切って8進数で記述したり、4桁で区切って16進数で記述したりします（詳しい仕組みはP.61を参照）。

　8進数は0〜7の8種類の数字を使い、7の次に桁上がりをして10になります。たとえば、2進数の111110を3桁で111と110に区切り8進数で表すと76になります（次ページの表を参照）。ただ、

コンピュータでは、2進数を8桁（8ビット）で区切ったバイトという単位でデータが扱われ、メモリは8桁ごとにアドレスが割り振られます。そのため、3桁区切りの8進数は半端が出てしまい、あまり使われません。ところで、10進数の100のつもりで0100と先頭に0をつけて記述すると、C言語では8進数とみなされますので注意してください。

　プログラミングでよく使われるのは16進数です。2進数を4桁で区切るので、8桁のバイト単位でデータを扱うのにちょうどよいのです。16進数は、0〜9とA、B、C、D、E、Fのアルファベットを合わせた16種類の文字を使って数値を表します。上述の111110を下位の桁から区切って上位に00を追加すると0011と1110になり、16進数で表すと3Eになります。

　下の表に2進数、8進数、10進数、16進数の対応関係を示していますので参考にしてください。表を見て、それぞれの進数の桁上がりが理解できるでしょうか。

表　2進数、8進数、10進数、16進数の対応

10進数	2進数	8進数	16進数
0	0	0	0
1	1	1	1
2	10	2	2
3	11	3	3
4	100	4	4
5	101	5	5
6	110	6	6
7	111	7	7
8	1000	10	8
9	1001	11	9
10	1010	12	A
11	1011	13	B
12	1100	14	C
13	1101	15	D
14	1110	16	E
15	1111	17	F
16	10000	20	10
17	10001	21	11
18	10010	22	12
19	10011	23	13
20	10100	24	14

変　数

Variables

https://book.mynavi.jp/c_prog/3_2_variables/

　変数は、データを入れるためにメモリ上に用意される区画のようなものですが、格納するデータによっていろいろな種類があります。その種類のことを「型」と呼びます。

3.2.1 変数の型

　メモリには電気をためるコンデンサが無数に並んでいます。そして、そこに電気がなければ0、たまっていれば1という具合にデータが記憶されます。そして、その0と1の数字の羅列は、変数の型を宣言することによって、整数や浮動小数点数、あるいは文字などとして扱うことができます。また、メモリにはバイト（8ビット）単位でアドレスが割り振られますが、変数の型によって何バイト分の領域が確保されるか決まります。

たとえば、

```
int a;
```

と宣言すると、aという名前で大きさ4バイトの整数型の変数がメモリに用意され、整数値を格納したり読み出したりできるようになります。

```
double x;
```

と宣言すると、xという名前で大きさ8バイトの浮動小数点型の変数がメモリに用意され、浮動小数点数を扱うことができるのです。

　この章では、変数の型を指定するデータ型として次の5種類を学びます。この5種類以外の型は9章で説明することにします。

表3-2-1　主なデータ型

型指定	データ型	大きさ	扱える数値の範囲
int	整数型	4バイト または 2バイト	-2147483648〜2147483647 または -32768〜32767
char	文字型	1バイト	-128〜127 または 0〜255
float	単精度浮動小数点型	4バイト	±1.1E-38〜±3.4E+38
double	倍精度浮動小数点型	8バイト	±2.2E-308〜±1.7E+308
_Bool	論理型	1バイト	0（偽）　1（真）

※ 大きさと扱える数値の範囲は処理系により異なる場合があります。

① int型

　intは整数を扱う型です。型の中ではもっともよく使われます。

　大きさは処理系によって異なりますが、最近の主なコンパイラでは4バイト（=32ビット）です。32ビットで扱える数値は2^{32}（=4294967296）通りですが、負数も含め、-2147483648〜2147483647となります。

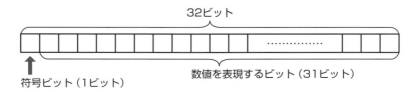

符号ビット（1ビット）

32ビット

数値を表現するビット（31ビット）

② char型

　charは整数型ですが通常は文字を扱うのに使われ文字型と呼ばれます。

　大きさは1バイト（＝8ビット）ですが、処理系によって負数を表現するものとしないものがあります。

　8ビットで扱える数値は2^8（=256）通りなので、負数を含む場合には-128

〜127 となります。

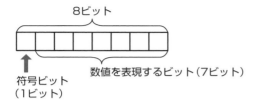

8ビット

数値を表現するビット（7ビット）

符号ビット
（1ビット）

③ float 型

float は単精度浮動小数点型で小数部を持つ数を扱います。一般的に小数を表すには-1234.56などと小数点の位置を固定しますね。一方、浮動小数点型では-1.23456×10^3などと表し、これを-12.3456×10^2と書き換えることもできます。つまり、小数点の位置が変わるから浮動小数点型なのです。浮動小数点数は以下のように符号、仮数、基数、指数で構成されます。

$$-1.23456 \times 2^{-2}$$

指数

符号　仮数　　　基数

コンピュータで扱う数は2進数なので基数は常に2になります。そのため、メモリには基数を表す部分は必要なく、正負を表す符号ビット、指数部、仮数部の区画が用意されます。4バイト（32ビット）のfloatでは符号部が1ビット、指数部が8ビット、仮数部が23ビットとなっています。floatは同じ浮動小数点型のdoubleにくらべ、バイトサイズが小さいので精度が劣ります。メモリ容量の少ない処理系ではメモリの節約のためにdouble よりも多く使われますが、最近の処理系ではあまり使われません。

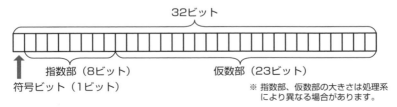

32ビット

指数部（8ビット）　　　　　仮数部（23ビット）

符号ビット（1ビット）

※ 指数部、仮数部の大きさは処理系
により異なる場合があります。

データと型

3

④ double 型

double は倍精度浮動小数点型で小数部を持つ数を扱います。
float にくらべ精度が高いので浮動小数点数を扱う場合は通常double を
使います。けれども、10進小数を浮動小数点型の変数に格納するため
に2進数に変換すると、循環2進小数（無限小数）となる場合が多く、ど
うしても誤差が生じることになります。詳しくは、P.334で説明します
が、コンピュータで扱う浮動小数点型には誤差がつきものだと心得てく
ださい。

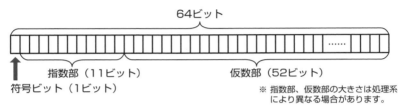

64ビット

指数部（11ビット）　仮数部（52ビット）

符号ビット（1ビット）

※ 指数部、仮数部の大きさは処理系
により異なる場合があります。

⑤ _Bool または bool 型

「_Bool」はC99から取り入れられた型で、真と偽を扱う論理型です。扱
える値は、偽が0で、真が1です。
C99以前のC言語には論理型がありませんでした。けれども、他の多く
のプログラミング言語には論理型があります。そのため、C99から論理
型として_Boolが追加されました。なぜ、先頭に「_」が付いているのか
不思議に思う方も多いと思います。それは、すでに多くのC言語プログ
ラムが独自にbool型を定義していたため、重複しないように「_Bool」
を用いたからなのです。そして、stdbool.hをインクルードすることで、
「bool」が使えるようになっています。また、stdbool.hをインクルード
すると、真を「true」、偽を「false」と記述することができます。

```c
#include <stdbool.h>      // bool true falseを使用可能
int main(void)
{
    bool flag1 = true;    // flag1を真で初期化
    bool flag2 = false;   // flag2を偽で初期化
```

再確認！情報処理の基礎知識

ビットとバイト

ビットとバイトで表せる数値について整理してみましょう。

1ビットで表せる数値は2進数1桁で、「0」と「1」の2通りです。2ビットは2進数2桁なので「00」、「01」、「10」、「11」の4通りになります。同様に3ビットでは、「000」、「001」、「010」、「011」、「100」、「101」、「110」、「111」の8通りです。こうして見ていくとビットで表される数値は**2のべき乗（累乗）**で増えています。このことから、P.55で解説したように、$2^3=8$なので2進数を3桁（3ビット）で区切って8進数（8通り）で記述できることがわかりますね。

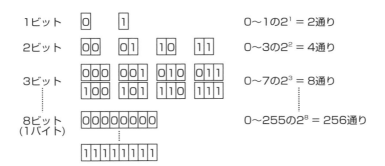

さて、1バイトは8ビットなので、2^8で256通りの数値を扱うことができます。2バイトは2^{16}で65536通り、4バイトは2^{32}で4294967296通りの数値を扱えます。

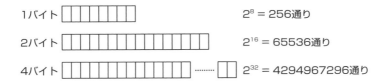

3②② 変数の宣言

　変数の型の種類については理解できたでしょうか。次は変数の宣言についてです。変数の宣言はすでに何度か書いていますが、次の形式で行います。

構文　変数の宣言

> ① 型名　　② 変数名 ;

① 型名

　P.58で説明したintやdoubleなどの型名を記述します。

② 変数名

　変数個々の名前です。P.65で詳しく説明します。

例

　まずは簡単なサンプルを見てください。このプログラムは変数の大きさを確認します。

```
        コメント（注釈）
01.   /* 変数の大きさを確認するプログラム */
        stdio.hヘッダファイルの取り込み
02.   #include <stdio.h>
03.
        Cプログラムの入り口main関数
04.   int main(void)
        main関数の開始
05.   {
          整数型変数iの宣言
          型名　変数名
06.     int i;
          文字型変数chの宣言
          型名　　変数名
07.     char ch;
          倍精度浮動小数点型変数xの宣言
          型名　　　変数名
08.     double x;
09.
          文字列の画面表示
10.     printf("変数の大きさを調べます。¥n");
```

11. 　　　変数iのバイト数を画面表示
　　　`printf("int型の変数 i は %zuバイト¥n", sizeof(i));`

12. 　　　変数chのバイト数を画面表示
　　　`printf("char型の変数 ch は %zuバイト¥n", sizeof(ch));`

13. 　　　変数xのバイト数を画面表示
　　　`printf("double型の変数 x は %zuバイト¥n", sizeof(x));`

14.

15. 　　　main関数からOSへ正常リターン
　　　`return 0;`

16. 　　　main関数の終了
　　　`}`

サンプルコード s3-2-1.c　　　　　　　**実行結果例 s3-2-1.exe**

```
変数の大きさを調べます。
int型の変数 i は 4バイト
char型の変数 ch は 1バイト
double型の変数 x は 8バイト
```

（処理系により異なる場合があります）

このプログラムの6〜8行目では変数の宣言が行われています。6行目では変数iをint型で宣言しています。7行目では変数chをchar型で、8行目では変数xをdouble型で宣言しています。この宣言によって変数i、ch、xはそれぞれメモリに特定の大きさの区画を持つようになりました。

図3-2-1 宣言によって変数はメモリ上に大きさを持つ

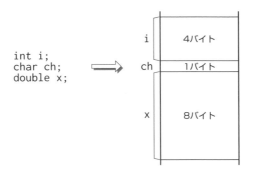

さて、printf の () 中に「sizeof」（P.336 参照）という見慣れぬ単語が出てきましたが、これは変数や型の大きさを求める演算子です。11〜13 行目の printf では、変数 i、ch、x の大きさを表示しています。P.58 の表 3-2-1「主なデータ型」の「大きさ」とくらべてみてください。int 型の i は 4 バイト、char 型の ch は 1 バイト、double 型の x は 8 バイト。型の大きさと同じですね。このことからもプログラムで宣言された変数はメモリに決まった大きさの区画を持つことがわかります。

　C99 よりも前のコンパイラでは、変数の宣言は {} で囲んだブロックの先頭で実行文よりも前に書く必要がありました。そのため、s3-2-1.c で、10 行目の printf を 6 行目の変数宣言より前に移動するとコンパイルエラーが発生しました。けれども、C99 以降、変数は、使用する前ならどこで宣言してもかまいません。

　また、同じ型の変数は、次のようにカンマ (,) で区切りながら一度に宣言できます。

```
int a, b, c;
double x, y;
```

 1 コメントを参考に次のプログラムの空欄部を埋めて、プログラムを完成させてください。☆【a3-2-1.c】【a3-2-1.exe】

```
int main(void)
{
    ☐ a, b, c;      //整数型の変数 a, b, c を宣言する
    ☐ x;            //倍精度浮動小数点型の変数 x を宣言する
    ☐ y;            //単精度浮動小数点型の変数 y を宣言する
    ☐ ch1, ch2;     //文字型の変数 ch1, ch2 を宣言する

    return 0;
}
```

※このプログラムは printf を使っていないので <stdio.h> のインクルードの必要はなく、実行結果もありません。また、変数を宣言しただけで使っていないのでコンパイル時に警告が出る場合があります。

③②③ 変数の名前

プログラム s3-2-1.c では、i、ch、x という 3 個の変数が宣言されていましたが、このように変数につけられた名前、変数名を識別子と呼びます。変数に限らず、マクロ名（P.45）や配列（P.71）、8 章で学ぶ関数などにつけられた名前も識別子です。識別子は、次のルールに基づいて名付けなければなりません。

【識別子の名付けルール】

・先頭の文字は英字（a〜z、A〜Z）または下線（_）でなければなりません。
2 文字目以降はこれに数字を加えることができます。

・大文字と小文字は区別されます。ですから、average と Average は異なる
変数になります。

・予約語（P.66 参照）と同じつづり（do、for など）は使用できません。ただし、dot、form などのように識別子の一部に入るのは大丈夫です。

なお、ルールではありませんが、変数名にはその変数を端的に表す名前をつけましょう。平均値を格納する変数名を単に「a」とするのと、「average」とするのとでは、プログラムの読みやすさが違います。

演習

1 次のプログラムで変数名として使えないものを答えてください。
☆【a3-2-2.c】

```
#include <stdio.h>

int main(void)
{
  int 1answer, return, _1_2_3, INT, No.1;
  char moji1, char2, question?;
  double x_y, z-1, stdio;

  return 0;
}
```

予約語

予約語とは、C言語であらかじめ使い道の決まっている文字列です。識別子名に予約語は使えないので注意してください。

```
auto  break  case  char  const  continue  default  do
double  else  enum  extern  float  for  goto  if  inline  int
long  register  restrict  return  short  signed  sizeof
static  struct  switch  typedef  union  unsigned  void
volatile  while  _Alignas (※)  _Alignof (※)  _Atomic (※)
_Bool  _Complex  _Generic (※)  _Imaginary  _Noreturn (※)
_Static_assert (※)  _Thread_local (※)
```

※の付くものはC11で追加になった予約語です。

3❷❹ 変数の初期化と代入

宣言時に変数に値を代入することを初期化と呼び、代入する値を初期化子と呼びます。実は変数は宣言しただけでは中にどんなデータが格納されているのかわかりません。この何だかわからないデータを不定値と呼びます。次に初期化の構文を示します。

構文 **変数の初期化**

型名　変数名 ① = ② 値;

① 代入演算子 (=)

初期化子を代入するために代入演算子を記述します。

② 値 (初期化子)

変数に格納する値を記述します。

例

初期化漏れによるエラーのプログラムを見てみましょう。

```
     コメント（注釈）
01.  /* 初期化漏れによるエラーのプログラム */
     stdio.hヘッダファイルの取り込み
02.  #include <stdio.h>
03.
     cプログラムの入り口main関数
04.  int main(void)
     main関数の開始
05.  {
        整数型変数sum1、sum2、a、bを宣言し、a、bを100で初期化
        型名    変数名， 変数名， 変数名 ＝ 値，変数名 ＝ 値
06.     int sum1, sum2, a = 100, b = 100;
07.
        sum1にa+bを代入
08.     sum1 = a + b;
        sum2にsum2+sum1を代入
09.     sum2 = sum2 + sum1;
10.
        sum1の値を画面表示
11.     printf("sum1 = %d\n", sum1);
        sum2の値を画面表示
12.     printf("sum2 = %d\n", sum2);
13.
        main関数からOSへ正常リターン
14.     return 0;
     main関数の終了
15.  }
```

サンプルコード s3-2-2.c   **実行結果例** s3-2-2.exe

```
sum1 = 200
sum2 = 8263016
```

※処理系により異なります。

　このプログラムでは、6行目で変数aとbの初期化が行われています。これでaとbに100が格納されます。8、9行目で加算の処理を行い、11、12行目で加算結果のsum1とsum2をそれぞれ表示しています。けれども実行結果を見ると、sum2にすごい値が表示されていますね。これは、sum2は初期化を行っていないために不定値が格納されていて、そのsum2にsum1を加算

しているためです。

　sum1のほうは、初期化済みのaとbの加算結果を代入するので初期化の必要はありません。けれどもsum2のほうは、それ自体にsum1を加算するので、その前に0で初期化しておく必要があるのです。

　6行目を

```
    int sum1, sum2 = 0, a = 100, b = 100;
```

とするときちんと結果が表示されますね。

例

では、プログラムを少し変更して今度は代入について説明しましょう。

```
        コメント（注釈）
01.     /* 変数に値を代入するプログラム */
        stdio.hヘッダファイルの取り込み
02.     #include <stdio.h>
03.
        main関数の開始
04.     int main(void)
05.     {
            整数型変数sum1、sum2、a、bを宣言しsum2を0で初期化
06.         int sum1, sum2 = 0, a, b;
07.
            変数aに定数100を代入
08.         a = 100;
            変数bに変数aを代入
09.         b = a;
            変数aに定数123を代入
10.         a = 123;
            変数sum1に式a+bの結果を代入
11.         sum1 = a + b;
            変数sum2に式sum2+sum1の結果を代入
12.         sum2 = sum2 + sum1;
13.
            sum1の値を画面表示
14.         printf("sum1 = %d¥n", sum1);
            sum2の値を画面表示
15.         printf("sum2 = %d¥n", sum2);
16.
            main関数からOSへ正常リターン
17.         return 0;
        main関数の終了
18.     }
```

サンプルコード s3-2-3.c　　　　　　　　**実行結果例 s3-2-3.exe**

```
sum1 = 223
sum2 = 223
```

　このプログラムでは次のような代入が行われています。

a = 100;　　　　　　　　← 変数に定数を代入：変数aは100になる

b = a;　　　　　　　　　← 変数に変数を代入：変数bは100になる

a = 123;　　　　　　　　← 変数に定数を代入：変数aは123になる

　　　　　　　　　　　　　　（元の100は上書きされて無くなる）

sum1 = a + b;　　　　　← 変数に演算結果を代入

　　　　　　　　　　　　　　　　：変数sum1は223になる

sum2 = sum2 + sum1;　　← 演算した変数を自分自身に代入

　　　　　　　　　　　　　　　　：変数sum2は223になる

　きちんと変数の変化の様子が追えるでしょうか。プログラムを組むうえで、変数の動きを頭の中でなぞることは大変に重要です。もし、わかりづらかったら、最初のうちは紙に変数の箱の絵を描くなどして練習してみましょう。

演習

1 次のプログラムの実行結果を考えてください。実行結果例の空欄部（P.70）を埋めましょう。
（ヒント）プログラム中の「+」は加算を行う演算子です。また、「-」は減算を行う演算子です（P.109参照）。☆

```c
#include <stdio.h>
int main(void)
{
    int a = 10, b = 20, c;
    double x = 0.2;
    float y;
    char c1 = 12, c2 = 34;
```

```
    c = a + b;
    a = a + 55;
    y = 3.1;
    x = x + y;
    c2 = c2 - c1;

    printf("a = %d\n", a);
    printf("b = %d\n", b);
    printf("c = %d\n", c);
    printf("x = %.1f\n", x);
    printf("y = %.1f\n", y);
    printf("c1 = %d\n", c1);
    printf("c2 = %d\n", c2);

    return 0;
}
```

サンプルコード a3-2-3.c　　　　/　**実行結果例 a3-2-3.exe**

```
a = ☐
b = ☐
c = ☐
x = ☐
y = ☐
c1 = ☐
c2 = ☐
```

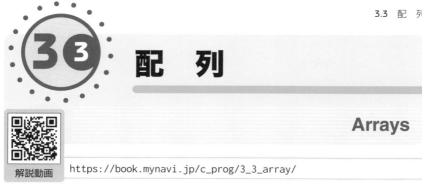

Arrays

https://book.mynavi.jp/c_prog/3_3_array/

　変数をメモリ上に用意する箱とすれば、配列はメモリ上に用意する棚です。食器は食器棚に、本は本棚にしまうように、ひとまとまりで扱うデータは配列に格納します。

3.3.1 配列の宣言

　配列とは同種のデータ型のデータを集めたものです。配列を用いると、関連のある複数のデータをまとめて扱うことができます。

　配列の宣言は次の形式で行います。

> **構文　配列の宣言**
>
> ① 型名　　② 配列名③ [要素数];

① 型名

変数の宣言（P.62参照）と同様、P.58で説明したデータ型を記述します。

② 配列名

配列の名前です。P.65で説明した識別子を記述します。

③ 要素数

配列の要素の数を[]の中に記述します。この要素数は0より大きな整数定数です。なお、C99から要素数に変数を指定する可変長配列も記述可能になりました（本書では、可変長配列は扱いません）。

学生5人の番号は、配列を使って宣言すると次のように書くことができます。

図3-3-1　配列の宣言例

```
int number[5];
```

型名　配列名　要素数

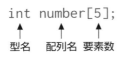

配列number

不定値
不定値
不定値
不定値
不定値

要素数5

←── int型 ──→

この宣言でメモリにはnumberという名前で要素数が5つのint型の配列が確保されます。宣言しただけでは変数と同様に中身は不定値です。

3 3 2 配列の初期化

配列は宣言しただけでは不定値ですから、初期化によりデータを格納しましょう。宣言時の代入を初期化と呼び、代入する値を初期化子と呼ぶのでしたね（P.66参照）。

構文　配列の初期化

型名　配列名 ①[要素数] ②= ③{値1, 値2, 値3, …};

① 要素数

初期化子の数以上の要素数を[]の中に記述します。

② 代入演算子 (=)

初期化子を代入するために代入演算子を記述します。

③ 値 (初期化子)

配列に格納する値を{}の中に順番にカンマ (,) で区切りながら記述します。記述した順に先頭から配列に格納されます。

では、図3-3-1の学生5人の番号を初期化してみましょう。

```
int number[5] = {10, 11, 12, 13, 14};
```

型名　配列名　要素数　初期化子

図3-3-2のように配列の先頭から順に初期化子が格納されます。

図3-3-2　配列の初期化例

初期化子が記述されている場合に要素数を省略すると、コンパイラは自動的に初期化子分の要素数の配列をメモリに確保します。初期化子を記述する場合には、この書き方が一般的です。

配列number

10
11
12
13
14

要素数5

← int型 →

3

データと型

```
int number[] = {10, 11, 12, 13, 14};
```
要素数を省略すると、自動的に要素分の領域が確保される

ただし、要素数が省略できるのは初期化子が記述されているときのみですので注意してください。

また、要素数に初期化子の数より大きい数を記述すると、初期化子の足りない要素は0で初期化されます。

図3-3-3　要素数より初期化子が少ない場合

```
int number[7] = {10, 11, 12, 13, 14};
```

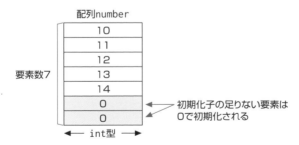

配列number

要素数7

10
11
12
13
14
0
0

← 初期化子の足りない要素は
0で初期化される

← int型 →

この性質を用いると簡単に配列を0で初期化できます。

```
int number[100] = {0};   ←すべての要素が0で初期化
```

C99から、要素指示子を使うことで特定要素の初期化が可能になりました。次のように書くと、number[2]だけ10で初期化され、それ以外は0で初

期化されます。

```
int number[4] = {[2] = 10 };  ← {0, 0, 10, 0}と同じ
```

また、次の例は、number[4]が3で初期化され、次の要素のnumber[5]は4で初期化されます。

```
int number[] = {[4] = 3, 4};  ← {0, 0, 0, 0, 3, 4}と同じ
```

③③③ 配列データの利用

宣言した配列を扱うには、配列の後ろに添字（そえじ）というインデックスの役割をする整数値を[]で囲んで記述します。添字は0から順番に配列の要素を指定します。1からではないので間違えないようにしてください。

ここで注意したいのは、宣言時に[]内に書かれた数字は要素数ですが、宣言後に[]内に書かれた数字は添字だということです。異なるものですので混同しないようにしてください。

例

配列の要素の利用

```
          コメント（注釈）
01.   /* 配列の要素を利用するプログラム */
          stdio.hヘッダファイルの取り込み
02.   #include <stdio.h>
03.
          Cプログラムの入り口main関数
04.   int main(void)
          main関数の開始
05.   {
          整数型配列array1を{1,2,3}で初期化
          型名 配列名[要素数(省略)] = {値1, 値2, 値3};
06.     int array1[] = {1, 2, 3};
          要素数5の整数型配列array2を宣言
          型名     配列名[要素数];
07.     int array2[5];
08.
```

```
      array2[0]に10を代入
09.   array2[0] = 10;
      array2[1]にarray1[0]を代入
10.   array2[1] = array1[0];
      array2[2]にarray1[1]+100を代入
11.   array2[2] = array1[1] + 100;
12.
      array2[0]を画面表示
13.   printf("array2[0] = %d\n", array2[0]);
      array2[1]を画面表示
14.   printf("array2[1] = %d\n", array2[1]);
      array2[2]を画面表示
15.   printf("array2[2] = %d\n", array2[2]);
16.
      main関数からOSへ正常リターン
17.   return 0;
      main関数の終了
18. }
```

サンプルコード s3-3-1.c　　　　　　　　　**実行結果例 s3-3-1.exe**

```
array2[0] = 10
array2[1] = 1
array2[2] = 102
```

　このプログラムの9〜11行目では、配列array2の要素に、定数や配列array1の要素が代入されています。どのような動きをしているのか、図に示してみましょう。

図3-3-4　s3-3-1.cの配列の様子

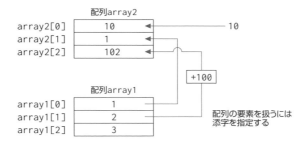

演習
1

コメントを参考に空欄部を埋めてプログラムを完成させてください。このプログラムは配列array2の要素を配列array1に逆順に代入します。☆

```c
#include <stdio.h>

int main(void)
{
    // 要素数5の整数型配列array1 を宣言
    [                    ] ;
    // 整数型配列array2 を 1, 2, 3, 4, 5 で初期化
    [                              ] ;

    // array2 の要素を逆順にarray1 に代入
    [                    ] ;
    [                    ] ;
    [                    ] ;
    [                    ] ;
    [                    ] ;

    // array1 の要素を表示
    printf("array1[0] = %d\n", array1[0]);
    printf("array1[1] = %d\n", array1[1]);
    printf("array1[2] = %d\n", array1[2]);
    printf("array1[3] = %d\n", array1[3]);
    printf("array1[4] = %d\n", array1[4]);

    return 0;
}
```

サンプルコード a3-3-1.c   **実行結果例** a3-3-1.exe

```
array1[0] = 5
array1[1] = 4
array1[2] = 3
array1[3] = 2
array1[4] = 1
```

2 コメントを参考に空欄部を埋めてプログラムを完成させてくださ
い。このプログラムは配列arrayの要素を上下逆に入れ替えます。
☆☆

```c
#include <stdio.h>

int main(void)
{
    // 整数型変数tempを宣言
    _____ ;
    // 整数型配列arrayを 1, 2, 3, 4, 5 で初期化
    _____ ;

    // array の要素を逆順にarrayに代入
    _____ ;
    _____ ;
    _____ ;
    _____ ;
    _____ ;
    _____ ;

    // array の要素を表示
    printf("array[0] = %d¥n", array[0]);
    printf("array[1] = %d¥n", array[1]);
    printf("array[2] = %d¥n", array[2]);
    printf("array[3] = %d¥n", array[3]);
    printf("array[4] = %d¥n", array[4]);

    return 0;
}
```

サンプルコード a3-3-2.c　　　**実行結果例** a3-3-2.exe

```
array[0] = 5
array[1] = 4
array[2] = 3
array[3] = 2
array[4] = 1
```

多次元配列

Multi-dimensional Arrays

解説動画 https://book.mynavi.jp/c_prog/3_4_mdimension/

　配列を縦1列に箱が並んだ棚だとすれば、多次元配列は箱が横にも、さらには奥にも並んだイメージです。

3️⃣4️⃣1️⃣ 2次元配列の宣言と初期化

　3.3節で説明した配列を1次元配列と呼びます。配列には2次元以上のものも存在し、それを多次元配列と呼びます。もっとも、配列を多次元で扱うのはそのほうが理解しやすいからで、メモリには配列の要素が連続して並んでいます。

　プログラムで多次元配列を扱う場合、ほとんどが2次元配列です。ですから、本書では特に2次元配列を取り上げて説明することにします。

　まず、宣言から見てみましょう。2次元配列の宣言も、基本的には1次元配列の宣言と同じです。2次元なので、行と列の要素数が必要になります。

> **構文**　2次元配列の宣言
>
> 　　型名　配列名 [行の要素数][列の要素数]

　学生4人の3教科の点数は、2次元配列を使って宣言すると次のように書くことができます。

```
int ten[4][3];
```

図3-4-1　2次元配列のイメージとメモリ上の並び

イメージ上の並び

ten[0][0]	ten[0][1]	ten[0][2]
ten[1][0]	ten[1][1]	ten[1][2]
ten[2][0]	ten[2][1]	ten[2][2]
ten[3][0]	ten[3][1]	ten[3][2]

◀── int型 ──▶

行の要素数4:
　各学生の点数
　に対応

列の要素数3:
各科目の点数に対応

メモリ上の並び

ten[0][0]
ten[0][1]
ten[0][2]
ten[1][0]
ten[1][1]
ten[1][2]
ten[2][0]
ten[2][1]
ten[2][2]
ten[3][0]
ten[3][1]
ten[3][2]

◀── int型 ──▶

❸

データと型

　次に初期化です。これも、1次元配列と同じように、配列に格納する値を{}の中に順番にカンマ（,）で区切りながら記述します。行と列の要素の関係をわかりやすくするために2重に{}で囲むのが一般的です。

構文　**2次元配列の初期化**

> 型名　配列名[行の要素数][列の要素数]
> = {{値，値，値，…},{値，値，値，…}};

では、学生4人の3教科の点数を初期化してみましょう。

```
/* テストの点数 国語 数学 英語 */
int ten[4][3] = { {89, 65, 65},
                  {67, 88, 81},
                  {61, 45, 55},
                  {72, 95, 91} };
```

　これで、配列要素は次のように
格納されました。

ten	[0]	[1]	[2]
[0]	89	65	65
[1]	67	88	81
[2]	61	45	55
[3]	72	95	91

1次元配列では初期化子がある場合に要素数の省略ができましたが、2次元配列の場合は、省略できるのは行の要素数だけになります。2次元より大きな次元の配列でも、省略できるのは先頭の要素数1つのみです。それ以上省略するとコンパイルエラーになるので注意してください。

```
int ten[][3] = { {89, 65, 65},
                 {67, 88, 81},
                 {61, 45, 55},
                 {72, 95, 91} };
```

省略できるのは先頭
の要素数1つのみ

③④② 2次元配列のデータの利用

2次元配列でも要素を扱うには添字を用います。行要素の添字も列要素の添字も0からはじまります。

例

それぞれの学生の合計点を求めるプログラムを書いてみましょう。

```
01.  /* 各学生のテストの合計点を求めるプログラム */
02.  #include <stdio.h>
03.
04.  int main(void)
05.  {
06.      // テストの点数 国語 数学 英語
07.      int ten[][3] = { {89, 65, 65},
08.                       {67, 88, 81},
09.                       {61, 45, 55},
10.                       {72, 95, 91} };
11.      int sum[4];
12.
13.      // 各学生の合計点を求める
```

コメント (注釈)
01. の上: コメント (注釈)
02. の上: stdio.hヘッダファイルの取り込み
04. の上: Cプログラムの入り口main関数
05. の上: main関数の開始
06. の上: コメント (注釈)
07. の上: 列要素数3の整数型2次元配列tenの初期化
型名 配列名[行の要素数(省略)][列の要素数]= {{値, 値, 値,…},{値, 値, 値,…}};
11. の上: 要素数4の整数型配列sumの宣言
13. の上: コメント (注釈)

14.
```
sum[0] = ten[0][0] + ten[0][1] + ten[0][2];
```
sum[0]に0番目の学生の合計点を求め代入

15.
```
sum[1] = ten[1][0] + ten[1][1] + ten[1][2];
```
sum[1]に1番目の学生の合計点を求め代入

16.
```
sum[2] = ten[2][0] + ten[2][1] + ten[2][2];
```
sum[2]に2番目の学生の合計点を求め代入

17.
```
sum[3] = ten[3][0] + ten[3][1] + ten[3][2];
```
sum[3]に3番目の学生の合計点を求め代入

18.

19.
```
printf("合計点0 = %d¥n", sum[0]);
```
合計点を画面表示

20.
```
printf("合計点1 = %d¥n", sum[1]);
```

21.
```
printf("合計点2 = %d¥n", sum[2]);
```

22.
```
printf("合計点3 = %d¥n", sum[3]);
```

23.

24.
```
return 0;
```
main関数からOSへ正常リターン

25.
```
}
```
main関数の終了

サンプルコード s3-4-1.c　　　　**実行結果例** s3-4-1.exe

```
合計点0 = 219
合計点1 = 236
合計点2 = 161
合計点3 = 258
```

次の図のように各行の要素を加算しているのがわかりますね。

sum[0]	← 加算		ten[0][0]	ten[0][1]	ten[0][2]
sum[1]	← 加算		ten[1][0]	ten[1][1]	ten[1][2]
sum[2]	← 加算		ten[2][0]	ten[2][1]	ten[2][2]
sum[3]	← 加算		ten[3][0]	ten[3][1]	ten[3][2]

③

データと型

1 プログラムs3-4-1.cを修正して科目ごとの合計点を求めてください。空欄部を埋めてプログラムを完成させてください。☆

```c
#include <stdio.h>

int main(void)
{
    // テストの点数 国語 数学 英語
    int ten[][3] = { {89, 65, 65},
                     {67, 88, 81},
                     {61, 45, 55},
                     {72, 95, 91} };
    int sum[3];

    // 各科目の合計点を求める



    printf("国語の合計点 = %d\n", sum[0]);
    printf("数学の合計点 = %d\n", sum[1]);
    printf("英語の合計点 = %d\n", sum[2]);

    return 0;
}
```

サンプルコード a3-4-1.c　　　　　**実行結果例** a3-4-1.exe

```
国語の合計点 = 289
数学の合計点 = 293
英語の合計点 = 292
```

文字と文字列

Character and String

https://book.mynavi.jp/c_prog/3_5_charstr/

数値しかわからないコンピュータは、文字と文字列をどのように扱っているのでしょう。ここではそれを明らかにします。

3.5.1 文字とは

0と1しかわからないコンピュータは、文字をすべて数値に置き換えて扱います。そのために文字に割り当てた数値が文字コードです。文字コードにはたくさんの種類があります。代表的なASCIIを使うと、「A」は2進数の01000001に、「B」は01000010に置き換えられます。

一方、人間は01000001では何を表すのかわかりません。そこでC言語では、文字をシングルクォーテーション（'）で囲んで'A'のように記述します。それによって対応する文字コードに置き換えられるようにしているのです。これが文字定数でしたね。

つまり、

char ch1 = 'A';

char ch2 = 'B';

と記述すると、変数ch1とch2にはそれぞれの文字に割り振られた文字コードが代入されるのです。

ch1	01000001	'A'
ch2	01000010	'B'

ASCII

　世界中に多くの文字コードが存在しますが、その中でいちばん利用されているのが ASCII（American Standard Code for Information Interchange）です。ASCII には印字可能な印字文字以外にも制御コードが含まれますが、以下に印字文字を表で示します。

文字	コード		文字	コード		文字	コード	
	10進	16進		10進	16進		10進	16進
スペース	32	0x20	@	64	0x40	'	96	0x60
!	33	0x21	A	65	0x41	a	97	0x61
"	34	0x22	B	66	0x42	b	98	0x62
#	35	0x23	C	67	0x43	c	99	0x63
$	36	0x24	D	68	0x44	d	100	0x64
%	37	0x25	E	69	0x45	e	101	0x65
&	38	0x26	F	70	0x46	f	102	0x66
'	39	0x27	G	71	0x47	g	103	0x67
(	40	0x28	H	72	0x48	h	104	0x68
)	41	0x29	I	73	0x49	i	105	0x69
*	42	0x2A	J	74	0x4A	j	106	0x6A
+	43	0x2B	K	75	0x4B	k	107	0x6B
,	44	0x2C	L	76	0x4C	l	108	0x6C
-	45	0x2D	M	77	0x4D	m	109	0x6D
.	46	0x2E	N	78	0x4E	n	110	0x6E
/	47	0x2F	O	79	0x4F	o	111	0x6F
0	48	0x30	P	80	0x50	p	112	0x70
1	49	0x31	Q	81	0x51	q	113	0x71
2	50	0x32	R	82	0x52	r	114	0x72
3	51	0x33	S	83	0x53	s	115	0x73
4	52	0x34	T	84	0x54	t	116	0x74
5	53	0x35	U	85	0x55	u	117	0x75
6	54	0x36	V	86	0x56	v	118	0x76
7	55	0x37	W	87	0x57	w	119	0x77
8	56	0x38	X	88	0x58	x	120	0x78
9	57	0x39	Y	89	0x59	y	121	0x79
:	58	0x3A	Z	90	0x5A	z	122	0x7A
;	59	0x3B	[	91	0x5B	{	123	0x7B
<	60	0x3C	¥	92	0x5C	|	124	0x7C
=	61	0x3D	]	93	0x5D	}	125	0x7D
>	62	0x3E	^	94	0x5E	~	126	0x7E
?	63	0x3F	_	95	0x5F			

　ASCII のような英数字のコードは、制御文字を加えても 256 個あれば足ります。そのため文字型である char 型の大きさは 1 バイトとなっています。

3.5.2 文字列

　個別の文字はchar型の変数で扱いますが、文字列は複数の文字を含むため変数では扱うことができません。そのため、C言語ではchar型配列で扱います。

　たとえば、"ABC"という文字列リテラルで配列strを初期化するには次のように記述します。

```
char str[] = "ABC";
```

　すると、下図のようにメモリにstrという名前のchar型の配列が確保され、文字列リテラル"ABC"が中に格納されます。

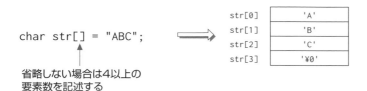

```
char str[] = "ABC";
```
省略しない場合は4以上の
要素数を記述する

str[0]	'A'
str[1]	'B'
str[2]	'C'
str[3]	'¥0'

　さて、この図の配列の最後に格納されている '¥0' は何でしょう。これは、空文字と呼ばれる文字列の終了を示すエスケープシーケンス（P.39の表2-3-1参照）で、初期化時にコンパイラが自動的に付加するコードです。C言語コンパイラは、'¥0' が出現するまでを文字列とみなすようになっているのです。ですから、文字数が3文字だからといって、

```
char str[3] = "ABC";        // 間違い例
```

と記述してはいけません。'¥0' のつかない終わりのない文字列になってしまいます。

　では次にもう少しこの初期化について説明しましょう。

　文字列リテラルで配列を初期化するのは、配列の要素に文字定数を格納するのと同じことなので、次のように文字を1つずつ書いてもかまいません。

```
char str[] = {'A', 'B', 'C', '\0'};
```

この場合、コンパイラは終了コードの'\0' を付加してはくれないので記述しておく必要があります。いちいち「'」や「,」を書くわずらわしさを考えても、最初の例のように文字列リテラルで初期化するほうがよいでしょう。

なお、文字列リテラルを配列に代入できるのは、配列の宣言時に限ります。次のように宣言後の配列に代入することはできません。

```
char str[10];
str = "ABC";                // 間違い例
```

あとから代入する場合には、面倒でも1文字ずつ要素に代入するか、6章で学習する標準ライブラリ関数 strcpy を使うことになります。
ストリコピー

 補足コラム

特定の文字の文字化け

Windows環境の文字コードの標準は「シフト JIS」（P.225）です。そのため、本書ではシフト JISで記述したソースファイルを、gccを使ってコンパイルし、実行することを前提に説明を行っています。けれども、このような環境では、「表」や「能」のように文字コードに「5C」を含む文字をprintfで出力すると文字化けが起こります。

```
printf("表示");   ←  "侮ｦ"と文字化け
```

これは、「5C」がエスケープシーケンスを表す「\」の文字コードと一致するためです。これを回避するには、次のように問題のある文字の直後に「\」を1つ挿入します。

```
printf("表\示");  ←  "表示"と画面出力
```

なお、「UTF-8」という文字コードでソースファイルを記述し、コマンドプロンプトの文字コードもUTF-8に設定すれば、このような小手先の対応を行う必要はありません。

演習

1 コメントを参考に空欄部を埋めてプログラムを完成させてください。このプログラムは、char 型配列 str に格納されている英大文字を英小文字に変換します。ただし、文字コードは ASCII とします。

（ヒント）P.84 の ASCII 表を参考にしましょう。☆

③

データと型

```c
#include <stdio.h>

int main(void)
{

    // char 型配列を"PEACH" で初期化
    _____ ;

    // 大文字 → 小文字 変換
    _____ ;
    _____ ;
    _____ ;
    _____ ;
    _____ ;

    printf("str = %s¥n", str);

    return 0;
}
```

サンプルコード a3-5-1.c　　　　**実行結果例** a3-5-1.exe

```
str = peach
```

printf 関数

Formatted Output-Printf

https://book.mynavi.jp/c_prog/3_6_printf/

変数の中にどんな値が格納されているのか画面に表示してみましょう。printf関数を使うと思い通りの書式で表示することができます。

36❶ printf関数の使い方

変数の中身を画面に表示するには、printf関数を使います。printfについては2章でも説明しましたね。2章では文字列を表示してみました。

printfの「f」は「書式」を意味するformatの頭文字で、書式を指定することにより、変数を10進数で表示したり、16進数で表示したりできます。これまでのサンプルプログラムや演習でもprintfの括弧の中に%dや%sといった記述がありましたね。この%に続く文字が変換指定子です。変換指定子は、どのように変数を表示するのかを指定します。%と合わせて変換指定と呼ばれます。

なお、文字「%」を表示するには「%%」とするので、これも覚えておいてください。

表3-6-1　主なprintf関数の変換指定

変換指定	意味	使われるデータ型
%c	1文字として表示する	整数型（文字型）
%d	10進数で表示する	整数型
%x	16進数で表示する	
%o	8進数で表示する	
%f	[-]dddd.ddddd の形式で出力する ※小数点以下は6桁で表示	浮動小数点型
%e	指数形式で表示する	
%s	文字列として表示する	文字列

例

まずは、変換指定を変えながら変数を表示してみましょう。

```
01.   /* 変換指定の例 */
02.   #include <stdio.h>
03.
04.   int main(void)
05.   {
06.       int a = 65;
07.
08.       printf("変数aを10進数として出力します：%d\n", a);
09.       printf("変数aを16進数として出力します：%x\n", a);
10.       printf("変数aを 8進数として出力します：%o\n", a);
11.
12.       printf("まとめて出力します。\n");
13.       printf("10進：%d  16進：%x  8進：%o\n", a, a, a);
14.
15.       return 0;
16.   }
```

01. コメント（注釈）
02. stdio.hヘッダファイルの取り込み
04. Cプログラムの入り口main関数
05. main関数の開始
06. 整数型変数aを65で初期化
08. 変数aを10進数として画面表示　標準出力関数("表示文字列　10進変換指定", 変数);
09. 変数aを16進数として画面表示　標準出力関数("表示文字列　16進変換指定", 変数);
10. 変数aを8進数として画面表示　標準出力関数("表示文字列　8進変換指定", 変数);
13. 変数aを10進数、16進数、8進数として画面表示　標準出力関数(" 10進変換指定　16進変換指定　8進変換指定", 変数, 変数, 変数);
15. main関数からOSへ正常リターン
16. main関数の終了

サンプルコード s3-6-1.c　　　　　**実行結果例 s3-6-1.exe**

```
変数aを10進数として出力します：65
変数aを16進数として出力します：41
変数aを 8進数として出力します：101
まとめて出力します。
10進：65  16進：41  8進：101
```

8〜10行目では、変数を10進数、16進数、8進数にそれぞれ変換して表示します。¥nは改行を示すエスケープシーケンスでしたね。忘れてしまった人はP.39を参照してください。

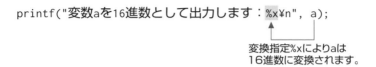

printf("変数aを16進数として出力します：%x¥n"，a);

変換指定%xによりaは
16進数に変換されます。

実行結果例

変数aを16進数として出力します：41

65を16進数で表示すると41になる

12行目では、変換指定は書かれていませんね。そのまま""で囲まれた文字列を表示します。

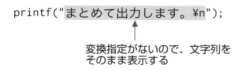

printf("まとめて出力します。¥n");

変換指定がないので、文字列を
そのまま表示する

13行目では複数の変換指定が書かれています。このような場合は、先頭から順番に変数が変換指定に割り当てられ変換されます。同じ変数を表示する場合にも変換指定の数だけ変数を書かなければならないので注意してください。

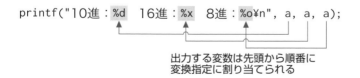

printf("10進：%d　16進：%x　8進：%o¥n", a, a, a);

出力する変数は先頭から順番に
変換指定に割り当てられる

変換指定子

変換指定子は英語の頭文字からつけられています。対応させて覚えましょう。

c : Character（文字）
d : Decimal（10進数）
x : heXadecimal（16進数）
o : Octal（8進数）
f : Floating point（浮動小数点数）
e : Exponent（指数）
s : String（文字列）

❸

データと型

③⑥② printfの引数

引数については8章で詳しく説明しますが、関数に渡される値をこう呼びます。関数については2章で「まとまりのある機能を実現する単位」だと説明しましたね。ピンとこないかもしれませんが心配はありません。関数も引数も8章を学習すれば十分に理解できるようになります。

まずは、printfの形式を見てみましょう。printfは関数の一種で、括弧の中に記述されているのが引数です。

構文 printf関数

printf(①書式文字列, ②可変個引数);

① 書式文字列

printfの()中の""で囲まれた第1引数を書式文字列と呼びます。書式文字列中に変換指定が書かれている場合には、書式文字列の後ろにある可変個引数を変換して表示します。

② 可変個引数

変換指定の変換対象となるものです。変数だけではなく配列や定数も該当します。さらには4章で学ぶ式を書くこともできます。

「可変個」というのは、個数が変わるという意味です。s3-6-1.cでも引数の個数がそれぞれのprintfで違いますね。通常、引数の個数は関数によって決まっているものですが、printfは少々特殊な関数で引数の個数が変わるのです。

例

いろいろな値をprintfで表示してみましょう。

```
       コメント（注釈）
01.    /* いろいろな値を表示するプログラム */
       stdio.hヘッダファイルの取り込み
02.    #include <stdio.h>
03.
       Cプログラムの入り口main関数
04.    int main(void)
05.    {
       要素数3の整数型配列jisuuを{180,80,40}で初期化
06.        int jisuu[3] = {180, 80, 40};
       文字型配列kamoku1を"C言語"で初期化
07.        char kamoku1[] = "C言語";
       文字型配列kamoku2を"情報処理演習"で初期化
08.        char kamoku2[] = "情報処理演習";
       文字型配列kamoku3を"データベース"で初期化
09.        char kamoku3[] = "データベース";
10.
       kamoku1を文字列で、jisuu[0]を10進変換で画面表示
       標準出力関数("文字列変換指定 表示文字列   10進変換指定 改行", 配列,配列要素);
11.        printf("%s 授業時数:%d¥n", kamoku1, jisuu[0]);
       kamoku2を文字列で、jisuu[1]を10進変換で画面表示
       標準出力関数("文字列変換指定 表示文字列   10進変換指定 改行", 配列,配列要素);
12.        printf("%s 授業時数:%d¥n", kamoku2, jisuu[1]);
       kamoku3を文字列で、jisuu[2]を10進変換で画面表示
       標準出力関数("文字列変換指定 表示文字列   10進変換指定 改行", 配列, 配列要素);
13.        printf("%s 授業時数:%d¥n", kamoku3, jisuu[2]);
14.
       0.1、0.2、0.1+0.2を浮動小数点変換で画面表示
       標準出力関数("改行 浮動小数点変換指定3個 改行", 定数, 定数, 式);
15.        printf("¥n%f + %f = %f¥n", 0.1, 0.2, 0.1 + 0.2);
       0x10、0xb、0x10+0xbを16進変換で画面表示
       標準出力関数("16進変換指定3個 改行", 定数, 定数, 式);
16.        printf("%x + %x = %x¥n", 0x10, 0xb, 0x10 + 0xb);
```

17.
　　　main関数からOSへ正常リターン
18.　　**return 0;**
　　　main関数の終了
19. **}**

サンプルコード s3-6-2.c　　　　　　**実行結果例** s3-6-2.exe

```
C言語 授業時数:180
情報処理演習 授業時数:80
データベース 授業時数:40

0.100000 + 0.200000 = 0.300000
10 + b = 1b
```

③
データと型

11〜13行目では、配列の要素を表示しています。char型配列は変換指定%sで文字列として表示し、int型配列のほうは変換指定%dで10進数として表示しています。

15、16行目では、定数と式を表示しています。このように定数や演算子を含む式も表示することができます。

演習

1 文字型配列strを文字列 "SKY" で初期化し、printf関数を用いて次のように表示してください。☆
配列要素のstr[0] 〜 str[2]を各々、10進数で表示
配列要素のstr[0] 〜 str[2]を各々、16進数で表示
配列要素のstr[0] 〜 str[2]を各々、文字で表示
strの内容を文字列で表示

サンプルコード a3-6-1.c　　　　　　**実行結果例** a3-6-1.exe

```
str[0] = 83 53 S
str[1] = 75 4b K
str[2] = 89 59 Y
文字列 = SKY
```

3-6-3 表示を整える

printf関数では、文字の頭をそろえて見やすくしたりするなど、表示の体裁を整えるために、%と変換指定子との間に、次の指定子を入れることができます。

構文 printf関数の変換指定

%① [フラグ] ② [フィールド幅] ③ [.精度] ④ [変換修飾子] 変換指定子

[]内は省略することができます。[]は記述しません。

① フラグ

記号	意味	
-	左詰めに表示する（省略時には右詰め）	
+	符号をつける（省略時には-符号のみ）	
#	数値の表記形式がわかるように表示する	%xのとき：数字の前に「0x」を付加する
		%oのとき：数字の前に「0」を付加する
0	0を詰める	

② フィールド幅

文字や数字、記号を少なくとも何文字で表示するかを数値で指定します。文字数がフィールド幅の指定数よりも少ないときは、文字の左側が空白で埋められます。文字数が指定数より多いときはフィールド幅が無視されます。なお、小数点も1文字に数えますので注意してください。

③ 精度

浮動小数点数の小数点以下の桁数を指定します。この精度を省略すると、小数点以下6桁で出力します。

④ 変換修飾子

l：対応する引数をlong型（P.323）で変換します。

h：対応する引数をshort型（P.323）で変換します。

L：対応する引数をlong double型（P.331）で変換します。

例

P.92の s3-6-2.c の表示を整えてみましょう。

```
01.   /* いろいろな値を表示するプログラム(修正版) */
02.   #include <stdio.h>
03.
04.   int main(void)
05.   {
06.      int jisuu[3] = {180, 80, 40};
07.      char kamoku1[] = "C言語";
08.      char kamoku2[] = "情報処理演習";
09.      char kamoku3[] = "データベース";
10.
11.      printf("%-12s 授業時数:%3d¥n", kamoku1, jisuu[0]);
12.      printf("%-12s 授業時数:%3d¥n", kamoku2, jisuu[1]);
13.      printf("%-12s 授業時数:%3d¥n", kamoku3, jisuu[2]);
14.
15.      printf("¥n%4.2f + %4.1f = %.2f¥n", 0.12, 0.2, 0.12 + 0.2);
16.      printf("%#4x + %#4x = %#4x¥n", 0x10, 0xb, 0x10 + 0xb);
17.
18.      return 0;
19.   }
```

ソース解説は s3-6-2.c を参考にしてください。

サンプルコード s3-6-3.c　　　**実行結果例 s3-6-3.exe**

```
C言語        授業時数:180
情報処理演習  授業時数: 80
データベース  授業時数: 40

0.12 +  0.2 = 0.32
0x10 +  0xb = 0x1b
```

　11〜13行目で書かれている%-12sは、フラグの - で左詰めに、フィールド幅の12で12文字幅にして文字列を表示します。なお、全角文字は2文字幅なので、6文字を表示するためにフィールド幅を12としています。

同じ行に書かれている%3dは、フィールド幅の3で3文字幅にして10進数を表示します。フラグの–を記述していないので表示が右詰めになります。

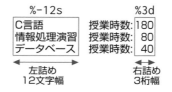

15行目の%4.2fと%4.1fは、フィールド幅と一緒に精度を指定しています。フィールド幅の文字数には小数点も含まれます。また、%.2fのようにフィールド幅を省略して精度だけを指定することも可能です。

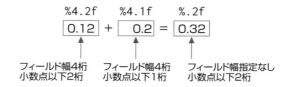

16行目では、変換指定の%xにフラグの#を挿入し、16進数の前に「0x」を加えて表示します。

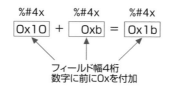

演習
一

1 実行結果例のようになるよう次の空欄部を埋めてプログラムを完
成させてください。☆

```c
#include <stdio.h>

int main(void)
{
    printf("                    ", "氏名", "身長", "体重", "年齢");
    printf("                       ", "秋本真奈美", 162.4, 48.5, 19);
    printf("                       ", "朝霞裕子", 157.3, 58.5, 18);
    printf("                       ", "飯島洋子", 154.7, 42.2, 19);

    return 0;
}
```

サンプルコード a3-6-2.c	実行結果例 a3-6-2.exe

```
氏名            身長    体重    年齢
秋本真奈美       162.4   48.50    19
朝霞裕子         157.3   58.50    18
飯島洋子         154.7   42.20    19
←——— 12 ———→←— 10 —→←— 7 —→←— 7 —→
```

scanf関数

Formatted Input-Scanf

解説動画　https://book.mynavi.jp/c_prog/3_7_scanf/

　今度はキーボードから値を入力してみましょう。入力できるようになるとプログラミングが格段に面白くなりますよ。

scanf関数の使い方

　キーボードから値を入力するにはscanf関数を使います。「scan」には「読み取る」という意味があります。「f」はprintfと同様に「format」の略で、変換指定により入力した値を変換することができます。printfは標準出力関数でしたが、scanfのほうは標準入力関数です。C言語では標準入力に通常キーボードを割り当てています。なお、標準入出力関数を使うには、#include <stdio.h>の記述が必要です。

> **構文**　scanf関数
>
> scanf(①書式文字列 , ②格納可変個引数);

① 書式文字列

　通常、%dや%cのような変換指定だけを書きます。それ以外の文字は制御が難しいので書かないほうがよいでしょう。

② 格納可変個引数

　変数に値を格納する場合には ^{アンパサンド} **&** に続けて変数名を書きます。文字型配列に文字列を格納する場合には配列名だけを書きます。

　可変個というのは、printfの可変個引数と同様、いくつあってもよいという意味です。複数ある場合にはその数分の変換指定が必要です。

例

「A」を文字と16進数で入力するプログラムを見てみましょう。

```
コメント（注釈）
01.  /* 「A」を入力するプログラム */
     stdio.hヘッダファイルの取り込み
02.  #include <stdio.h>
03.
     Cプログラムの入り口main関数
04.  int main(void)
     main関数の開始
05.  {
        文字型変数cの宣言
06.     char c;
        整数型変数nの宣言
07.     int n;
08.
        文字列の画面表示
09.     printf("AキーとEnterキーを押してください。> ");
        変数cに文字を入力
        標準入力関数("文字変換指定", &変数);
10.     scanf("%c", &c);
        変数cの画面表示
11.     printf("入力データを10進出力 :%d\n", c);
12.
        文字列の画面表示
13.     printf("\nAキーとEnterキーを押してください。> ");
        変数nに16進数を入力
        標準入力関数("16進変換指定", &変数);
14.     scanf("%x", &n);
        変数nの画面表示
15.     printf("入力データを10進出力 :%d\n", n);
16.
        main関数からOSへ正常リターン
17.     return 0;
     main関数の終了
18.  }
```

サンプルコード s3-7-1.c / **実行結果例 s3-7-1.exe**

```
AキーとEnterキーを押してください。> A ⏎
入力データを10進出力 :65

AキーとEnterキーを押してください。> A ⏎
入力データを10進出力 :10
```

このプログラムを実行すると、「Aキーと Enter キーを押してください。」と表示してプログラムの実行が止まりますね。10行目の scanf で入力待ちになっているからです。ここでAキーを押してから Enter キーを押してください。scanf によるデータの取り込みが行われ次の処理に進みます。

10行目では、変換指定を %c としているので「A」の文字コードが入力されます。14行目では、変換指定を %x としているので16進数の「A」が入力されます。このように、同じAキーを押しても変換指定により格納されるデータは異なるのです。

scanf の変換指定には表3-7-1のようなものがあります。

表3-7-1　主な scanf 関数の変換指定

変換指定	意味	使われるデータ型
%c	1文字として入力する	文字型
%d	10進数で入力する	整数型
%x	16進数で入力する	
%o	8進数で入力する	
%f	浮動小数点数を入力する	浮動小数点型 (float 型)
%lf	浮動小数点数を入力する	浮動小数点型 (double 型)
%s	文字列を入力する	文字型配列

printf の変換指定とほぼ同じですね。ただし、double 型の変換指定は、%f ではなく %lf です。これは、printf と異なるので注意してください。

ところで、s3-7-1.c の scanf 中には変数の前に & という記号がついていました。この記号の意味は7章で説明しますので、ここでは、とりあえずつけなければいけないものだと覚えてください。ただし、char 型配列に %s 変換指定で文字列を入力するときだけは例外で、& をつけてはいけません。

図**3-7-1** 変数への入力

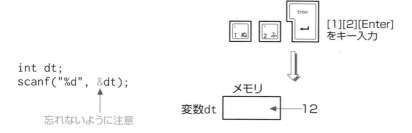

```
int dt;
scanf("%d", &dt);
```
忘れないように注意

図**3-7-2** char型配列への文字列入力

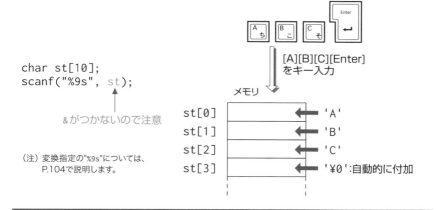

```
char st[10];
scanf("%9s", st);
```
&がつかないので注意

（注）変換指定の"%9s"については、
P.104で説明します。

演習

1 次の手順でキーボードからの入力を表示して確認するプログラム
を作成してください。☆

① キーボードから入力した1文字を、文字と10進数、16進数で
表示して内容を確認してください。

② キーボードから入力した10進整数を、10進数と16進数で表
示して内容を確認してください。

③ キーボードから入力した16進整数を、10進数と16進数で表
示して内容を確認してください。

④ キーボードから入力したfloat型浮動小数点数を、表示して内
容を確認してください。

⑤ キーボードから入力したdouble型浮動小数点数を、表示して
内容を確認してください。

データと型

③

サンプルコード a3-7-1.c 実行結果例 a3-7-1.exe

```
1文字入力＞ A ⏎
1文字出力：A
10進出力：65
16進出力：41
10進入力＞ 10 ⏎
10進出力：10
16進出力：a
16進入力＞ f ⏎
10進出力：15
16進出力：f
float入力＞ 12.345 ⏎
float出力：12.345000
double入力＞ 123456789.123456 ⏎
double出力：123456789.123456
```

③⑦② scanf関数の注意事項

scanfは変換指定を変えるだけでさまざまな入力ができるので大変に便利な関数ですが、少々使い方の難しい関数です。ここでは、使い方の注意点をまとめておきましょう。

(1) 空白類文字は読み込まない

scanfの%s変換指定では、空白類文字（スペース、改行、タブなど）がくると読み込みを終了します。そのため、「This is a pen.」といったスペースを含む文字列を読み込むことはできません。この場合は「This」だけが読み込まれます。スペースを含む文字列を読み込むときにはfgets関数（P.206）を用います。

(2) 改行文字が残る

キーボードから入力された文字はバッファと呼ばれる作業領域にいったん読み込まれ、Enterキーが押されるとフラッシュ（バッファをクリアし、再びバッファリングが行える状態にすること）されます。このフラッシュ時に¥n（改行文字）はバッファに残されたままになります。そして、その

ままの状態では、%c変換指定で文字が読み込めません。%cでは、バッファ
中に残された¥nを文字として読み込んでしまうためです。

たとえば、次のような入力を行うと図3-7-3のように変数cに文字を入力
することができません。

```
int a1, a2;
char c;
printf("数値1 ＞ ");
scanf("%d", &a1);
printf("文字＞ ");
scanf("%c", &c);
printf("数値2 ＞ ");
scanf("%d", &a2);
```

図3-7-3 文字入力が正しく行われない例

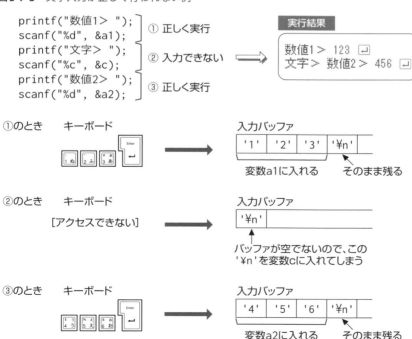

回避方法はいくつかあるのですが、いちばん簡単なのは、次のように%c の前に半角スペースを入れることです。こうするとscanfは改行を読み飛ばしてくれます。

```
scanf(" %c", &c);
```

　　　　空白(改行含む)を読み飛ばす

(3) 入力を誤った場合

　scanfは変換指定にあてはまらないデータを入力すると、バッファのデータをそのまま残し、動作を終了してしまいます。

　たとえば、%d変換指定で、誤って英字を入力した場合には、scanf関数はバッファに英字を残したまま、ただちに終了してしまいます。そのため、繰り返し処理の中で入力を誤ると、バッファに残った英字を見てはただちに終了、という動作を永遠に続けてしまい、プログラムが暴走してしまいます。

　この場合の回避方法はP.232で説明します。今は、printfでわかりやすくガイダンスを表示して、入力間違えが起こらないようにしてください。

(4) 入力によるデータ破壊

　scanfの%s変換指定では、入力された文字列を無条件に配列へ格納します。そのため、あらかじめ宣言しておいた配列の大きさを超えて文字列を格納することが可能になり、他のメモリ領域に保存されているデータを破壊してプログラムが暴走することがあります。

　そこで、%と変換指定子の間に入力文字数を制限するフィールド幅を必ず記述しておきましょう。フィールド幅を指定しておくと、その数を超えて入力できないので安心です。フィールド幅は文字列の終了を示す¥0を考慮して、配列の要素数-1で指定してください。

```
char st[20];
scanf("%19s", st);
```

　　　　入力フィールド幅を書いておくと
　　　　データ破壊が起こらないので安心

演習

1 char型配列のstr[100]を宣言し、このstrに好きな文字列をキーボードから入力してください。入力したら、表示して内容を確認してください。なお、文字列の入力には必ず入力フィールド幅を指定してください。☆

| サンプルコード a3-7-2.c | 実行結果例 a3-7-2.exe |

```
文字列を入力してください。> computer ⏎
入力文字列 = computer
```

2 P.103の「文字入力が正しく行われない例」のプログラムを正しく文字入力ができるように修正してください。☆

| サンプルコード a3-7-3.c | 実行結果例 a3-7-3.exe |

```
数値1 > 123 ⏎
文字 > A ⏎
数値2 > 456 ⏎
数値1 = 123
文字  = A
数値2 = 456
```

第3章 まとめ

① 定数はプログラム上に記述される値です。

② 変数はメモリに確保されるデータを入れる区画です。

③ 変数は型によりどのようなデータを扱うかが決まります。

④ 配列は同種のデータ型のデータを集めたものです。

⑤ 配列には1次元だけではなく2次元以上の多次元配列が存在します。

⑥ 文字列は文字型配列を使って扱います。

⑦ printf関数は書式指定によりさまざまな形式で値を画面表示できます。

⑧ scanf関数は書式指定によりさまざまな形式で値のキー入力ができます。

第4章 式と演算子

C言語には、さまざまな演算を行うために、多くの演算子が用意されています。この章では、使用頻度が高い基本的な演算子を紹介します。

基本的な演算子を使いこなせるようになるとともに、異なる型の変数や定数が混在した演算で、型変換が行われる仕組みを理解しましょう。

■コラム

　「+」や「-」など演算を行う記号が演算子ですが、一口に演算子といっても、実にさまざまな種類があります。演算子について詳しく解説する前に、まず、式とオペランドについて少し説明しておきましょう。

　C言語で式とは、変数や定数だけを記述したもの、および、それらを演算子で結合したものです。次の例はすべて式になります。

```
1          ：数値定数
'A'        ：文字定数
"COMPUTER" ：文字列リテラル
a          ：変数
a + 2      ：変数と数値定数を演算子で結合
y = x      ：変数と変数を演算子で結合
c = a - b  ：変数と変数を演算子で結合
```

そして、

```
a = 1
c = a + 2
```

のように代入演算子を用いて記述した式を代入式と呼びます。

　また、式にセミコロン（;）をつけたものを式文と呼びます。ですから、

```
1;
c = a + 2;
```

とすれば式文になるわけです。

　オペランドとは、演算対象の変数や定数などのことです。C言語の演算子には、オペランドを1つしか必要としない単項演算子、2つ必要とする2項演算子、3つ必要とする3項演算子があります。

算術演算子

Arithmetic Operators

解説動画　https://book.mynavi.jp/c_prog/4_1_arithmetic/

　日常的に四則演算を行う機会は多いと思います。四則演算はプログラム でももっともよく使われます。四則演算に剰余を加えた5種類の演算子を 算術演算子と呼びます。

❹❶❶ 算術演算子

　算術演算子を表にまとめてみましょう。

表4-1-1　算術演算子

演算	演算子	例	意味
加算	+	a + b	aにbを加える
減算	−	a − b	aからbを引く
乗算	*	a * b	aにbをかける
除算	/	a / b	aをbで割る
剰余算	%	a % b	aをbで割った余り

① +演算子

　加算の「+」はおなじみの演算子ですね。これまでの学習でも特に説明も せずに使ってきました。2つのオペランドの加算を行います。

② −演算子

　減算の「−」も特に説明は必要ないでしょう。2つのオペランドの減算を 行います。

　この演算子はオペランドを1つだけ取る単項演算子としても使えます。−a と記述すると符号を反転させる働きをします。a が−10 のとき10にする ことができ、絶対値を求めるときなどに使えます。単項+演算子もある

のですが、何の働きもしないのでまず出番はありません。

③ * 演算子

乗算は「*」で記述します。Excel などの表計算ソフトを使っている人にはおなじみですね。

ところで、演算の結果、使用している型の表現範囲を超えてしまうことを**オーバーフロー**と呼びます。大きな数の乗算はオーバーフローが生じやすいので気をつけてください。

オーバーフローが生じそうな場合は、型サイズの大きな long long 型（P.323 参照）で宣言してください。

④ / 演算子

除算は「/」で記述します。1÷3を1/3と書くのは違和感がないと思います。

C言語で整数どうしの除算を行うと**小数点以下**が扱えないので注意してください。小数点以下を有効にしたい場合には、**浮動小数点型**で演算を行うか、**キャスト**（P.132 参照）をする必要があります。

また、0での割り算は**ゼロ除算**と呼ばれ、実行するとエラーが発生します。C言語に限らずコンピュータでは絶対に行ってはいけません。

⑤ % 演算子

余りを求める**剰余算**は「%」で記述します。プログラムでは意外に使うことの多い演算子です。出力文字を10個ごとに改行したり、ゲームのプログラムで乱数（P.235 参照）をしぼったりするのに使います。

加減乗除の演算子は整数も浮動小数点数もオペランドにすることができますが、この剰余だけは**整数**が対象になります。もちろん、ゼロ除算はできません。

 では、入力した整数を演算するプログラムを見てみましょう。

```
01.  /* 入力した整数を演算するプログラム */
02.  #include <stdio.h>
03.
04.  int main(void)
05.  {
```

```
        整数型変数aとbの宣言
06.    int a, b;
07.
08.    printf("整数値を2個入力してください。¥n");
09.    printf("＞ ");
        変数aに10進数を入力する
10.    scanf("%d", &a);
11.    printf("＞ ");
        変数bに10進数を入力する
12.    scanf("%d", &b);
13.
        変数a+bの結果を10進数で表示                    変数aとbの加算
14.    printf("加算の結果 = %d¥n", a + b);
        変数a-bの結果を10進数で表示                    変数aとbの減算
15.    printf("減算の結果 = %d¥n", a - b);
        変数a×bの結果を10進数で表示                    変数aとbの乗算
16.    printf("乗算の結果 = %d¥n", a * b);
        もし変数bが0でなければ
17.    if (b != 0) {
            変数a÷bの結果を10進数で表示                変数aとbの除算
18.      printf("除算の結果 = %d¥n", a / b);
            変数a÷bの余りを10進数で表示                変数aとbの剰余算
19.      printf("剰余算の結果 = %d¥n", a % b);
20.    }
        変数bが0ならば
21.    else {
            エラーメッセージを表示
22.      printf("0 で割り算はできません。¥n");
23.    }
24.
25.    return 0;
26. }
```

サンプルコード s4-1-1.c　　　　**実行結果例 s4-1-1.exe**

```
整数値を2個入力してください。
＞ 10 ↵
＞ 3 ↵
加算の結果 = 13
減算の結果 = 7
乗算の結果 = 30
除算の結果 = 3
剰余算の結果 = 1
```

❹

式と演算子

このプログラムではゼロ除算をしないように、17行目に

```
if (b != 0) {
```

という一文が入っています。これは、5章で学習するif文という制御文です。今は、「もしbが0でなければ18、19行目の除算と剰余算を行う」と読んでおいてください。

「実行結果例」は、変数aに10、bに3を入力した状態で演算を行ったものです。変数aとbは整数なので、除算の結果は「3.3333…」ではなく、「3」になっています。また、剰余算の結果は10÷3の余りなので「1」ですね。

なお、このプログラムでは示されていませんが、C言語の演算子にも数式の演算子と同じように優先順位が存在します。+、－よりも＊、／、％のほうが優先順位は高いので気をつけてください。

```
a + b * c
```

では、b ＊ cの演算結果にaが加算されますね。もし、先に＋や－を計算したい場合には、数式と同じように適宜()を使って記述してください。

```
(a + b) * c
```

これで、加算が先に計算されます。なお、他の演算子の優先順位については、P.128を参照してください。

演習

1 早朝の時給：1200円、昼間の時給：900円、深夜の時給：1500円のときに、それぞれx時間、y時間、z時間働いた場合の平均時給を求めるプログラムを作成してください。☆

サンプルコード **a4-1-1.c** / 実行結果例 **a4-1-1.exe**

```
早朝は何時間働きましたか。＞ 3 ↵
昼間は何時間働きましたか。＞ 5 ↵
深夜は何時間働きましたか。＞ 2 ↵
平均時給は1110円です。
```

再確認！情報処理の基礎知識

加減算の内部処理

コンピュータで行われる2進数の加減算について確認しておきましょう。まず、整数の加算は各々のビットを加算して行われます。2進数の加算ですから、1+1で桁上がりしますね。ここでは、話をわかりやすくするために8ビット（char型）の2進数で計算します。

【例1】

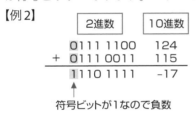

	2進数	10進数
	0011 1100	60
+	0011 0011	51
	0110 1111	111

負の数も扱う場合には、この8ビットのうち、最上位のビットは符号ビットになります。ですから、

【例2】

	2進数	10進数
	0111 1100	124
+	0111 0011	115
	1110 1111	−17

↑
符号ビットが1なので負数

の場合には、オーバーフローして正しい結果が得られません。

ただし、C言語ではchar型などint型よりも小さな整数型は、演算時にint型か、int型でも表現できなければunsigned int型（P.324）に変換されます（これを汎整数拡張と呼びます）。そのため、例2の演算を行っても実際にはオーバーフローは発生せず結果は239となります。

例2はchar型の演算でオーバーフローが発生したと仮定した場合ですが、2進数の1110 1111が10進数の−17となっているのはどういうことでしょう。これはオーバーフローしたからといって、適当に書いた値ではありません。1110 1111は−17になるのです。

コンピュータで負の数を表現するには2の補数が使われます。2の補数とは、2進数のある数に足すと全体の桁が1つ上がる最小の数

です。8桁の2進数xの場合は、「x + xの補数」の結果は100000000
になります。たとえば0000 0001（10進数の1）に対する2の補数
は1111 1111（10進数の−1）、0000 0010（10進数の2）に対する
2の補数は1111 1110（10進数の−2）となります。2の補数の求め
方はとても簡単です。ビットを反転して1を加えればいいのです。
これだけで正と負の数を相互に置き換えることができます。

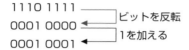

1110 1111に対する2の補数は0001 0001になり、これを10進数
に直せば17です（P55-56参照）。そして、1110 1111は負の数を
表しているので−17になるというわけです。

　実は、ここから減算の説明に入ります。コンピュータで、負の
数を2の補数で表すのは減算に便利だからなのです。コンピュー
タでは減算は加算を行って実現します。

　では、1−1の計算をしてみましょう。1−1は、コンピュータで
は1＋（−1）の加算として処理されます。1は8ビットの2進数では
0000 0001です。−1のほうは2の補数を使うと、

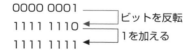

で、1111 1111ですね。これを加算してみましょう。

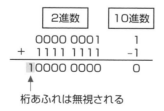

桁あふれは無視される

みごと、1＋（−1）＝0になりますね。

代入演算子

Assignment Operators

変数や配列に値を代入するには代入演算子を使います。C言語には算術演算子と代入演算子を組み合わせた複合代入演算子も存在します。

4.2.1 代入演算子

代入演算子は、すでに何度か説明の中で用いていますが、「=」と書き、右辺を左辺に代入します。答えを求める数式の=とは異なり、C言語で使われる=は値を変数や配列に代入するものです。右辺から左辺へ値が移動すると考えるとわかりやすいのではないでしょうか。

では、代入演算子を用いた例を見てみましょう。いずれも変数aに値を代入します。

```
a = 3;        // 変数aに定数3を代入します
a = b;        // 変数aに変数bを代入します
a = c + 4;    // 変数aに「c + 4」の結果を代入します
a = a + 1;    // 変数aに「a + 1」の結果を代入します
```

代入は変数や配列などメモリの区画に値を格納する処理なので、次のような記述はできません。

```
1 = a;        // 定数には代入できません
a + b = 3;    // 式には代入できません
```

なお、C言語では、代入演算子を使って一度に複数の変数に同じ値を代入することができます。熟練プログラマが好む記述法ですので、覚えてお

くといいでしょう。

```
int a, b, c;
a = b = c = 10;  // 一度に複数の変数に同じ値を代入する
```

④②② 複合代入演算子

4.1節で学んだ算術演算子と代入演算子を組み合わせた特別な代入演算子が存在します。先の例の

```
a = a + 1;    // 変数aに「a + 1」の結果を代入します
```

を次のように記述できるのです。

```
a += 1;       // 変数aを+1する
```

結果は同じなのですが、演算と代入を1つの演算子にまとめることで、ずいぶん簡潔な記述になりますね。この「+=」を複合代入演算子と呼び、対する「=」のほうは単純代入演算子と呼びます。熟練プログラマは上記のような演算に単純代入演算子を使うことはまずありません。ですから、なるべく複合代入演算子を使うように心がけてください。

他の算術演算子も同様に書くことができますので、表にまとめてみましょう。複合代入演算子を書く場合は、2つの記号の間にスペースを入れないように注意してください。

表4-2-1 単純代入演算子と複合代入演算子の例

単純代入演算子を使った例	複合代入演算子を使った例
a = a + b;	a += b;
a = a - b;	a -= b;
a = a * b;	a *= b;
a = a / b;	a /= b;
a = a % b;	a %= b;

演習

単純代入演算子および複合代入演算子を使って以下のプログラムを作成してください。

1 コメントを参考に空欄部を埋めてプログラムを完成させてください。このプログラムは、商品a、b、c の合計金額と送料込みの金額、税込み金額を求めます。☆

```c
#include <stdio.h>

int main(void)
{
  int a = 600, b = 800, c = 700;
  int kekka;

  // 合計金額を求める
  kekka            ;
  printf("合計金額 = %d円¥n", kekka);

  // 500 円の送料込みの金額を求める
  kekka      ;
  printf("送料込み金額 = %d円¥n", kekka);

  // 10%の税込み金額を求める
  kekka        ;
  printf("税込み金額 = %d円¥n", kekka);

  return 0;
}
```

サンプルコード a4-2-1.c　　　**実行結果例** a4-2-1.exe

```
合計金額 = 2100円
送料込み金額 = 2600円
税込み金額 = 2860円
```

❹

式と演算子

2 買い物のお釣りの札と硬貨の枚数を求めるプログラムを作成してください。 ☆☆☆

何円の買い物をしましたか。＞ 468 ↵
何円出しましたか。＞ 10000 ↵

【お釣りの枚数】
5000円札の枚数 ＝ 1
1000円札の枚数 ＝ 4
500円玉の枚数 ＝ 1
100円玉の枚数 ＝ 0
50円玉の枚数　＝ 0
10円玉の枚数　＝ 3
5円玉の枚数　 ＝ 0
1円玉の枚数　 ＝ 2

増分・減分演算子

Increment and Decrement Operators

解説動画　https://book.mynavi.jp/c_prog/4_3_incdecre/

4

式と演算子

　C言語は簡潔な記述が好まれるプログラミング言語です。インクリメント（増分）演算子とデクリメント（減分）演算子は、そのもっとも象徴的な例でしょう。

4.3.1　インクリメント・デクリメント演算子

変数に1を加算して、その変数自体に代入するには、

```
a += 1;
```

のように複合代入演算子を用いるのでしたね。この場合、インクリメント演算子を使って、

```
++a;（あるいは、a++;）
```

と記述するほうが実はもっと一般的です。

　変数自体の値を-1するときにも同様に、デクリメント演算子を使って、

```
--a;（あるいは、a--;）
```

と記述します。

表4-3-1　インクリメント・デクリメント演算子

演算	演算子	例	意味
インクリメント	++	++a	aに1を加える（前置演算）
		a++	aに1を加える（後置演算）
デクリメント	--	--a	aから1を引く（前置演算）
		a--	aから1を引く（後置演算）

4 3 2 前置演算と後置演算

表4-3-1を見ると、「++a」と「a++」では意味は同じなのに、前置演算と後置演算という括弧書きがあります。これはどういうことなのでしょう。

実は、

・前置演算：aの値を使用する前にインクリメントする
・後置演算：aの値を使用したあとにインクリメントする

という決まりがあるのです。

インクリメント・デクリメント演算子は、単独で「a++;」や「++a;」のように用いたときには後置と前置の区別はありません。けれども、次のプログラムのように代入演算子と組み合わせて用いるなど、ほかの演算をともなう場合には結果が違ってくるので注意してください。

例

前置と後置のインクリメント演算子の使用例

```
01.  /* インクリメント演算子の使用例 */
02.  #include <stdio.h>
03.
04.  int main(void)
05.  {
         整数型変数a、nの宣言
06.     int a, n;
07.
         変数nに2を代入
08.     n = 2;
         変数aにnをインクリメントしてから代入
         変数 代入演算子 前置インクリメント演算子 変数
09.     a = ++n;
         変数nとaを画面表示
10.     printf("前置演算 : n = %d a = %d¥n", n, a);
11.
         変数nに2を代入
12.     n = 2;
         変数aにnを代入してからインクリメント
         変数 代入演算子 変数 後置インクリメント演算子
13.     a = n++;
```

変数nとaを画面表示
14.　　`printf("後置演算 : n = %d a = %d¥n", n, a);`

15.

16.　　`return 0;`

17.　`}`

サンプルコード `s4-3-1.c`　　**実行結果例** `s4-3-1.exe`

```
前置演算 : n = 3 a = 3
後置演算 : n = 3 a = 2
```

❹
式と演算子

　このプログラムの9行目の前置演算では、次のような順で演算が行われています。

```
n = 2;
a = ++n;
```
　　　　　　先に加算　　　　：nは3
　　　　　　あとから代入　　：aは3

　また、13行目の後置演算では、次の順番で演算が行われています。

```
n = 2;
a = n++;
```
　　　　　　先に代入　　　　：aは2
　　　　　　あとから加算　：nは3

演習

1 次のプログラムの実行結果を考えてください。実行結果例の空欄部を埋めましょう。☆

```
#include <stdio.h>

int main(void)
{
  int a, b, c;
  a = 3;
```

```
    ++a;
    b = ++a;
    printf("前置演算 : a = %d b = %d¥n", a, b);

    a = 3;
    a++;
    c = a++;
    printf("後置演算 : a = %d c = %d¥n", a, c);

    return 0;
}
```

サンプルコード a4-3-1.c　　　　　　実行結果例 a4-3-1.exe

```
前置演算 : a = ☐ b = ☐
後置演算 : a = ☐ c = ☐
```

2 次のプログラムの実行結果を考えてください。実行結果例の空欄部を埋めましょう。☆☆

```
#include <stdio.h>

int main(void)
{
    int array[5] = {1, 2, 3, 4, 5};
    int i;

    i = 0;
    printf("前置演算 array[i] = %d¥n", array[++i]);

    i = 0;
    printf("後置演算 array[i] = %d¥n", array[i++]);

    return 0;
}
```

サンプルコード a4-3-2.c　　　　　　実行結果例 a4-3-2.exe

```
前置演算 array[i] = ☐
後置演算 array[i] = ☐
```

関係演算子と論理演算子

Relational and Logical Operators

https://book.mynavi.jp/c_prog/4_4_relational/

ここで学習する関係演算子と論理演算子は、単独で用いられることはほとんどない演算子ですが、5章の制御文では大活躍をする演算子です。

4.4.1 関係演算子

「>」「>=」「<」「<=」を関係演算子と呼び、値の大小関係を判断します。また、「==」と「!=」を等価演算子と呼び、2つの値が等しいかどうかを判断します。本書ではまとめて関係演算子と呼ぶことにします。

これらの演算子は、判断した結果が真（正しい）のときに1を、偽（間違い）のときに0を生成します。たとえば「a > b」では、aがbより大きければ1、等しいか小さければ0を生成します。

表4-4-1 関係演算子

演算子	意味	使用例
>	より大きい	if (a > b)
>=	より大きいか、等しい（以上）	if (a >= b)
<	より小さい	if (a < b)
<=	より小さいか、等しい（以下）	if (a <= b)
==	等しい	if (a == b)
!=	等しくない	if (a != b)

この表の使用例にあるifではじまる文は、「もし〜ならば」という意味で、条件によってプログラムの処理の流れを2つに分岐させる制御文です。詳しくは5.1節で学習します。関係演算子は制御文の中で条件を判断するために使われます。

123

関係演算子の結果を表示してみましょう。

```
01.  /* 関係演算子の結果を確認するプログラム */
02.  #include <stdio.h>
03.
04.  int main(void)
05.  {
06.      int a, b;
07.
08.      printf("整数値を2個入力してください。¥n");
09.      printf("a > ");
10.      scanf("%d", &a);
11.      printf("b > ");
12.      scanf("%d", &b);
13.
14.      printf("a >  b の演算結果は %d です。¥n", a >  b);
15.      printf("a >= b の演算結果は %d です。¥n", a >= b);
16.      printf("a <  b の演算結果は %d です。¥n", a <  b);
17.      printf("a <= b の演算結果は %d です。¥n", a <= b);
18.      printf("a == b の演算結果は %d です。¥n", a == b);
19.      printf("a != b の演算結果は %d です。¥n", a != b);
20.
21.      return 0;
22.  }
```

サンプルコード s4-4-1.c   **実行結果例** s4-4-1.exe

```
整数値を2個入力してください。
a > 1 ↵
b > 2 ↵
a >  b の演算結果は 0 です。
a >= b の演算結果は 0 です。
a <  b の演算結果は 1 です。
a <= b の演算結果は 1 です。
a == b の演算結果は 0 です。
a != b の演算結果は 1 です。
```

　実行結果例では、aに1が、bに2が入力されています。この状態でそれぞれの演算を行うと、「a < b」、「a <= b」、「a != b」は真になるので結果は1になります。残りの、「a > b」、「a >= b」、「a == b」では偽になるので結果は0ですね。

④②　論理演算子

　論理演算子は、関係演算子だけでは表現できない複雑な条件や、否定の条件を作るのに用います。

表4-4-2　論理演算子

演算子	意味	使用例
&&	論理積（かつ）	if (a > 0 && b > 0)
||	論理和（または）	if (a > 0 || b > 0)
!	否定（でない）	if (!a)

① && 演算子

「A && B」の形で用い、Aが真かつBが真であるとき（AとBがともに真のとき）に1を、それ以外のときに0を生成します。表の使用例のa > 0 && b > 0は、aとbがともに0より大きいときのみ1となります。

② || 演算子

「A || B」の形で用い、Aが真またはBが真であるとき（AとBのどちらかが真のとき）に1を、それ以外のときに0を生成します。表の使用例のa > 0 || b > 0は、aかbが0より大きければ1となります。
両方とも大きい場合も1となります。

③ ! 演算子

「!A」の形で用い、Aが偽のときは1を、そうでないときには0を生成します。慣れたプログラマは、if(a != 0)をif(a)と記述します。なぜなら、0は偽、0以外は真ですから、「もしaが0でなければ」は「もしaが真ならば」と同じ意味になるからです。同様に、if(a == 0)はif(!a)と記述します。「もしaが0ならば」は「もしaが偽ならば」と同じですね。この表記に出くわしたときに戸惑わないようにしてください。

```
if(a != 0)  ⟹  aが0でないとき真      ⟸  if(a)
                aが0のとき偽

if(a == 0)  ⟹  aが0のとき真        ⟸  if(!a)
                aが0でないとき偽
```

演習
一

1 真(1)と偽(0)の&&演算、||演算、!演算を調べるプログラムを作成してください。☆

| サンプルコード a4-4-1.c | 実行結果例 a4-4-1.exe |

```
0 && 0 の演算結果は 0 です。
0 && 1 の演算結果は 0 です。
1 && 0 の演算結果は 0 です。
1 && 1 の演算結果は 1 です。
0 || 0 の演算結果は 0 です。
0 || 1 の演算結果は 1 です。
1 || 0 の演算結果は 1 です。
1 || 1 の演算結果は 1 です。
!0 の演算結果は 1 です。
!1 の演算結果は 0 です。
```

優先順位と結合規則

Precedence and Order of Evaluation

https://book.mynavi.jp/c_prog/4_5_precedence/

C言語にはこの章で扱う以外にも多くの演算子が存在します。それぞれ優先順位と結合規則が決まっています。迷ったら表4-5-1で確認しましょう。

4-5-1 優先順位

優先順位とは、式の中で演算子の演算の順序を決める法則をいいます。数式でも、乗除算は加減算よりも優先順位が高く、先に計算されますね。C言語では、表4-5-1（P.128）に示すように、多くの演算子が存在し、それぞれの優先順位が決まっています。

優先順位に迷った場合には、( )を用いて明示するようにしてください。数式と同じように( )の中が先に演算されます。( )を適切に用いることによりソースコードが読みやすくなります。

4-5-2 結合規則

結合規則とは、同じ優先度の演算子が並んでいる場合に、左右どちらの演算子と結合して演算を行うか定めた規則です。

たとえば、

```
a = b * c / d;
```

の場合、* と / は優先順位が同じですが、左から右に結合するので、

```
a = b * c / d;
         ①
             ②
```

127

①、②の順で計算されます。

また、

```
a = b = 0;
```

の場合、 = は右から左に結合するので、

①、②の順で計算されます。

表4-5-1　演算子の優先順位と結合規則

種類	演算子	結合規則	優先順位
関数呼び出し、添字、構造体 後置増分減分	() [] . -> ++ --	左→右	高
前置増分減分 単項式、sizeof、否定、補数	++ -- + - * & sizeof ! ~	左←右	
キャスト	(型)		
乗除余	* / %	左→右	
加減	+ -		
シフト	<< >>		
比較	< <= > >=		
等値	== !=		
ビット AND	&		
ビット XOR	^		
ビット OR	|		
論理 AND	&&		
論理 OR	||		
条件	?:	左←右	
代入	= += -= *= /= %= &= ^= |= <<= >>=		低
カンマ	,	左→右	

型変換

Type Conversions

https://book.mynavi.jp/c_prog/4_6_typeconv/

4

式と演算子

　2種類以上の型が混在する式で演算を行う場合、型変換が生じます。型変換の規則を把握していないと、期待通りの結果が得られない場合があります。

461 型変換とは

　演算は基本的に同じ型どうしで行いたいものですが、異なる型の演算もときには必要になります。たとえば、int型の変数aとdouble型の変数xの加算を行う場合、int型のaがdouble型に変換されてから演算されます。このように、ある型の値を別の型に変換することを型変換と呼びます。

　型変換には、コンパイラが一定の規則で行う暗黙の型変換と、プログラマがキャスト演算子を用いて行う明示的型変換があります。

462 暗黙の型変換

　異なる型で演算を行った場合、プログラマが意識していなくても、コンパイラは一定の規則で型変換を行います。この自動的型変換は、演算時と代入時のそれぞれで行われます。

（1）演算時の変換

　式中に異なる型の定数や変数があるときは、小さいほうを大きいほうの型に変換し統一します。P.58で説明した型の大きさを比較すると次のようになります。

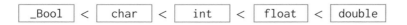

たとえば、int型の変数i_dt、float型の変数f_dt、double型の変数d_dtによる演算では、次のように大きな型に変換されてから演算されます。

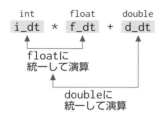

(2) 代入時の変換

左辺の型と右辺の型が異なっている場合は、左辺の型に変換されます。

① 小さい型を大きい型へ代入する場合

左辺の型が右辺よりも大きい場合には、値や符号は変わらず、特に問題は生じません。

たとえば、

int i = -3;

double d = i;

では、dに-3がdouble型の浮動小数点数に変換されて代入されます。

② 大きい型から小さい型へ代入する場合

左辺の型が右辺よりも小さい場合には問題が生じます。

たとえば、

double d = 123.45;

int i = d;

では、int型には整数部のみが格納されるので、iは小数点以下が切り捨てられ123になります。

小さい型への変換の場合には、処理系に依存した変換が行われることになります。

演習
1

次のプログラムの実行結果を考えてください。実行結果例の空欄部を埋めましょう。☆

（ヒント）10と3は整数定数でint型として扱われます。3.0は浮動小数点定数でdouble型として扱われます。

```c
#include <stdio.h>

int main(void)
{
  int a;
  double x;

  printf("10 / 3     = %d¥n", 10 / 3);
  printf("10 / 3.0   = %f¥n", 10 / 3.0);
  a = 10 / 3;
  printf("10 / 3   a = %d¥n", a);
  a = 10 / 3.0;
  printf("10 / 3.0 a = %d¥n", a);
  x = 10 / 3;
  printf("10 / 3   x = %f¥n", x);
  x = 10 / 3.0;
  printf("10 / 3.0 x = %f¥n", x);

  return 0;
}
```

サンプルコード a4-6-1.c　　　　**実行結果例** a4-6-1.exe

```
10 / 3     = ┌─────┐
10 / 3.0   = ┌─────┐
10 / 3   a = ┌─────┐
10 / 3.0 a = ┌─────┐
10 / 3   x = ┌─────┐
10 / 3.0 x = ┌─────┐
```

4

式と演算子

4⑥③ 明示的型変換

型変換は明示的に（はっきりと示して）プログラマが行うこともできます。
たとえば、

```
int a = 10, b = 4;
double x;
x = a / b;
```

の場合、プログラマはxに「2.5」が代入されることを期待しているかもしれません。けれども、int型どうしの演算では小数点以下が切り捨てられてしまい、結果は「2」となってしまいます。そこで、キャスト演算子を使いint型からdouble型への明示的型変換を行います。それによってdouble型で演算が行われ正しい結果が得られるのです。キャスト演算子は()で型名を囲んで記述します。

構文　キャスト演算子

(型) 式

明示的型変換を使うと、上記の例は

```
x = (double)a / (double)b;
```

のように書くことができ、変数xに2.5が代入されます。ただし、暗黙の型変換を利用して、

```
x = (double) a / b;
```

と書くほうが一般的です。

このとき、a / bを()で囲んで、

```
x = (double) (a / b);      // 間違い例
```

とすると、キャスト演算子より()の優先順位が高いので、先にint / intの演算が行われ、キャストの意味がありません。

演習

1 ローレル指数を求めるプログラムを作成してください。ただし、各変数は int 型で宣言してください。

ローレル指数は、

　体重（kg）÷身長^3（cm）× 10^7

で求めます。身長^{3}は身長を3個かけ合わせます。☆

| サンプルコード a4-6-2.c | 実行結果例 a4-6-2.exe |

```
身長を入力してください。> 172 ⏎
体重を入力してください。> 64 ⏎
ローレル指数 = 125
```

2 連立方程式

　　ax + by = c
　　dx + ey = f

の解x、yを求めるプログラムを作成してください。ただし、a～fの変数は整数であり、連立方程式の解が一意に存在するように与えるものとします。☆☆

（ヒント）「x =」の式に直してからxを求め、次に「y =」の式に直してからyを求めます。

| サンプルコード a4-6-3.c | 実行結果例 a4-6-3.exe |

```
a > 6 ⏎
b > 5 ⏎
c > 8 ⏎
d > 4 ⏎
e > 5 ⏎
f > 3 ⏎
x = 2.500000
y = -1.400000
```

④

式と演算子

第 4 章　まとめ

① 式は、変数や定数、およびそれらを演算子で結合したものです。

② 演算の対象をオペランドと呼びます。

③ 算術演算子には、+、-、*、/、%の 5 種類の演算子があります。

④ 複合代入演算子は算術演算子と単純代入演算子を組み合わせたものです。

⑤ 1 加えるときにはインクリメント演算子を、1 減じるときにはデクリメント演算子を使います。

⑥ 関係演算子は値の大小関係を判断します。

⑦ 複数の条件を組み合わせるときには論理演算子を使います。

⑧ 優先順位と結合規則を考えて演算を行いましょう。

⑨ 型が混在する式で演算を行うと型変換が生じます。

第5章 制御文

効率のよいプログラムを書くには制御構造（プログラムの流れ方）を自在に操らなければなりません。制御構造を理解し、いろいろな処理をプログラミングできるようになりましょう。

・・・・・・・・・・・・・・・ はじめに ・・・・・・・・・・・・・・・

　4章で関係演算子と論理演算子を学びました。これらの演算子とこの章で勉強する制御文を組み合わせることにより、格段に複雑な動きをするプログラムが書けるようになります。

　今まで学習したプログラムは、ソースコードの上から下に向かって順序通りに処理が行われますが、制御文を使うことにより、処理を選択して分岐させたり、何回も繰り返したりできるようになるのです。

　C言語には次の9種類の制御文が用意されています。5章ではこのうちreturn文をのぞく8種類の制御文を学習します。return文については8章で扱います。

図　C言語の制御文

分　類	制御文	およその意味
選択文	if文	2方向へ分岐
	switch文	多方向へ分岐
繰り返し文	for文	指定回数を繰り返し
	while文	前判定で繰り返し
	do〜while文	後判定で繰り返し
ジャンプ文	break文	繰り返しを抜け出す
	continue文	繰り返しをスキップ
	goto文	無条件ジャンプ
	return文	呼び出し元へ復帰

if文

If Statement

https://book.mynavi.jp/c_prog/5_1_if/

まずは選択文を学びましょう。選択文で基本となるのは if 文です。if 文では、2方向分岐だけではなく多方向分岐も行うことができます。

5.1.1 if文の基本形

if 文は条件が真の場合に文を実行します。「もし…ならば〜を行う」というように、処理の流れを変えるのに使用します。このように条件によって処理を選ぶ文を選択文といいます。

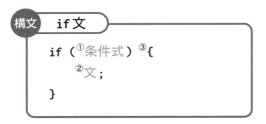

① 条件式

「もし…ならば」の条件を記述します。一般に関係演算子 (P.123参照) や論理演算子 (P.125参照) を用いた式を記述します。

② 文

条件式が真の場合に実行される文を記述します。

制御の流れをわかりやすくするために、字下げ (P.169参照) しましょう。

③ {}括弧

複数の文は{}で囲んでブロック化しなければいけません。単一の文の場合には{}が省略できます。

ただし、複数の文を実行する場合に{}をつけ忘れると先頭の文しか実行されません。つけ忘れを防ぐために慣れるまでは常に{}をつけましょう。{}で囲んだ文は複合文（ブロック）と呼ばれます。

例

点数を入力し、60点以上は「合格」と表示するプログラムを見てみましょう。

```
01.   /* 合格を判定するプログラム */
02.   #include <stdio.h>
03.
04.   int main(void)
05.   {
06.     int ten;
07.
08.     printf("点数を入力してください。> ");
09.     scanf("%d", &ten);
10.
```
       もし変数tenが60以上なら
       選択文(条件式)
```
11.     if (ten >= 60) {
12.       printf("合格です。¥n");          ←条件式が真で実行
13.     }
14.
15.     return 0;
16.   }
```

サンプルコード s5-1-1.c   **実行結果例** s5-1-1.exe

点数を入力してください。> 80 ⏎
合格です。

11行目のif文の条件式には関係演算子の「>=」が使われています。

ten >= 60

は、「tenは60以上」が真の場合に1を、偽の場合に0を返すのでしたね。if文では、0以外の値を「真」、0を「偽」と判定し、真のときに文を実行します。つまり、tenが60以上の場合には「合格です。」と表示するわけです。

さて、このプログラムは60点以上を入力すると120点でも、200点でも

「合格です。」と表示してしまいます。テストの点数ですから合格を判定できるのは60点以上100点以下に限られますね。このように複数の条件を一度に判定するには、関係演算子と一緒に論理演算子を用います。では、修正したプログラムを見てみましょう。

例

点数を入力し、60点以上100点以下は「合格」と表示するプログラム。

```
01.  /* 合格を判定するプログラム (修正版) */
02.  #include <stdio.h>
03.
04.  int main(void)
05.  {
06.    int ten;
07.
08.    printf("点数を入力してください。> ");
09.    scanf("%d", &ten);
10.
```
もし変数tenが60以上かつ100以下なら
選択文(条件式)
```
11.    if (ten >= 60 && ten <= 100) {
12.      printf("合格です。¥n");        ←条件式が真で実行
13.    }
14.
15.    return 0;
16.  }
```

サンプルコード **s5-1-2.c**　　　　　　実行結果例 **s5-1-2.exe**

点数を入力してください。> 80 ⏎
合格です。

11行目のif文の条件に論理演算子が使われていますね。これで、「60点以上かつ100点以下」を合格とするプログラムになりました。

論理演算子に慣れないうちは「&&」と「||」を間違えがちです。「&&」と「||」を間違えて、

```
if (ten >= 60 || ten <= 100) {
```

とすると、条件は「60以上または100以下」で、すべての値で合格になって

しまいます。わかりづらい人は数直線を書いて確認してみましょう。

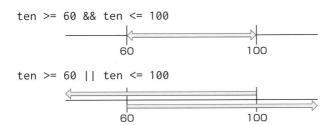

```
ten >= 60 && ten <= 100
```

```
ten >= 60 || ten <= 100
```

演習 1

if文を使って以下のプログラムを作成してください。

1 入力した整数値が0より小さければ「負の値を入力しました。」と表示してください。☆

> サンプルコード **a5-1-1.c**　　実行結果例 **a5-1-1.exe**

> 整数値を入力してください。> -1 ⏎
> 負の値を入力しました。

2 入力した整数値が偶数なら「偶数です。」と表示してください。☆
（ヒント）偶数を判定するには%演算子を使います。

> サンプルコード **a5-1-2.c**　　実行結果例 **a5-1-2.exe**

> 整数値を入力してください。> 10 ⏎
> 入力値は偶数です。

3 点数を入力し、0点以上100点以下ではない場合には「入力エラーです。」と表示してください。☆

> サンプルコード **a5-1-3.c**　　実行結果例 **a5-1-3.exe**

> 点数を入力してください。> 101 ⏎
> 入力エラーです。

4 入力した整数値が偶数なら「偶数です。」、奇数なら「奇数です。」と表示してください。☆☆

> サンプルコード **a5-1-4.c**　　実行結果例 **a5-1-4.exe**

> 整数値を入力してください。> 7 ⏎
> 入力値は奇数です。

補足コラム

`if(a == 0)`を`if(a = 0)`と間違えて記述すると

　プロでもよくするミスに、関係演算子「==」のつもりで代入演算子「=」を if 文の条件式に書いてしまうというものがあります。

　`if(a == 0)`を`if(a = 0)`と間違えて記述すると、コンパイラによっては「おそらく不正な代入」と警告を発してくれます。しかし、何の警告もなく普通にコンパイルしてしまうものもあります。

　C言語では、0以外の値を「真」、0を「偽」と判定するので、`if(a = 0)`では、aに0が代入され「常に偽」と判定されてしまいます。

　どうして正しい結果が出力されないのか？　とさんざん首をひねったあげく、「=」が1つ抜けていただけだった、というのはよくある話です。無駄にした時間を悔やむことになるので気をつけてください。

❺

制御文

5❶❷ if ～ else ～

　P.140の演習4（a5-1-4.c）では、偶数の値を入力すると「偶数です。」、奇数の値を入力すると「奇数です。」と表示するプログラムに取り組みました。今まで学んだことだけでこの処理を実現するには、

```
if (n % 2 == 0) {
        printf("入力値は偶数です。¥n");
}
if (n % 2 != 0) {
        printf("入力値は奇数です。¥n");
}
```

と、2度続けて if 文を記述するしかありません。

　けれども、偶数か奇数かのどちらか一方を選ぶ処理で if 文を2度続けて記述するのは、どうも効率がよくありません。このような処理では if 文とelse文を併用し、「もし…ならば一方を行い、そうでないなら他方を行う」とするのが一般的です。

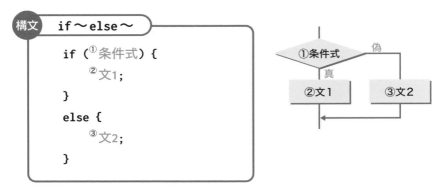

構文　if ～ else ～

```
if (①条件式) {
    ②文1;
}
else {
    ③文2;
}
```

① 条件式

一般に関係演算子や論理演算子を用いた式を記述します。

② 文1

条件式が真の場合に実行される文を記述します。

③ 文2

条件式が偽の場合に実行される文を記述します。

例

それではa5-1-4.cを、if ～ else ～を使って書き直してみましょう。

```
01.  /* 偶数か奇数かを判定するプログラム */
02.  #include <stdio.h>
03.
04.  int main(void)
05.  {
06.     int n;
07.
08.     printf("整数値を入力してください。 > ");
09.     scanf("%d", &n);
10.
```
変数nを2で割った余りが0なら (P.110参照)
選択文(条件式)
```
11.     if (n % 2 == 0) {
12.        printf("入力値は偶数です。¥n");      ←条件式が真で実行
13.     }
```

```
                そうではないなら
                選択文
14.    else {
15.        printf("入力値は奇数です。¥n");        ←条件式が偽で実行
16.    }
17.
18.    return 0;
19. }
```

サンプルコード s5-1-3.c　　　**実行結果例 s5-1-3.exe**

```
整数値を入力してください。> 3 ↵
入力値は奇数です。
```

❺
制御文

　真と偽の判定が明確になり無駄のないわかりやすいプログラムになりましたね。

演習

if〜else〜を使って以下のプログラムを作成してください。

1 年齢を入力し、18歳以上なら「選挙権があります。投票に行きましょう。」と表示し、それ以外なら「選挙権がありません。」と表示してください。☆

サンプルコード a5-1-5.c　　　**実行結果例 a5-1-5.exe**

```
年齢を入力してください。> 20 ↵
選挙権があります。投票に行きましょう。
```

2 年齢を入力し、20歳以上60歳未満なら「国民年金に加入しなければなりません。」と表示し、それ以外なら、「国民年金に加入する必要はありません。」と表示してください。☆

サンプルコード a5-1-6.c　　　**実行結果例 a5-1-6.exe**

```
年齢を入力してください。> 60 ↵
国民年金に加入する必要はありません。
```

3 入力した整数値の絶対値を表示してください。☆

サンプルコード a5-1-7.c　　　**実行結果例 a5-1-7.exe**

```
整数値を入力してください。> -2 ↵
-2の絶対値は2です。
```

143

4 2つの整数値を入力し、大きなほうを表示してください。☆

サンプルコード **a5-1-8.c**　　　　実行結果例 **a5-1-8.exe**

整数値を2個入力してください。
＞ 20 ⏎
＞ 30 ⏎
20と30のうち大きいほうは30です。

5❶❸ if 〜 else if 〜 else 〜

2方向分岐の制御構造が理解できたら、さらに多方向へ分岐する制御構造を学びましょう。といっても新しい選択文を覚える必要はありません。if文とelse文の組み合わせで書くことができます。

構文　**if 〜 else if 〜 else 〜**

```
if（条件式1）{
    文1;
}
else if（条件式2）{
    文2;
}
…
else if（条件式n）{
    文n;
}
else {
    文m;
}
```

if〜が真なら文1の処理を行い、偽ならelseで設定した処理を行うのは2方向分岐の場合と変わりませんが、elseで新たなif文を制御してさらに選択肢を増やすことができるのです。すべてのifが偽になると最後のelse

以下の処理が行われます。
もし、必要がなければ、
最後のelse以下は省略が
可能です。

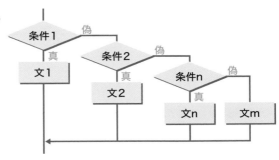

例

⑤
制御文

P.138のs5-1-1.cを書き換えて成績を表示するようにしてみましょう。

```
01.   /* 成績判定プログラム */
02.   #include <stdio.h>
03.
04.   int main(void)
05.   {
06.     int ten;
07.
08.     printf("点数を入力してください。> ");
09.     scanf("%d", &ten);
10.
```

もし変数tenが0より小さい、または100より大きいなら
選択文（条件式①）
```
11.     if (ten < 0 || ten > 100) {
12.       printf("点数の入力エラーです。¥n");   ←条件式①が真で実行
13.     }
```
そうではなく、もし変数tenが80以上なら
選択文　選択文（条件式②）
```
14.     else if (ten >= 80) {
15.       printf("成績はA判定です。¥n");   ←条件式①が偽、条件式②が真で実行
16.     }
```
そうではなく、もし変数tenが70以上なら
選択文　選択文（条件式③）
```
17.     else if (ten >= 70) {
18.       printf("成績はB判定です。¥n");   ←条件式①②が偽、条件式③が真で実行
19.     }
```
そうではないなら
選択文
```
20.     else {
21.       printf("成績はC判定です。¥n");   ←条件式①②③が偽で実行
22.     }
```

```
23.
24.    return 0;
25.  }
```

点数を入力してください。> 85 ⏎
成績はA判定です。

　このプログラムでは、最初に入力エラーのチェックを行っています。その
ため、14行目のA判定では80以上かどうかだけを判定しています。17行目
では80以上は除かれているので70以上かどうかだけを判定しています。20
行目のelseでは、すでに0以上70未満の点数しか残っていないのでC判定
になります。もちろんこのプログラムは次のように書いてもかまいません。

例

【s5-1-5.c】【s5-1-5.exe】

```
01.  /* 成績判定プログラム */
02.  #include <stdio.h>
03.
04.  int main(void)
05.  {
06.    int ten;
07.
08.    printf("点数を入力してください。> ");
09.    scanf("%d", &ten);
10.
11.    if (ten <= 100 && ten >= 80) {
12.      printf("成績はA判定です。¥n");
13.    }
14.    else if (ten < 80 && ten >= 70) {
15.      printf("成績はB判定です。¥n");
16.    }
17.    else if (ten < 70 && ten >= 0) {
18.      printf("成績はC判定です。¥n");
19.    }
20.    else {
```

```
21.        printf("点数の入力エラーです¥n");
22.    }
23.
24.    return 0;
25. }
```

演習

if〜else if〜else〜を使って以下のプログラムを作成してください。

1 整数値を3個入力し、いちばん大きな値を表示してください。☆

| サンプルコード a5-1-9.c | 実行結果例 a5-1-9.exe |

```
整数値を3個入力してください。
>  9 ↵
>  54 ↵
>  28 ↵
いちばん大きな値は54です。
```

2 半角文字を入力し、英大文字、英小文字、数字、その他を調べて表示してください。なお、文字コードはASCII（P.84参照）とします。☆
（ヒント）文字は '' で囲むとコードを取得することができます。

| サンプルコード a5-1-10.c | 実行結果例 a5-1-10.exe |

```
文字を入力してください。> k ↵
英小文字です。
```

3 身長と体重を入力してローレル指数を算出し、表に従って判定結果を表示してください。☆☆
　なお、ローレル指数は次の式で求めます。
ローレル指数 = 体重（kg）÷ 身長^3（cm）× 10^7

ローレル指数	結果
100未満	やせすぎ
100以上115未満	やせている
115以上145未満	普通
145以上160未満	太っている
160以上	太りすぎ

| サンプルコード a5-1-11.c | 実行結果例 a5-1-11.exe |

```
身長を入力してください。> 174 ↵
体重を入力してください。> 68 ↵
あなたは普通です。
```

⑤

制御文

5①④ if文のネスト

1つの制御構造の中に同種の構造を入れることを、入れ子、あるいはネストと呼びます。if文もネストの構造にすることができます。

if 文のネストにはさまざまなバリエーションがあり、5.1.3項で学習したif～else if～else～もこのネストの構造の一種と考えることができます。

ネストの構造はいずれも処理が複雑でわかりづらくなります。字下げと{}を用いてわかりやすいプログラムを記述してください。

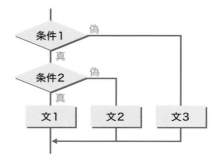

構文　if文のネスト

```
if（条件式1）{
    if（条件式2）{
        文1;
    }
    else {
        文2;
    }
}
else {
    文3;
}
```

例

では、if文のネストを使ったプログラムで、出席率と点数から成績を判定するプログラムを見てみましょう。

```
01.    /* 出席率と点数から成績を判定するプログラム */
02.    #include <stdio.h>
03.
04.    int main(void)
05.    {
06.        int ten, percent;
07.
08.        printf("授業の出席率は何%ですか。> ");
09.        scanf("%d", &percent);
10.
```
<small>変数percentが80以上なら
選択文(条件式①)</small>
```
11.        if (percent >= 80) {
12.            printf("点数は何点ですか。> ");
13.            scanf("%d", &ten);
```
<small>変数tenが60以上なら
選択文(条件式②)</small>
```
14.            if (ten >= 60) {
15.                printf("合格です。\n");    ←条件式②が真で実行
16.            }
```
<small>変数tenが60以上でなければ
選択文</small>
```
17.            else {
18.                printf("再試験です。\n");   ←条件式②が偽で実行
19.            }
20.        }
```
<small>変数percentが80以上でなければ
選択文</small>
```
21.        else {
22.            printf("補習です。\n");
23.        }
24.
25.        return 0;
26.    }
```

条件式①が真で実行

条件式①が偽で実行

5 制御文

```
授業の出席率は何%ですか。> 80 ⏎
点数は何点ですか。> 75 ⏎
合格です。
```

このプログラムは、下図のような条件を判定しています。

表5-1-1   s5-1-6.cの点数と出席率の関係

点数＼出席率	80%以上	80%未満
60点以上	合格	補習
60点未満	再試験	補習

演習

if文のネストを使って以下のプログラムを作成してください。

1 国語の平均点は**73**点です。数学の平均点は**61**点です。科目と点数を入力して、平均点以上か未満かを判定してください。☆☆

```
科目を入力してください。(k:国語 s:数学)> k ⏎
点数を入力してください。> 80 ⏎
国語の点数は平均点以上です。
```

2 夏服・冬服とサイズで制服の価格の異なる学校があります。種別とサイズを入力し、制服の価格を表示してください。☆☆

種別＼サイズ	S	M	L
夏服	33,000円	33,000円	35,000円
冬服	37,000円	38,000円	38,000円

```
種別を入力してください。(1:夏服　2:冬服)> 2 ⏎
サイズを入力してください。(1:S　2:M　3:L)> 2 ⏎
制服の値段は38,000円です。
```

再確認！ 情報処理の基礎知識

構造化プログラミング

FortranやCOBOLなどの高水準言語が開発されてからしばらくの間、プログラムは構造化を考慮せずに書かれていました。そうしたプログラムは「スパゲッティプログラム」と呼ばれます。goto文 (P.191参照) を使って制御を他の部分にジャンプさせるため、プログラムコードがあたかもスパゲッティの麺のように複雑に絡み合ってしまうからです。スパゲッティプログラムはわかりづらく、あとから他の処理を加えるのがとても大変です。

それを解消するために提唱されたのが、「構造化プログラミング」です。順次、選択、繰り返しの3つを基本制御構造と呼びますが、「3つの基本制御構造により、すべてのアルゴリズム (処理手順) を表現する」というのが構造化プログラミングの考え方です。

C言語はとても構造化プログラミングに適した言語です。{} で囲んでブロック化し、ブロック単位でコードを記述するため構造化しやすいのです。

順次構造
順番に処理していく構造です。

選択構造
条件によって処理を選び分岐させる構造です。C言語では、if文、switch文が該当します。

繰り返し構造
処理を繰り返す構造です。C言語では、while文、for文、do〜while文が該当します。

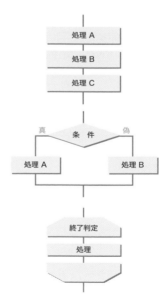

5

制御文

switch文

解説動画　https://book.mynavi.jp/c_prog/5_2_switch/

　多方向へ分岐させるプログラムは「if〜else if〜else」を使って記述しましたが、ポンポンと処理を振り分けるような場合にはswitch文を使うと便利です。

5.2.1 switch文

switch文は式の値に応じて多方向へ分岐を行う選択文です。

構文　switch文

```
switch (①式) {
    ②case 定数式1:
        ③文1;
        ④break;
    ②case 定数式2:
        ③文2;
        ④break;
    ...
    ②case 定数式n:
        ③文n;
        ④break;
    ⑤default:
        ③文m;
        ④break;
}
```

---

① **式**

分岐先を判定するために、結果が<u>整数型</u>または<u>文字型</u>となる式を記述します。double型のような浮動小数点型が結果となる式を用いることはできません。double型を使いたい場合にはswitch文ではなく if文を使ってください。

② **case定数式:**

分岐先の目印となるラベルです。switch文では<u>式と一致する定数式</u>のラベルへ処理を飛ばします。caseと定数式の間は半角を空け、最後に<u>コロン(:)</u>を記述します。case 1:のつもりで半角を空けずにcase1:と記述すると正しく実行されません。

定数式も<u>整数型</u>または<u>文字型</u>の定数に限られます。

③ **文**

式がラベルの定数式と<u>一致したときに実行される文</u>を記述します。それぞれのラベルに複数行の文を記述できますが、それらを{}で囲み複合文(ブロック)にする必要はありません。

④ **break**

「break」が出てくるまでの文が実行されます。breakを忘れると、<u>それ以降の文も実行</u>されてしまいます。意図的にbreakを省略するとき以外、忘れないように注意してください。

⑤ **default:**

<u>一致する定数式がないとき処理を飛ばす</u>ラベルです。defaultは省略が可能ですが、どの定数式にも該当しない場合を想定して記述したほうがよいでしょう。

例

では、switch文を使って、入力した成績によってアドバイスするプログラムを見てみましょう。

```
01.   /* 成績をアドバイスするプログラム */
02.   #include <stdio.h>
03.
04.   int main(void)
05.   {
06.     int grade;
07.
08.     printf("あなたの成績（1 〜 5）を入力してください。> ");
09.     scanf("%d", &grade);
10.
```
変数gradeで振り分け
選択文（式）
```
11.     switch(grade) {
```
gradeが5のとき
ラベル
```
12.       case 5:
13.         printf("たいへんによい成績です。¥n");
14.         printf("この成績を維持するようにがんばってください。¥n");
```
式が5のとき
ジャンプ文
```
15.         break;
```
gradeが4,3のとき
ラベル
```
16.       case 4:
17.       case 3:
18.         printf("よい成績です。¥n");
19.         printf("さらによい成績が取れるようにがんばってください。¥n");
```
式が3、4のとき
ジャンプ文
```
20.         break;
```
gradeが2,1のとき
ラベル
```
21.       case 2:
22.       case 1:
23.         printf("よい成績ではありません。¥n");
24.         printf("まず苦手な項目の復習からはじめましょう。¥n");
```
式が1、2のとき
ジャンプ文
```
25.         break;
```

```
         gradeが1 ～5以外のとき
         ラベル
26.    default:
27.      printf("入力エラーです。¥n");
         ジャンプ文
28.      break;
29.    }
30.
31.    return 0;
32. }
```

一致する定数式がない

サンプルコード s5-2-1.c   **実行結果例** s5-2-1.exe

> あなたの成績（1～5）を入力してください。> 5 ⏎
> たいへんによい成績です。
> この成績を維持するようにがんばってください。

　このプログラムでは、gradeが5のとき、3または4のとき、1または2の
とき、その他の場合に応じて異なるメッセージを表示します。このように、
ラベル（case 定数式:）は昇順に並んでいる必要はありません。また、複数
のラベルで同じ「文」を実行する場合には、たとえば「case 1:」「case 2:」
と続けて書き、文の記述を1回で済ますことができます。けれども、「case
1,2:」のように省略して書くことはできません。

演習
switch文を使って以下のプログラムを作成してください。

1 入力した文字が、「a」なら「apple」、「b」なら「banana」、「c」な
ら「cherry」、それ以外なら「tomato」と表示してください。
（ヒント）文字定数を ' ' で囲むことを忘れないでください。 ☆

サンプルコード a5-2-1.c   **実行結果例** a5-2-1.exe

> アルファベットを入力してください。> b ⏎
> banana

❺
制御文

2 キーボードから入力した整数値を3で割り、
割り切れれば「〜は3で割り切れます。」
余りが1なら「〜を3で割った余りは1です。」
余りが2なら「〜を3で割った余りは2です。」
と表示してください（〜には入力した整数値が表示されます）。☆

サンプルコード a5-2-2.c　　　　　実行結果例 a5-2-2.exe

```
整数値を入力してください。> 5 ↵
5を3で割った余りは2です。
```

3 4月1日時点の満年齢を入力し、
7、8、9ならば「小学校低学年です。」
10、11、12ならば「小学校高学年です。」
13、14、15ならば「中学生です。」
それ以外なら「義務教育年齢ではありません。」
と表示してください。☆

サンプルコード a5-2-3.c　　　　　実行結果例 a5-2-3.exe

```
4月1日時点の満年齢を入力してください。> 13 ↵
中学生です。
```

4 計算方法（+、-、*、/）と2個の整数値を入力し計算を行ってください。ただし、除算を指定した場合には0で割り算をしないように制御してください。☆☆

サンプルコード a5-2-4.c　　　　　実行結果例 a5-2-4.exe

```
計算方法（+、-、*、/）を入力してください。> + ↵
整数値を2個入力してください。
> 12 ↵
> 22 ↵
12 + 22 = 34
```

再確認！情報処理の基礎知識

割り込み

　プログラムになんらかの不具合があってエラーが起こったとき
に、復旧するすべがなければ困ります。また、あるプログラムが
実行されている間、ほかの処理がまったくできなかったら不便で
す。そのため、コンピュータには処理を切り替えるための「割り
込み」という仕組みが用意されています。割り込みにはプログラ
ムが原因で起こる内部割り込みと、それ以外の原因で起こる外部
割り込みがあります。

　たとえば、「ゼロ除算」が行われるとエラーとなり、内部割り込
みの一種である「ソフトウェア割り込み（プログラム割り込み）」が
発生します。すると、CPUはOSに実行中の処理を中断させて、別
の処理をさせます。それによってプログラムの暴走を防ぐのです。
内部割り込みには、入出力要求のようにプログラムからOSに処理
を依頼する「スーパバイザコール（SVC割り込み）」もあります。

　外部割り込みには、下表のように「入出力割り込み」、「機械
チェック割り込み」、「タイマ割り込み」、「コンソール割り込み」が
あります。たとえば、無限ループに陥り制御不能になった場合に
は、「Ctrl ＋ C」キーを押して処理を止めることができますが、こ
れはコンソール割り込みの一種です。

主な割り込みの要因

分類	名称	発生原因
内部割り込み	ソフトウェア割り込み（プログラム割り込み）	プログラムそれ自体の誤りで発生。たとえば、演算処理中の桁あふれや、0による割り算など。
	スーパバイザコール割り込み（SVC割り込み）	プログラムからOSに処理を依頼することで発生。たとえば、入出力要求や他のプログラムの実行要求など。
外部割り込み	入出力割り込み	入出力動作の終了、入出力エラーなどで発生。
	タイマ割り込み	ある時間が経過した時点で発生。
	機械チェック割り込み	コンピュータシステムの異常によって発生。
	コンソール割り込み	コンソール（操作卓）からの指令で発生。

制御文

条件演算子

C言語には「条件演算子」という、二者択一を行う演算子が用意されています。

構文　条件演算子

> 条件式　？　式1 : 式2

条件式が「真」なら「式1」を、「偽」なら「式2」を実行します。

例

たとえば2つの値a、bのうち大きなほうを変数maxに代入するには次のように書きます。【s5-2-2.c】【s5-2-2.exe】

```
max = (a >= b) ? a : b;
```

例

また、1から100までを10ごとに改行する場合は次のように書くことができます。（for文はP.159で説明します。）【s5-2-3.c】【s5-2-3.exe】

```
for (int i = 1; i <= 100; i++) {
  printf("%3d%c", i, (i % 10) ? ' ' : '¥n');
}
```

条件演算子を使うと、コンパクトなコードを書くことができます。けれども読みやすさではif文のほうがまさると思います。状況に応じて使い分けるようにしてください。

for文

For Statement

https://book.mynavi.jp/c_prog/5_3_for/

ここからは繰り返し文を学びます。**C**言語には**3**つの繰り返し文があります。が、一番使用頻度の高いfor文から説明しましょう。

5.3.1 for文の基本形

for文は指定された回数の繰り返し処理を行うのによく用いられます。繰り返しの回数を数えるのに変数を用います。

構文　for 文

> for ($①$初期設定式 ; $④$ $②$継続条件式 ; $④$ $③$再設定式) $⑥${
> 　　　$⑤$文 ;
> }

① 初期設定式

i = 1; のように回数を数えるための変数 (本書ではインデックス変数と呼ぶことにします) を初期設定します。繰り返し処理に入る前に一度だけ実行されます。このときインデックス変数はint型やchar型のような整数型だけではなく、double型などの浮動小数点型にすることも可能です。ただし、誤差が生じる可能性があるので、なるべく整数型を用いましょう。なお、C99から、初期設定式でイン

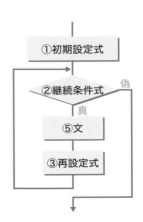

① 初期設定式

② 継続条件式　偽

真

⑤文

③ 再設定式

デックス変数の型名を記述できるようになりました。

```
for (int i = 1; i <= 10; i++) {
    // 繰り返す文
}
```

ただし、このように書くと、変数 i を for ループの {} 外で使うことができないので注意してください。

② 継続条件式

繰り返す条件を指定します。繰り返すたびに評価され、継続条件式が真の間、文を実行し続けます。

継続条件であって終了条件ではないので注意してください。

```
for (int i = 1; i==10; i++) // 間違い例
```

のように記述すると、はじめから継続条件を満たさず、一度も処理が行われません。

③ 再設定式

i++ のように変数の更新を行います。繰り返し処理の最後に実行されます。

④ ; セミコロン

「;」をつける位置に注意しましょう。

初期設定式、継続条件式、再設定式は省略可能ですが「;」を省略することはできません。また、再設定式の後ろには「;」をつけてはいけません。

⑤ 文

繰り返し実行する文を記述します。

制御の流れをわかりやすくするために、字下げして記述しましょう。

⑥ {} 括弧

単一の文の場合には省略が可能です。

けれども、複数の文を繰り返す場合に {} をつけ忘れると、先頭の文しか繰り返されません。つけ忘れを防ぐために慣れるまでは常に {} をつけましょう。

例

たとえば、*を横方向に10個表示させるには、次のように記述します。

```
01.  /* * を横方向に10個表示するプログラム */
02.  #include <stdio.h>
03.
04.  int main(void)
05.  {
        変数iを1から10まで1刻みに増加
        繰り返し文（初期設定式；継続条件式；再設定式）
06.    for (int i = 1; i <= 10; i++) {
07.      printf("*");    ←繰り返す文
08.    }
09.
10.    return 0;
11.  }
```

サンプルコード s5-3-1.c　　　　　**実行結果例** s5-3-1.exe

```
**********
```

8行目のfor文は次のようにイメージできます。

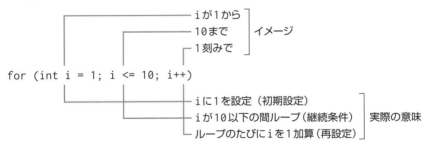

演習で文を使って以下のプログラムを作成してください。

1 1から10までを順番に表示してください。☆

サンプルコード a5-3-1.c　　　　　**実行結果例** a5-3-1.exe

```
1 2 3 4 5 6 7 8 9 10
```

5

制御文

2 10から2まで偶数のみを降順に表示してください。☆

サンプルコード **a5-3-2.c**　　　　　　実行結果例　**a5-3-2.exe**

```
10 8 6 4 2
```

3 32以下の2のべき乗を昇順に表示してください。☆☆

サンプルコード **a5-3-3.c**　　　　　　実行結果例　**a5-3-3.exe**

```
2 4 8 16 32
```

4 半径1.0以上2.0以下まで0.1刻みで円の面積を表示してください。☆☆

（ヒント）インデックス変数をdouble型にすると誤差を生じ正しい結果が得られない可能性があります。インデックス変数は整数型にし、結果を表示するときに除算しましょう。

サンプルコード **a5-3-4.c**　　　　　　実行結果例　**a5-3-4.exe**

```
3.141590
3.801324
4.523890
5.309287
6.157516
7.068578
8.042470
9.079195
10.178752
11.341140
12.566360
```

5 開始の数から終了の数までの和を求めてください。☆☆
（ヒント）和を格納する変数を用意します。

サンプルコード **a5-3-5.c**　　　　　　実行結果例　**a5-3-5.exe**

```
開始 > 10 ↵
終了 > 20 ↵
10 から 20 までの和は 165 です。
```

⑤③② for文で配列の添字をインクリメントする

　配列の要素へ順番にアクセスする場合は、for文を使って添字をインクリメント（デクリメント）します。

例

　要素数5の配列の先頭から順に1〜5の値を代入するプログラムを見てみましょう。

```
01.    /* 配列に1 〜5の値を代入するプログラム */
02.    #include <stdio.h>
03.
04.    int main(void)
05.    {
06.       int array[5];
07.
```

変数iを0から4まで1刻みに増加
繰り返し文(初期設定式;継続条件式;再設定式)

```
08.       for (int i = 0; i < 5; i++) {
```

配列のi番目にi+1の値を代入
配列[添字] = 変数 + 整数定数

```
09.          array[i] = i + 1;
10.          printf("array[%d] = %d¥n", i, array[i]);
11.       }
12.       return 0;
13.    }
```

繰り返す文

サンプルコード s5-3-2.c　　　　　　**実行結果例** s5-3-2.exe

```
array[0] = 1
array[1] = 2
array[2] = 3
array[3] = 4
array[4] = 5
```

　配列の添字は0からはじまるのでしたね。ですから、配列の先頭から順に1〜5の要素を代入するには、変数iは0から4までをインクリメントすればいいわけです。また、i + 1で1〜5までの値を代入することができます。

⑤

制御文

このプログラムの9行目では、

　　変数iが0のときにarray[0]に1を代入

　　変数iが1のときにarray[1]に2を代入

　　変数iが2のときにarray[2]に3を代入

　　変数iが3のときにarray[3]に4を代入

　　変数iが4のときにarray[4]に5を代入

しています。

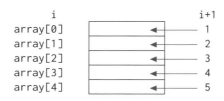

for文を使って以下のプログラムを作成してください。

1 要素数5のint型配列へ先頭から順に5～1の値を代入してください。☆

サンプルコード a5-3-6.c	実行結果例　a5-3-6.exe

```
array[0] = 5
array[1] = 4
array[2] = 3
array[3] = 2
array[4] = 1
```

2 要素数10のdouble型配列へ先頭から順に0.1～1.0の値を代入してください。☆☆

サンプルコード a5-3-7.c	実行結果例　a5-3-7.exe

```
array[0] = 0.1
array[1] = 0.2
    (中略)
array[8] = 0.9
array[9] = 1.0
```

3 配列に格納された5人の学生の点数（78、68、90、45、81）の合計点と平均点を求めてください。☆☆

サンプルコード a5-3-8.c　　　　　実行結果例 a5-3-8.exe

```
合計点 = 362
平均点 = 72.4
```

4 配列に格納された5人の学生の点数（78、68、90、45、81）の最高点と最低点を求めてください。☆☆

サンプルコード a5-3-9.c　　　　　実行結果例 a5-3-9.exe

```
最高点 = 90
最低点 = 45
```

5 要素数7のint型配列に整数値を入力し、その要素を逆順に入れ替えてください。☆☆☆

サンプルコード a5-3-10.c　　　　　実行結果例 a5-3-10.exe

```
0番目 > 1 ↵
1番目 > 2 ↵
2番目 > 3 ↵
3番目 > 4 ↵
4番目 > 5 ↵
5番目 > 6 ↵
6番目 > 7 ↵
入れ替え後
array[0] = 7
array[1] = 6
array[2] = 5
array[3] = 4
array[4] = 3
array[5] = 2
array[6] = 1
```

❺
制御文

⑤❸❸ for文の多重ループ

for文の中にfor文が入るネストの形を、**二重ループ**と呼びます。二重以上のネストも書くことができ、これらをまとめて**多重ループ**と呼びます。

例

横方向に10個、縦方向に5個の*を表示するプログラムは、二重ループを使って次のように書けます。

```
01.   /* 5×10の*を表示するプログラム */
02.   #include <stdio.h>
03.
04.   int main(void)
05.   {
          変数nを1から5まで1刻みに増加
          繰り返し文(初期設定式;継続条件式;再設定式)
06.       for (int n = 1; n <= 5; n++) {
            変数iを1から10まで1刻みに増加
            繰り返し文(初期設定式;継続条件式;再設定式)
07.         for (int i = 1; i <= 10; i++) {
08.           printf("*");      ←繰り返す文
09.         }
10.         printf("¥n");
11.       }
12.
13.       return 0;
14.   }
```

サンプルコード s5-3-3.c　　　　　　　　　　**実行結果例** s5-3-3.exe

```
**********
**********
**********
**********
**********
```

このプログラムでは、7〜9行目のループで10個の*を表示し、10行目のprintfで改行しています。それを6〜11行目で5回繰り返しています。

166

下図のように、ループ1の中でループ2が繰り返されることに注意してください。つまり、ループ1の1回の処理ごとに、ループ2は10回繰り返されます。

```
for (int n = 1; n <= 5; n++) {
  for (int i = 1; i <= 10; i++) {
    printf("*");
  }
  printf("¥n");
}
```

ループ2
*を10個横
方向に表示

ループ1
改行しながら
ループ2を
5回繰り返す

演習　for文の多重ループを使って以下のプログラムを作成してください。

1 実行結果例のように1〜7までの数字を4行表示してください。☆

サンプルコード **a5-3-11.c**　　　実行結果例 **a5-3-11.exe**

```
1 2 3 4 5 6 7
1 2 3 4 5 6 7
1 2 3 4 5 6 7
1 2 3 4 5 6 7
```

2 実行結果例のように数字を三角形に表示してください。☆

サンプルコード **a5-3-12.c**　　　実行結果例 **a5-3-12.exe**

```
1
2 2
3 3 3
4 4 4 4
5 5 5 5 5
```

3 実行結果例のように数字を逆三角形に表示してください。☆☆

サンプルコード **a5-3-13.c**　　　実行結果例 **a5-3-13.exe**

```
1 2 3 4 5
1 2 3 4
1 2 3
1 2
1
```

4 0〜9までの3つの整数の和が入力した合計値になる組み合わせは何通りあるか求めてください。☆☆

サンプルコード **a5-3-14.c**　　　実行結果例　**a5-3-14.exe**

```
合計値を入力してください。> 25 ⏎
(7, 9, 9)
(8, 8, 9)
(8, 9, 8)
(9, 7, 9)
(9, 8, 8)
(9, 9, 7)
合計値が25になる組み合わせは6通りです。
```

5 実行結果例のように九九の表を表示してください。☆☆

サンプルコード **a5-3-15.c**　　　実行結果例　**a5-3-15.exe**

```
    * * * かけ算九九 * * *
    |  1  2  3  4  5  6  7  8  9
--------------------------------
1 |  1  2  3  4  5  6  7  8  9
2 |  2  4  6  8 10 12 14 16 18
3 |  3  6  9 12 15 18 21 24 27
4 |  4  8 12 16 20 24 28 32 36
5 |  5 10 15 20 25 30 35 40 45
6 |  6 12 18 24 30 36 42 48 54
7 |  7 14 21 28 35 42 49 56 63
8 |  8 16 24 32 40 48 56 64 72
9 |  9 18 27 36 45 54 63 72 81
```

6 実行結果例のように、配列の要素それぞれに格納された数値と同じ数の*を表示して横棒グラフを作ってください。☆☆☆

サンプルコード **a5-3-16.c**　　　実行結果例　**a5-3-16.exe**

```
 6|******
 8|********
13|*************
20|********************
17|*****************
15|***************
 8|********
 5|*****
 3|***
 1|*
```

字下げ（インデント）

　プログラムを書くうえで忘れてはいけないことがあります。それは、プログラムの流れをわかりやすくするために字下げをするということです。字下げのないプログラムは、流れが追いづらくプログラマに大変に嫌われます。プログラムの正確ささえも疑われてしまうことがあります。ですから、正しい字下げを行うようにしてください。

　字下げにはいろいろなやり方があるのですが、本書では次のような形で字下げを行っています。

● 例1　**if** 〜 **else** 〜の場合

```
if (…) {          ← 制御文の後ろに{
    文1;          ← 文は字下げ
}                 ← 字下げを戻して}
else {            ← 制御文の後ろに{
    文2;          ← 文は字下げ
}                 ← 字下げを戻して}
```

● 例2　ループ処理の場合

```
for (…) {         ← 制御文の後ろに{
    文;           ← 文は字下げ
}                 ← 字下げを戻して}
```

● 例3　二重ループの場合

```
for (…) {             ← 制御文の後ろに{
    for (…) {         ← 字下げ　制御文の後ろに{
        文;           ← さらに字下げ
    }                 ← 字下げを戻して}
}                     ← さらに字下げを戻して}
```

while文

While Statement

解説動画 https://book.mynavi.jp/c_prog/5_4_while/

　for文とよく似た繰り返し文にwhile文があります。両者はまったく同じ処理ができますが構文が違います。while文では初期設定式と再設定式を文として記述します。

5④① while文の基本形

　while文は、do〜while文（5.5節参照）と異なり継続条件式を前判定して繰り返し制御を行います。

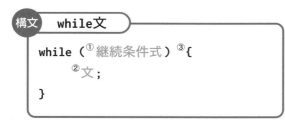

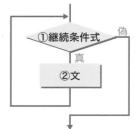

① 継続条件式

　while文は継続条件式が真の間、文を繰り返します。

　継続条件式が最初から偽のときには、文は一度も実行されません。

　for文は初期設定式と継続条件式、再設定式を制御文中に含みますが、while文は継続条件式のみを含みます。ですから、初期設定式や再設定式は別に記述します。

② 文

　繰り返し実行する文を記述します。

　制御の流れをわかりやすくするために、字下げして記述しましょう。

③ {}括弧

単一の文の場合には省略が可能です。

けれども、複数の文を繰り返す場合に{}をつけ忘れると先頭の文しか繰り返さないので、つけ忘れを防ぐために慣れるまでは常に{}をつけましょう。

例

キーボードから整数値を入力し、その入力値が正の間、加算を繰り返す処理を見てみましょう。

```
01.    /* 入力値を加算するプログラム */
02.    #include <stdio.h>
03.
04.    int main(void)
05.    {
06.      int n, sum = 0;
07.
08.      printf("整数値を入力してください（終了条件：負の整数）\n");
09.      printf("> ");
10.      scanf("%d", &n);
11.
12.      while (n >= 0) {
13.        sum += n;
14.        printf("合計 = %d\n", sum);
15.        printf("> ");
16.        scanf("%d", &n);
17.      }
18.
19.      return 0;
20.    }
```

変数nが0以上の間繰り返し
繰り返し文(継続条件式)

変数sumにnを加算（「+=」は複合代入演算子　P.116参照）

繰り返す文

❺
制御文

```
整数値を入力してください（終了条件：負の整数）
>  45 ↵
合計 = 45
>  64 ↵
合計 = 109
>  22 ↵
合計 = 131
>  71 ↵
合計 = 202
>  -1 ↵
```

　12行目のwhile文では、入力値nが正数の間、13〜16行目の処理を繰り返します。もし、10行目のscanfで負数を入力すると、12行目の継続条件式は偽になり、一度も13〜16行目の処理を実行しないでプログラムを終了します。

例

　次に配列の要素の最後にストッパーとなる数値を用意し、そのストッパーまでの数値を合計するプログラムを見てみましょう。

```
01.    /* 配列の要素を加算するプログラム */
02.    #include <stdio.h>
03.
04.    int main(void)
05.    {
06.      int array[] = {45, 64, 22, 71, -1};
07.      int i, sum = 0;
08.
                変数iに0を代入
                初期設定式
09.      i = 0;
         配列のi番目の要素が-1ではない間繰り返し
         繰り返し文（継続条件式）
10.      while (array[i] != -1) {
                変数sumに配列のi番目の要素を加算
11.        sum += array[i];
           変数iをインクリメント
           再設定式                                   繰り返す文
12.        i++;
13.      }
```

172

```
14.     printf("合計 = %d¥n", sum);
15.
16.     return 0;
17. }
```

サンプルコード s5-4-2.c　　　　　　　　実行結果例 s5-4-2.exe

```
合計 = 202
```

このプログラムでは、6行目で配列のarrayを初期化するときにストッパーとして-1を最後に付加し、10行目のwhile文で、配列要素に格納されているデータがストッパーの-1となるまで繰り返すようにしています。ストッパーを付加することで、いちいち要素数を数えてプログラムを記述しなくてもいいので、要素数が多い場合に有用です。また、文字列は最後に必ず終了コードとして'¥0'を含むので、それをストッパーとすると便利です。そのため、文字列の配列を扱うのにwhile文はよく使われます。

なお、for文では初期設定式と再設定式を構文中に含みますが、while文ではそれらは別々に記述する必要があります。このプログラムでは、9行目でiの初期設定、12行目でiの再設定を行っています。

演習 while文を使って以下のプログラムを作成してください。

1 整数値を2つ入力し、その数字が異なるまで、入力処理を続けてください。☆

サンプルコード a5-4-1.c　　　　　　　　実行結果例 a5-4-1.exe

```
数字を2つ入力してください。> 1 1 ⏎
数字を2つ入力してください。> 22 22 ⏎
数字を2つ入力してください。> 33 32 ⏎
値が異なります。
```

2 1024以下の2のべき乗を求めてください。☆

サンプルコード a5-4-2.c	実行結果例 a5-4-2.exe

```
2の1乗は2
2の2乗は4
2の3乗は8
      (中略)
2の8乗は256
2の9乗は512
2の10乗は1024
```

3 文字列を入力し、縦に表示してください。☆

サンプルコード a5-4-3.c	実行結果例 a5-4-3.exe

```
文字列を入力してください。> ABC ⏎
A
B
C
```

4 同じ長さの文字列を2つ入力し、同じ文字列なら、「等しい文字列
を入力しました。」、異なるなら「異なる文字列を入力しました。」
と表示してください。☆☆

サンプルコード a5-4-4.c	実行結果例 a5-4-4.exe

```
同じ長さの文字列を2つ入力してください。
> abcde ⏎
> abcce ⏎
異なる文字列を入力しました。
```

5④② for文とwhile文

　for文もwhile文も、ともに繰り返し制御を行いますが、一般にfor文は
「○回処理を繰り返す」ときに使用され、while文は「〜の間処理を繰り返す」
ときに使用される傾向があります。もっとも、両者は構文上の違いがある
だけで、処理上の違いはありません。ですから、while文で「○回処理を繰
り返す」ことも可能ですし、for文で「〜の間処理を繰り返す」ことも可能
です。実際にどちらを用いるのかは、プログラマの好みの問題になります。

　それでは、P.161で扱ったfor文のサンプルプログラムs5-3-1.cをwhile文で書き直してみましょう。フローチャートを描いてみると一目瞭然、両方のプログラムの流れがまったく同じであることがよくわかります。

例

【s5-4-3.c】

```
01.    /* for文で*を10個表示 */
02.    #include <stdio.h>
03.
04.    int main(void)
05.    {
           初期設定式;      継続条件式;   再設定式
06.      for (int i = 1; i <= 10; i++) {
07.        printf("*");
08.      }
09.
10.      return 0;
11.    }
```

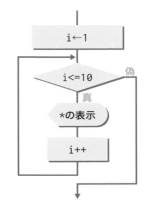

⑤

制御文

例

【s5-4-4.c】

```
01.    /* while文で*を10個表示 */
02.    #include <stdio.h>
03.
04.    int main(void)
05.    {
06.      int i;
07.
           初期設定式
08.      i = 1;
               継続条件式
09.      while (i <= 10) {
10.        printf("*");
           再設定式
11.        i++;
12.      }
13.
14.      return 0;
15.    }
```

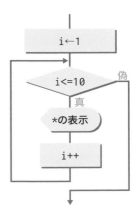

> **********

　P.172で扱ったwhile文のサンプルプログラムs5-4-2.cも同様にfor文に書き直してみましょう。フローチャートを描いてみるとこちらも流れが同じであることがよくわかりますね。

例

【s5-4-5.c】

```
01.  /* for文で配列要素を加算 */
02.  #include <stdio.h>
03.
04.  int main(void)
05.  {
06.    int array[] = {45, 64, 22, 71, -1};
07.    int sum = 0;
08.
           初期設定式;      継続条件式;          再設定式
09.    for (int i = 1; array[i] != -1; i++) {
10.      sum += array[i];
11.    }
12.    printf("合計 = %d\n", sum);
13.
14.    return 0;
15.  }
```

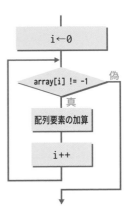

> 合計 = 202

176

演習

while文を使って以下のプログラムを作成してください。

1 1から10までを順番に表示してください。☆

| サンプルコード a5-4-5.c | 実行結果例 a5-4-5.exe |

```
1 2 3 4 5 6 7 8 9 10
```

2 10から2まで偶数のみを降順に表示してください。☆

| サンプルコード a5-4-6.c | 実行結果例 a5-4-6.exe |

```
10 8 6 4 2
```

3 32以下の2のべき乗を昇順に表示してください。☆☆

| サンプルコード a5-4-7.c | 実行結果例 a5-4-7.exe |

```
2 4 8 16 32
```

5 制御文

5④③ while文の多重ループ

　while文も当然ネスト構造にすることができます。P.166でも取り上げた、横方向に10個、縦方向に5個＊を表示するプログラムs5-3-3.cはwhile文を使うと、次のように書くことができます。

例

横方向に10個、縦方向に5個の＊を表示するプログラム

```
01.  /* 5×10の*を表示するプログラム */
02.  #include <stdio.h>
03.
04.  int main(void)
05.  {
     変数nに1を代入
     初期設定式①
06.    int n = 1;
```

```
       変数nが5以下の間繰り返し
       繰り返し文(継続条件式①)
07.    while (n <= 5) {
          変数iに1を代入
          初期設定式②
08.       int i = 1;
          変数iが10以下の間繰り返し
          繰り返し文(継続条件式②)
09.       while (i <= 10) {
10.          printf("*");
             変数iをインクリメント
             再設定式②
11.          i++;
12.       }
13.       printf("¥n");
          変数nをインクリメント
          再設定式①
14.       n++;
15.    }
16.
17.    return 0;
18. }
```

サンプルコード s5-4-6.c   **実行結果例** s5-4-6.exe

```
**********
**********
**********
**********
**********
```

二重ループでは、下図のように、外側のループ1が1回処理されるごとに、内側のループ2は最後まで処理されるのでしたね。while文の二重ループでは、ループ2の初期設定と再設定の位置に気をつけてください。

```
int n = 1;
while (n <= 5) {
    int i = 1;
    while (i <= 10) {
        printf("*");        ループ2   ループ1
        i++;
    }
    printf("\n");
    n++;
}
```

例

それでは、for文のループ中にwhile文のループをネストした二重ループで、複数の文字列に空白をはさみながら表示するプログラムを見てみましょう。

```
01.  /* 文字列に空白をはさむプログラム */
02.  #include <stdio.h>
03.
04.  int main(void)
05.  {
06.      char str[3][8] = {"cabbage", "carrot", "onion"};
         変数iを0から2まで1刻みに増加
         繰り返し文(初期設定式①;継続条件式①;再設定式①)
07.      for (int i = 0; i < 3; i++) {
             変数nに0を代入
             初期設定式②
08.          int n = 0;
             文字列終了まで繰り返し
             繰り返し文(継続条件式②)
09.          while (str[i][n] != '\0') {
10.              printf("%c ", str[i][n]);        繰り返す文②
```

繰り返す文①

5

制御文

```
            変数nをインクリメント
            再設定式②                                繰り返す文②
11.         n++;
                                                                    繰り返す文①
12.     }
13.     printf("¥n");
14.   }
15.
16.   return 0;
17. }
```

サンプルコード s5-4-7.c / **実行結果例 s5-4-7.exe**

```
cabbage
carrot
onion
```

　複数の文字列は3.4節で説明した**2次元配列**で扱います。プログラムでは3個の文字列を表示するので外側のループにfor文を使い、各々の文字列は終了コードまで処理するのでwhile文を使いました。もちろん、ここはfor文にして、

```
    for (int n = 0; str[i][n] != '¥0'; n++) {
```
でもかまいません。

演習

while文を含む多重ループ使って以下のプログラムを作成してください。

1 実行結果例のように数字を山形に表示してください。☆

サンプルコード `a5-4-8.c`　　　　**実行結果例** `a5-4-8.exe`

```
1
12
123
1234
12345
123456
1234567
```

2 2次元配列に初期化された以下の要素の合計を行ごとに表示してください。

{ {12, 3, 5, 7, -1}, {7, 61, -1}, { 89, 55, 27, -1}, {-1} };

ただし、各行の要素のストッパーは-1であり、行の先頭に-1が格納されている場合は処理を終了します。☆☆

サンプルコード `a5-4-9.c`　　　　**実行結果例** `a5-4-9.exe`

```
12 3 5 7 の合計は 27
7 61 の合計は 68
89 55 27 の合計は 171
```

3 2次元配列に初期化された複数の文字列を逆さまに表示してください。☆☆☆

サンプルコード `a5-4-10.c`　　　　**実行結果例** `a5-4-10.exe`

```
egabbac
torrac
noino
```

（s5-4-7.c（P.180）の文字列を逆さまに表示した場合）

5

制御文

「Ctrl+Z」が入力されるまで入力処理を続ける

　scanf関数は、通常は入力した値の個数を返却（8.1節参照）するのですが、Ctrlキーを押しながらZキーを押すと「EOF」という入力やファイルの終了を意味する値を返します。

　そこで、次のように記述すると、この「Ctrl+Z」キー（UNIX環境では「Ctrl+D」）の入力でループを終了させることができます。

```
int n;
while (scanf("%d", &n) != EOF) {
    文 ;
}
```

　これは、次の①、②の順に処理が行われます。

```
                        ┌──── ① キーボードから値を入力
                        ▼
while (  scanf("%d", &n)!= EOF  )
         └──────────────────┘
              ▲
              └──── ② scanfの返却値と「EOF」を比較
```

　なお、返却値の個数と一致する間は繰り返し制御を行うようにしてもいいでしょう。

```
int n;
while (scanf("%d", &n) == 1) {
    文 ;
}
```

do〜while文

Do-while Statement

解説動画　https://book.mynavi.jp/c_prog/5_5_dowhile/

while文は前判定で繰り返し制御をしましたが、do〜while文はまず実行し、あとから繰り返すかどうかを判定します。

5 制御文

5.5.1 do〜while文の基本形

do〜while文は、条件式を後判定して繰り返し制御を行います。「条件はどうであれ1回は実行する」という場合に用いると便利です。

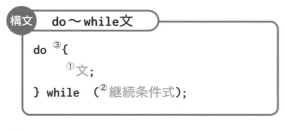

構文　do〜while文

```
do ③{
        ①文;
} while （②継続条件式);
```

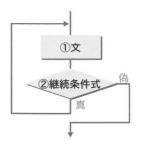

①文

繰り返し実行する文を記述します。

制御の流れをわかりやすくするために、字下げして記述しましょう。

②継続条件式

do〜while文は、まず文を実行してから、継続条件の判定を行います。

そして、継続条件式が真である間、文を繰り返し実行します。

while文は、最初の条件が偽のときには、一度も文を実行しませんが、do〜while文では、必ず1回は文を実行します。

継続条件式のあとのセミコロン(;)を忘れないように記述してください。

③ {}括弧

単一の文の場合には省略が可能です。

けれども、while文との区別がつきやすいように、単文でも{}で囲むの
が一般的です。

例

文字列を他の配列にコピーする処理をwhile文で考えてみましょう。

```c
01.   /* while文を用いて文字列のコピー */
02.   #include <stdio.h>
03.
04.   int main(void)
05.   {
06.     char str1[] = "tomato", str2[10];
07.     int i = 0;
08.
        文字列終了までループ
09.     while (str1[i] != '\0') {
          文字列のコピー
10.       str2[i] = str1[i];
11.       i++;
12.     }
        文字列終了コードの付加
13.     str2[i] = '\0';
14.     printf("str2 = %s\n", str2);
15.
16.     return 0;
17.   }
```

サンプルコード s5-5-1.c　　　　　　　**実行結果例** s5-5-1.exe

```
str2 = tomato
```

while文で処理を行う場合には、このようにループ終了後に終了コー
ドの'\0'を付加する必要があります。

例

この処理を do～while文で書くとどうなるでしょう。

```
01.   /* do ～while文を用いて文字列のコピー */
02.   #include <stdio.h>
03.
04.   int main(void)
05.   {
06.     char str1[] = "tomato", str2[10];
07.     int i = 0;
08.
```
繰り返し文
```
09.     do {
```
文字列のコピー
```
10.       str2[i] = str1[i];          ←繰り返す文
```
文字列終了までループ
繰り返し文(継続条件式);
```
11.     } while (str1[i++] != '\0');
12.     printf("str2 = %s\n", str2);
13.
14.     return 0;
15.   }
```

サンプルコード s5-5-2.c　　　　**実行結果例 s5-5-2.exe**

```
str2 = tomato
```

do～while文では、先に代入の処理を行って、あとから判定を行うので、終了コードの '\0' も配列にコピーされます。

なお、

```
while (str1[i++] != '\0');
```

は、str1[i] != '\0' の判定を行ってから、i++ の処理を行います。

do～while文はfor文やwhile文にくらべると使用頻度の低い繰り返し文ですが、このように、継続条件にかかわらず先に処理を行う場合に覚えておくと重宝します。

5
制御文

do〜while文を使って以下のプログラムを作成してください。

1 整数型変数data1に1000が初期化されています。変数data2に整数値を入力し、data1からdata2を引き、data1が0以下になるまで結果を確認しながら繰り返してください。☆

サンプルコード **a5-5-1.c**　　　　　実行結果例 **a5-5-1.exe**

```
整数値を入力 ＞ 500 ↵
data1 = 500
整数値を入力 ＞ 300 ↵
data1 = 200
整数値を入力 ＞ 250 ↵
data1 = -50
処理終了
```

2 正しい答えを入力するまで計算式を表示するプログラムを作成してください。☆

サンプルコード **a5-5-2.c**　　　　　実行結果例 **a5-5-2.exe**

```
987 + 6543 の答えは？
＞ 7430 ↵
987 + 6543 の答えは？
＞ 7530 ↵
正しい結果を入力しました。
```

3 誕生月を入力し誕生石を答えるプログラムを、継続を希望する間続けるプログラムを作成してください。☆☆
（ヒント）誕生石は次の通りです。

1月：ガーネット	2月：アメジスト	3月：アクアマリン
4月：ダイアモンド	5月：エメラルド	6月：ムーンストーン
7月：ルビー	8月：ペリドット	9月：サファイア
10月：オパール	11月：トパーズ	12月：トルコ石

サンプルコード **a5-5-3.c**　　　　　実行結果例 **a5-5-3.exe**

```
あなたの生まれ月を入力してください。＞ 4 ↵
あなたの誕生石は「ダイアモンド」です。
続けますか？ (1:yes / 2:no) ＞ 1 ↵
あなたの生まれ月を入力してください。＞ 2 ↵
あなたの誕生石は「アメジスト」です。
続けますか？ (1:yes / 2:no) ＞ 2 ↵
```

⑤

制御文

無限ループ

　無限ループはその名の通り永遠に終わることのない繰り返し処理ですが、if文とbreak文（5.6節参照）を組み合わせ、特定の条件でループを抜け出すようにして使用する場合があります。

① while文を用いた無限ループ　② for文を用いた無限ループ

構文　while文の無限ループ

```
while (1) {
    文;
    if (条件式)
      break;
    文;
}
```

　C言語では、0を偽、0以外を真と評価するので、while(1)は「常に真」、つまり「無限ループ」になります。C99からは、stdbool.hをインクルードすることで（P.60参照）、他のプログラミング言語のように、無限ループを while (true)と記述することが可能になりました。

構文　for文の無限ループ

```
for (;;) {
    文;
    if (条件式)
      break;
    文;
}
```

　forの場合は慣例として、for (;;)と記述します。初期設定なし、継続条件なし、再設定なし、で無限ループになります。

　なお、do～while文での無限ループは、繰り返し処理の最後になるまで無限ループであることがわからないので、通常は使われません。

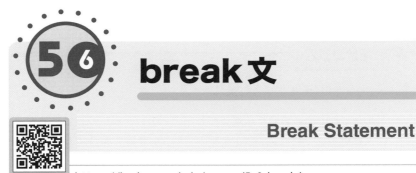

break文

Break Statement

解説動画 https://book.mynavi.jp/c_prog/5_6_break/

　break文はジャンプ文の一種で、繰り返し文やswitch文と組み合わせて処理を途中で中断するときに使います。

5.6.1 break文

　繰り返し処理を行うプログラムを作っていると、最後までループさせずにある特別な条件のときに終了させたいときがあります。このようなときに、break文を用いるとループを抜け出すことができます。break文は
1. switch文で、選択したそれぞれの処理を終了させる（P.153参照）。
2. 繰り返し文（for、while、do〜while）でループを抜け出す。
ときに用います。

　繰り返し処理で使うbreak文は、必ずif文と併用し、ある特定の条件でループを抜け出すように記述します。if文がないと、break以下の文が一度も実行されません。

　なお、break文を多重ループの中で使用する場合、そのbreak文が含まれるループから、**1つ外のループに抜け出す**だけなので注意してください。二重、三重のループを抜け出すには、そのたびにbreak文を使わなければなりません。

例

break文でループを抜けるプログラムを見てみましょう。

```
01.    /* 入力値を合計するプログラム */
02.    #include <stdio.h>
03.
04.    int main(void)
05.    {
06.       int n, sum = 0;
07.
08.       printf("整数値を10個入力してください。（途中終了条件：-1)\n");
               変数iを1から10まで1刻みに増加
09.       for (int i = 1; i <= 10; i++) {
10.          printf("> ");
               変数nに整数値を入力
11.          scanf("%d", &n);
               変数nが-1なら
12.          if (n == -1)
                  ループを抜け出す
                  ジャンプ文
13.             break;
               変数sumに入力値の加算
14.          sum += n;                  ループを抜け出す
15.       }
16.       printf("合計 = %d\n", sum);
17.
18.       return 0;
19.    }
```

サンプルコード s5-6-1.c　　　　**実行結果例** s5-6-1.exe

```
整数値を10個入力してください。（途中終了条件：-1)
> 1 ↵
> 2 ↵
> 3 ↵
> -1 ↵
合計 = 6
```

このプログラムでは、10回繰り返し処理を行いますが、入力値が-1だった場合は、ただちにループを抜け出します。

つまり、「10個の数値、または-1が入力されるまでの数値を合計する」という処理になっています。

演習

break文を使って以下のプログラムを作成してください。

1 あらかじめ決めた数を当てるゲームのプログラムを次の要領で作成してください。

5回以内に当たれば、数字を入力した回数を表示します。5回以内に当たらなければ、当たりの数字を表示します。☆

サンプルコード **a5-6-1.c**　　　　実行結果例 **a5-6-1.exe**

```
数当てゲームです。
1～10の整数値を入力してください。> 8 ↵
1～10の整数値を入力してください。> 5 ↵
2回目で当たりです。
```

2 3回買い物をしてお小遣いを使うプログラムを作成してください。ただし、お小遣いを使い切ったり、足りなくなったりしたときには、買い物を中止してください。☆

サンプルコード **a5-6-2.c**　　　　実行結果例 **a5-6-2.exe**

```
お小遣いを1000円持っています。
いくら使いますか？ ＞ 600 ↵
いくら使いますか？ ＞ 600 ↵
お小遣いは200円足りなくなりました。
```

3 文字列を2つ入力し、この2つの文字列が同じ文字列ならば「等しい文字列を入力」と表示し、異なるならば「異なる文字列を入力」と表示してください。☆☆

サンプルコード **a5-6-3.c**　　　　実行結果例 **a5-6-3.exe**

```
文字列を2個入力してください。
＞ ABCD ↵
＞ ABBD ↵
異なる文字列を入力しました。
```

補足コラム

goto文

goto文は関数内に書かれたラベルへ無条件に飛ぶジャンプ文です。

構文　goto文

```
    goto ラベル名 ;
    文1;
ラベル名 :
    文2;
```

　構造化プログラミングでは、goto文は嫌われています。gotoを多用すると、プログラムの流れがわかりづらくなるからです。プログラミング言語の中にはgoto文を用意していないものがあるほどです。けれども、多重ループを抜け出す場合には、ループのたびにbreak文で抜け出すより、goto文を使って一気に抜け出したほうが、処理がわかりやすくなります。

　下図のように、goto文では、コロン（:）をつけたラベル "NEXT" へ、一気に制御を移すことができます。このように多重ループを一気に抜ける場合に限りgoto文を使用してもいいでしょう。

図　gotoで多重ループを抜ける

```
    while (…) {
        while(…) {
            if(…) goto NEXT; ─┐
            …                  │
        }                      │
        …                      │
    }                          │
  NEXT: ◄──────────────────────┘
    …
```

5
制御文

continue文

解説動画 | https://book.mynavi.jp/c_prog/5_7_continue/

continue文は、ループの途中で最初に戻ってやり直すときに使うジャンプ文です。

5.7.1 continue文

たとえば、ループの中で特定の入力値は受け付けたくない場合など、処理をスキップさせられると便利な場合があります。ループ中でcontinue文を使うと、それ以降の文をスキップし、次のループ処理を行います。

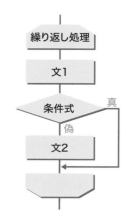

```
構文    continue文

繰り返し処理 {
    文1;
    if（条件式）
        continue;
    文2;
}
```

continue文は、繰り返し処理の中でif文とともに用います。continueを使うと、条件式が真の場合に文2を無視し、次の繰り返し処理を行わせることができます。

例

continueにより負の入力をスキップするサンプルプログラムです。

```
01.  /* 正の整数を加算するプログラム */
02.  #include <stdio.h>
03.
04.  int main(void)
05.  {
06.    int i = 1, n, sum;
07.
08.    sum = 0;
          変数iが3以下の間繰り返し
09.    while (i <= 3) {
10.      printf("正の数値を入力してください。> ");
            変数nに整数値を入力
11.      scanf("%d", &n);
            変数nが0未満なら
12.      if (n < 0)
              処理のスキップ
              ジャンプ文
13.        continue;
            変数sumにnを加算
14.      sum += n;
15.      printf("sum = %d¥n", sum);         処理をスキップ
            変数iのインクリメント
16.      i++;
17.    }
18.    printf("合計=%d¥n", sum);
19.
20.    return 0;
21.  }
```

サンプルコード s5-7-1.c   **実行結果例 s5-7-1.exe**

```
正の数値を入力してください。> 1 ⏎
sum = 1
正の数値を入力してください。> -1 ⏎
正の数値を入力してください。> 2 ⏎   ← 負数を入力したので再入力
sum = 3
正の数値を入力してください。> 3 ⏎
sum = 6
合計=6
```

5 制御文

このプログラムは3回繰り返し、入力した正の整数を加算します。もし、負数を入力した場合にはcontinueで14～16行までの処理をスキップし、加算をせずに次の入力処理を行います。正数のみ3回加算するようになります。

例

　このプログラムを次のようにfor文で書き換えてみるとどうなるでしょうか。

```
01.    /* 正の整数を加算するプログラム（for文版）*/
02.    #include <stdio.h>
03.
04.    int main(void)
05.    {
06.      int n, sum;
07.      sum = 0;
          変数iを1から3まで1刻みに増加
08.      for (int i = 1; i <= 3; i++) {
09.        printf("正の数値を入力してください。> ");
            変数nに整数値を入力
10.        scanf("%d", &n);
            変数nが0未満なら
11.        if (n < 0)
              処理のスキップ
              ジャンプ文
12.          continue;
            変数sumにnを加算
13.        sum += n;
14.        printf("sum = %d¥n", sum);
15.      }
16.      printf("合計 = %d¥n", sum);
17.
18.      return 0;
19.    }
```

サンプルコード s5-7-2.c ／ **実行結果例 s5-7-2.exe**

```
正の数値を入力してください。> 1 ↵
sum = 1
正の数値を入力してください。> -1 ↵
正の数値を入力してください。> 2 ↵
sum = 3
合計 = 3
```

　while文の中でcontinue文を使ったサンプルs5-7-1.cと違って、負数の入力も含めてループの回数は3回ですね。

　whileのcontinueではスキップ先が継続条件式ですが、forのcontinueではスキップ先が再設定式の「i++」になります。ですから入力の正負にかかわらずiが更新されループは3回しか行われないのです。

図5-7-1 continueをwhileとforで使った場合の違い

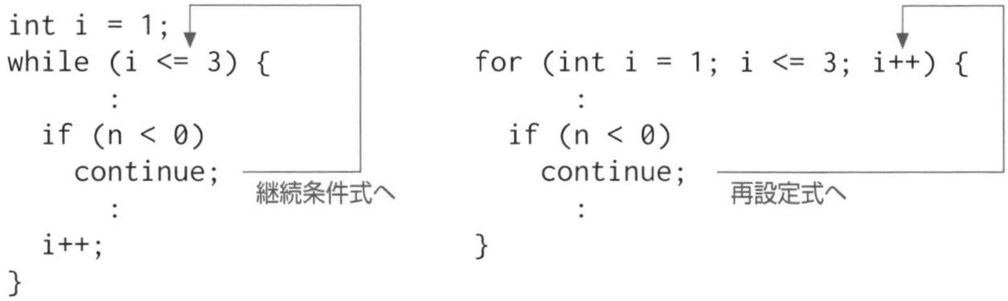

```
int i = 1;
while (i <= 3) {
     :
  if (n < 0)
    continue;          継続条件式へ
     :
  i++;
}
```

```
for (int i = 1; i <= 3; i++) {
     :
  if (n < 0)
    continue;          再設定式へ
     :
}
```

演習

continue文を使って以下のプログラムを作成してください。

1 実行結果例のように繰り返し整数値を2個入力し、割り算の商と余りを表示してください。ただし、割る数に0が入力された場合には計算をスキップし、次の入力をしてください。☆

サンプルコード **a5-7-1.c** 　　　　実行結果例 **a5-7-1.exe**

```
整数値を2個入力してください。
＞ 56 ↵
＞ 3 ↵
56 ÷ 3 ＝ 18 余り 2
続けますか？（1:yes 2:no)＞ 1 ↵
整数値を2個入力してください。
＞ 78 ↵
＞ 0 ↵
0では割り算はできません。
整数値を2個入力してください。
＞ 78 ↵
＞ -8 ↵
78 ÷ -8 ＝ -9 余り 6
続けますか？（1:yes 2:no)＞ 2 ↵
```

2 P.186のa5-5-3.cを、2次元配列jewel[12][20]を使って宝石名を管理するように書き換えてください。このとき、入力値をチェックして配列要素を超えてアクセスできないようにしてください。☆☆

（ヒント）jewel[添字]で宝石名の文字列が取得できます。

サンプルコード **a5-7-2.c** 　　　　実行結果例 **a5-7-2.exe**

```
あなたの生まれ月を入力してください。＞ 4 ↵
あなたの誕生石は「ダイアモンド」です。
続けますか？(1:yes / 2:no) ＞ 1 ↵
あなたの生まれ月を入力してください。＞ 0 ↵
生まれ月の入力エラーです。
あなたの生まれ月を入力してください。＞ 2 ↵
あなたの誕生石は「アメジスト」です。
続けますか？(1:yes / 2:no) ＞ 2 ↵
```

さらなる理解のために

アルゴリズムとは

5章で学んだ制御文を使うことにより、複雑な処理手順をコンピュータに指示することができるようになりました。この処理手順のことをアルゴリズムと呼びます。プログラミングとは、アルゴリズムをプログラミング言語で記述することなのです。

どのようなアルゴリズムを選ぶかによって、処理効率は大きく違ってきます。また、データの構造や量によって適するアルゴリズムは異なります。

たとえば、配列要素からある要素を探すにはどうしたらいいでしょうか。いちばん単純なのは、目的の要素と一致するかどうか先頭から1つずつ比較していく方法で、線形探索法と呼ばれます。このアルゴリズムを普通に考えれば、「要素が一致したか」と「要素を探索し終わったか」を毎回調べることになります。ですが、それでは要素数が多い場合に大変時間がかかります。そこで、番兵の登場です。たとえば、配列の要素が10個なら11番目に目的の要素を番兵として追加しておくのです。そうすることで、「要素を探索し終わったか」を毎回調べなくても、最後に一回だけ11番目かどうかを調べればよくなります。11番目なら要素は見つからず、それ以外なら要素が見つかったということになりますね。

要素があらかじめ昇順か降順に並んでいる場合には、もっと効率のよいアルゴリズムがあります。それが二分探索法です。このアルゴリズムでは、配列の中央の要素に注目し、それと目的の要素の大小を比較します。そうすると、中央の前後どちらに目的の要素があるか判断でき、それを繰り返していくうちに目的の要素が見つかるのです。

5

制御文

第5章　まとめ

① if～else～は2方向分岐の制御を行います。

② if～else if～else～は多方向分岐の制御を行います。

③ switchは式に応じて処理を振り分けます。

④ forは指定された回数の繰り返し処理を行うのによく用いられます。

⑤ whileは条件式を前判定して繰り返し制御を行います。

⑥ do～whileは条件式を後判定して繰り返し制御を行います。

⑦ breakは途中で繰り返し処理を抜け出します。

⑧ continueはそれ以降の処理をスキップし繰り返し処理の先頭に戻ります。

第6章 標準ライブラリ関数

代表的な標準ライブラリ関数にはどのようなものがあるのかを把握し、積極的に利用できるようになりましょう。

章目次

■コラム

はじめに

　何かものを作るのに、一から作るのではなく、既製のものを利用することはよくあります。たとえば料理を作るときも、市販のルーやダシを使ったり、加工された材料を使ったりしますね。

　ライブラリ関数は、いわば既製品です。ユーザーがよく使う機能、便利な機能、特殊な機能などを関数化してライブラリファイルにまとめたものが、あらかじめC言語の処理系に用意されているのです。ユーザーはそれらの中から処理に適した関数を選んで使います。料理は、既製品を使えば簡単に失敗しないで作れますが、プログラムでも、ライブラリ関数を使えば効率よくバグの少ないシステムを開発することができます。

　ライブラリ関数でいちばん重要なのは使い方を覚えることではなく、どのような関数が用意されているのかあらかじめ把握しておくことです。使い方はマニュアルや書籍を参考にすればわかりますが、そもそも、どのようなライブラリ関数があるのかを知っていないと、それらを使うという発想がわきません。せっかくの便利さを享受することなく、自分で一からプログラムを作ることになってしまうのです。

　本書では、標準ライブラリ関数の中から、特に使用頻度の高いものを選んで説明します。この章を学習して、代表的なライブラリ関数の機能を知り、随時利用できるようになりましょう。

標準入出力関数

Standard Input and Output

解説動画　https://book.mynavi.jp/c_prog/6_1_standardio/

　標準入出力関数には、printf 関数や scanf 関数のほかにも、さまざまな機能に特化した関数が用意されています。それぞれ特徴がありますので使い分けるといいでしょう。

6 標準ライブラリ関数

6.1.1 標準入出力関数

　C言語では、標準入出力ストリーム（P.387）として通常はキーボードとディスプレイが割り当てられ、次のようなライブラリ関数が用意されています。これらを使用するには、<stdio.h>のインクルードが必要になります。

・標準入力ストリームから文字入力　　　　　　ゲットキャラ
getchar 関数
・標準出力ストリームへ文字出力　　　　　　　プットキャラ
putchar 関数
・指定したストリームから文字列入力　　　　　エフゲットエス
fgets 関数
・標準出力ストリームへ文字列出力　　　　　　プットエス
puts 関数
・標準入力ストリームから書式付き入力　　　　scanf 関数
・標準出力ストリームへ書式付き出力　　　　　printf 関数

6 1 2 文字の標準入出力　getcharとputchar

getchar関数は、標準入力（キーボード）から文字を入力します。

【使用例】

入力文字を格納する変数はint型

```
int c;
c = getchar();          // getcharが返した文字をcに代入する
    :
```

引数なし

putchar関数は、標準出力（ディスプレイ）へ文字を出力します。

【使用例】

出力文字はint型

```
int c = 'A';
putchar(c);             // 文字'A'を出力する
    :
```

細かい説明は後回しにして、まずは使用例を見てみましょう。

例

getcharとputcharを使って、1文字の入出力を行うプログラムです。

```
01.   /* 1文字の入出力 */
      入出力関数を使用するためにインクルード
02.   #include <stdio.h>
03.
04.   int main(void)
05.   {
06.     int c;
      変数cにキーボードから文字を入力する
      変数 = 文字入力関数();
07.     c = getchar();
      変数cを文字として画面に出力する
      文字出力関数(引数);
08.     putchar(c);
09.
10.     return 0;
11.   }
```

サンプルコード　s6-1-1.c　　　　　**実行結果例　s6-1-1.exe**

```
A ⏎
A
```

　getcharは引数のない関数です。引数というのは関数に渡す値のことでしたね。printfやscanfは、書式文字列のような引数が必要でした。けれども、getcharは機能が固定されているので引数が必要ないのです。

　getcharは入力した文字を返却します。このように、関数が返却する値を返却値と呼びます。返却値については8章で詳しく学習しますので、ここでは入力文字がgetcharからポンと出てくるイメージでいてください。

　s6-1-1.cでは、7行目で入力文字を変数cに代入しています。そして、8行目でcを引数にしてputcharを呼んでいます。これで、getcharで入力した文字をそのままputcharで出力するプログラムになりました。

　さて、ここまでの説明で、なぜ文字を代入している変数cがchar型ではなくint型なのか不思議に思っている方も多いでしょう。その意味を説明するために次のプログラムを見てみましょう。

例

「Ctrl+Z」キーが入力されるまで文字の入出力を繰り返すプログラム。

```
01.   /* 文字の入出力を繰り返すプログラム */
      入出力関数を使用するためにインクルード
02.   #include <stdio.h>
03.
04.   int main(void)
05.   {
06.     int c;
07.
      「Ctrl+Z」キーが押されるまで変数cに文字を繰り返し入力する
      繰り返し文((変数 = 文字入力関数()) != 入力終了)
08.     while ((c = getchar()) != EOF) {
      変数cを文字として画面に出力する
      文字出力関数(引数);
09.       putchar(c);
10.     }
```

```
11.
12.    return 0;
13.  }
```

サンプルコード s6-1-2.c　　　　　　実行結果例　s6-1-2.exe

```
a ⏎
a
computer ⏎
computer
^Z Ctrl + Z ⏎
```

　8行目は次のように、入力文字をcに代入してからEOFと比較判定しています。「c = getchar()」の部分を()で囲まないと、先にEOFと比較してしまい、正しい判定が行われませんので注意してください。

```
while ((c = getchar()) != EOF)
```
　①1文字入力
　　②EOFと比較

　getcharは、「Ctrl+Z」キー（UNIX環境では「Ctrl+D」キー）が入力されると「EOF」（P.182参照）を返却します。この「EOF」は、stdio.hの中で、通常は-1でマクロ名として定義（P.45参照）されています。文字コードを0～255で扱う処理系は、1バイトサイズのchar型で-1を扱うことができません。そのため、getcharの返却値はint型になっているのです。

　さて、次に、実行結果例を見てみましょう。getcharとputcharは文字の入出力を行う関数なのに、"computer"という文字列を入出力しています。これは、入力した文字がいったんバッファという作業エリアに格納され、Enterキーの入力でフラッシュ（吐き出すこと）されるからです。このように、バッファを設けて入出力を行うことをバッファリングと呼びます。

演習

getchar と putchar を使って以下のプログラムを作成してください。

1 '.' を入力するまで、文字の入出力を繰り返すプログラムを作成してください。☆

サンプルコード　a6-1-1.c	実行結果例　a6-1-1.exe

```
This is ⏎
This is
a ⏎
a
pen. ⏎
pen
```

2 「Ctrl+Z」キーを押すまで、入力した数字それぞれの個数を数えるプログラムを作成してください。☆☆

（ヒント）数字の個数を数えるために配列を利用します。

サンプルコード　a6-1-2.c	実行結果例　a6-1-2.exe

```
数字を入力してください。（終了条件：Ctrl+Z）
12345 ⏎
671234 ⏎
22 ⏎
^Z Ctrl + Z ⏎

入力した数字の個数
0 :  0個入力   1 :  2個入力   2 :  4個入力   3 :  2個入力   4 :  2個入力
5 :  1個入力   6 :  1個入力   7 :  1個入力   8 :  0個入力   9 :  0個入力
```

6

標準ライブラリ関数

6.1.3 文字列の標準入出力　fgetsとputs

　C言語で文字列を標準入力する関数にgetsがあります。けれども、この関数は入力文字数を指定できないため、用意した配列を超えて入力が可能になり、セキュリティ上危険です。そのため、現在はサポートされていません。そこで、C11からは、入力文字数を指定するgets_sという関数が用意されましたが、現時点では一部の処理系にしか実装されていません。そのため、ここでは、fgets関数を使って標準入力から文字列を入力する方法を説明します。

　fgetsは先頭に「f」が付くことからもわかるように、ファイル入力用の関数です。けれども、ファイルとして標準入力を指定することで、キーボードからの文字列入力が可能になります。fgetsはscanfの%s変換指定と異なり、スペースを読み込めます。ただし、改行'¥n'を読み込むので、'¥n'を文字列に含めたくない場合には、何らかの方法で削除する必要があります。

【使用例】

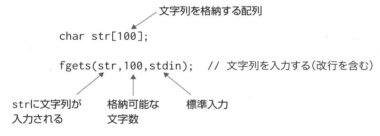

　puts関数は文字列の標準出力を行う関数です。printfの%s変換指定と異なり出力のあとに改行します。

【使用例】

例

「Ctrl+Z」キーが入力されるまで文字列の入出力を繰り返すプログラムを見てみましょう。

```
01.  /* 文字列の入出力を繰り返すプログラム */
        入出力関数を使用するためにインクルード
02.  #include <stdio.h>
        文字列操作関数を使用するためにインクルード
03.  #include <string.h>
04.
05.  int main(void)
06.  {
07.     char str[100];
08.
        「Ctrl+Z」キーが押されるまで文字列を配列strに繰り返し入力する
        繰り返し文(文字列入力関数(引数) != 入力終了)
09.     while (fgets(str, 100, stdin) != NULL) {
10.        // 改行文字の削除
           strの文字数をlenに取得
11.        size_t len = strlen(str);
           strの最後の文字が'¥n'なら
12.        if (len > 0 && str[len-1] == '¥n')
              '¥0'で書き換える
13.           str[len-1] = '¥0';
           配列strを文字列として画面に出力する
           文字列出力関数(引数);
14.        puts(str);
15.     }
16.
17.     return 0;
18.  }
```

サンプルコード s6-1-3.c   **実行結果例** s6-1-3.exe

```
a ⏎
a
computer ⏎
computer
^Z Ctrl + Z ⏎
```

fgetsで読み込んだ改行 '¥n' を削除する方法はいろいろありますが、こ

こではP.210で学習するstrlen関数で文字数を数え、文字列の最後に付加された '\n' を文字列終了コードの '\0' で置き換えています。また、scanfやgetcharは「Ctrl+Z」キーの入力で「EOF」を返しましたが、fgets では「NULL」（P.298参照）を返すので注意してください。間違えて「EOF」と書いてしまうと、いつまでもループを終了することができません。

演習

1 「Ctrl+Z」キーが押されるまで文字列を入力し、入力文字列のスペースの箇所で改行して出力するプログラムを作成してください。☆☆

サンプルコード **a6-1-3.c**　　　　実行結果例 **a6-1-3.exe**

```
文字列を入力してください。（終了条件：Ctrl+Z）
red blue white ⏎
入力文字列をスペースで改行して出力します。
red
blue
white
yellow black ⏎
入力文字列をスペースで改行して出力します。
yellow
black
^Z Ctrl + Z ⏎
```

文字列操作関数

String Operations

https://book.mynavi.jp/c_prog/6_2_string/

　C言語には文字列を扱う便利な関数群が用意されています。これらの関数を使えば、文字列の比較やコピーが簡単に行えます。

6.2.1 文字列操作関数とは

　多くのプログラミング言語には文字列型が用意されていますが、C言語にはありません。文字列型があると、代入演算子や加算演算子、関係演算子などを用いて文字列を直接扱うことが可能です。けれども、文字列型のないC言語では文字列操作関数を使わなければなりません。これはとても不便に感じますが、その分、C言語では自由度の高い文字列処理が可能になります。

　文字列操作関数は多数用意されていますが、ここでは、特に使用頻度の高い次の関数を説明します。

　なお、これらを使用するには、<string.h>のインクルードが必要になります。

- ・文字列の長さを取得　　　strlen関数
- ・文字列のコピー　　　　　strcpy関数、strncpy関数
- ・文字列の連結　　　　　　strcat関数、strncat関数
- ・文字列の比較　　　　　　strcmp関数、strncmp関数

6②② 文字列の長さを取得　strlen

strlen関数は文字列の長さを$\overset{\text{サイズ ティ}}{size\_t}$型で返却します。長さに '¥0' は含みません。

size_t型は、<string.h>や<stdio.h>などの中で定義されているサイズを表すための型です。

【使用例】

size_t型はサイズを表す型

```
size_t len;
len = strlen("today");              // "today"の長さをlenに取得
```

"today"の文字列の長さ5が代入される

例

いろいろな文字列の長さを求めてみましょう。

```
01.  /* いろいろな文字列の長さを求めるプログラム */
     入出力関数を使用するためにインクルード
02.  #include <stdio.h>
     文字列操作関数を使用するためにインクルード
03.  #include <string.h>
04.
05.  int main(void)
06.  {
07.     char str1[] = "Spring Sell";
08.     char str2[] = "¥0Summer Vacation";
09.     char str3[] = "Autumn¥tDay";
10.     char str4[] = "Winter" "Sports";
11.
     配列str1 ～ str4の文字列と長さを画面表示
     「¥"」は文字"を表すエスケープシーケンス (P.40)        文字列の長さ取得関数(引数)
12.     printf("¥"%s¥" %zu文字¥n", str1, strlen(str1));
13.     printf("¥"%s¥" %zu文字¥n", str2, strlen(str2));
14.     printf("¥"%s¥" %zu文字¥n", str3, strlen(str3));
15.     printf("¥"%s¥" %zu文字¥n", str4, strlen(str4));
16.
17.     return 0;
18.  }
```

サンプルコード s6-2-1.c ／ **実行結果例 s6-2-1.exe**

```
"Spring Sell" 11文字
"" 0文字
"Autumn Day" 10文字
"WinterSports" 12文字
```

"Spring Sell"は11文字の長さがあります。

"¥0Summer Vacation"は、終了コードの'¥0'が先頭にあるためそれ以降は文字列とはみなされません。文字列の長さは0になります。

"Autumn¥tDay"は、タブを表すエスケープシーケンスの'¥t'が含まれます。'¥t'の長さは1文字なので、長さは11文字ではなく10文字になります。

"Winter" "Sports"のように、""で囲まれた文字列がスペースや改行をはさんで隣り合う場合には、それらの文字列は連結されます。そのため、"WinterSports"という1つの文字列になり、長さは12文字になります。

なお、size_t型をprintfで出力するには%zu変換指定を使います。

6 標準ライブラリ関数

演習

1 文字列を3つ入力し、いちばん長い文字列を表示するプログラムを作成してください。☆

サンプルコード a6-2-1.c ／ **実行結果例 a6-2-1.exe**

```
文字列を3つ入力してください。
today ⏎
yesterday ⏎
tomorrow ⏎
いちばん長い文字列は"yesterday"です。
```

⑥②③ 文字列のコピー strcpy と strncpy

strcpy 関数と strncpy 関数は文字列をコピーする関数です。C言語では、初期化以外で文字型配列に文字列を代入することはできません。初期化後に文字列を格納するにはこれらの関数を使用してください。

strcpy は、文字列1に文字列2をコピーします。'¥0' もコピーするので、その分も考えて文字列1の配列の大きさを宣言してください。

【使用例】

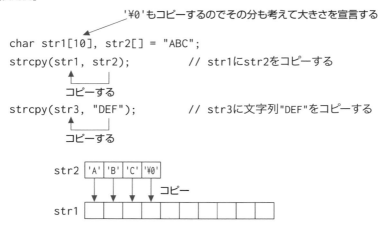

```
char str1[10], str2[] = "ABC";
strcpy(str1, str2);          // str1にstr2をコピーする
strcpy(str3, "DEF");         // str3に文字列"DEF"をコピーする
```

strncpy は、strcpy と異なりコピーする文字数を引数で指定することができます。指定文字数が文字列2よりも小さい場合には '¥0' を付加しないので注意してください。ですから、文字列1をあらかじめ '¥0' でクリアしておく必要があります。

【使用例】

```
char str1[10] = "", str2[] = "ABCDE";
strncpy(str1, str2, 3);          // str1にstr2を3文字分コピーする
```

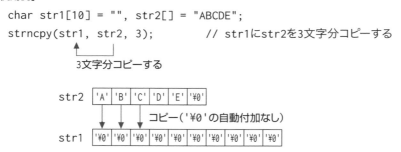

212

1 入力した文字列を文字型配列に指定文字数分コピーするプログラムを作成してください。このとき、指定文字数が文字型配列の大きさを超えないようにしてください。☆

（ヒント）配列の大きさを調べるには、sizeof演算子（P.336参照）を使います。

サンプルコード a6-2-2.c　　　　　　**実行結果例** a6-2-2.exe

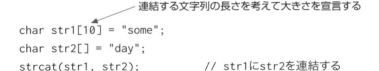

文字列を入力してください。> abcdefghijklmnopqrstuvwxyz ⏎
コピー文字数を入力してください。> 26 ⏎
コピーできる文字数は20文字未満です。

（文字型配列の要素数が20の場合）

6 2 4 文字列の連結　strcatとstrncat

strcat関数とstrncat関数は文字列を連結する関数です。連結したときの長さを考えて、連結元の文字型配列を十分な大きさで宣言してください。

strcatは、文字列1の後ろに文字列2を '¥0' も含めて連結します。

【使用例】

```
                    ┌─ 連結する文字列の長さを考えて大きさを宣言する
char str1[10] = "some";
char str2[] = "day";
strcat(str1, str2);        // str1にstr2を連結する
     ↑
   連結する
```

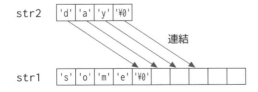

strncatは連結文字数を引数で指定することができます。連結するときに '¥0' を付加します。

【使用例】
```
char str1[10] = "some";
char str2[] = "daybreak";
strncat(str1, str2, 3);        //str1にstr2を3文字分連結する
```

3文字連結する

str2 | 'd' | 'a' | 'y' | 'b' | 'r' | 'e' | 'a' | 'k' | '¥0' | '¥0'

3文字連結   付加

str1 | 's' | 'o' | 'm' | 'e' | '¥0' | | | |

演習1

1 文字列Bに入力された文字列を、20文字ちょうどになるまで、文字列Aに連結するプログラムを作成してください。☆

サンプルコード **a6-2-3.c**   実行結果例 **a6-2-3.exe**

```
文字列を入力してください。> 1234567890 ⏎
文字列A = 1234567890
文字列を入力してください。> abcdefghijklmn ⏎
文字列A = 1234567890abcdefghij
文字列Aの長さ = 20
```

6️⃣2️⃣5️⃣ 文字列の比較　strcmpとstrncmp

strcmp関数とstrncmp関数は2つの文字列を比較します。この比較は一般的に文字コード順で行われ、次の結果を返します。

文字列1 > 文字列2　　：正の値
文字列1 = 文字列2　　：0
文字列1 < 文字列2　　：負の値

【使用例】

```
char str1[] = "ABCD", str2[] = "ABCC";
int rc;
rc = strcmp(str1, str2);        // 文字列を比較する
```

str1のほうが大きいので正の値がrcに代入される

strncmpは、比較する文字数を引数で指定することができます。

【使用例】

```
char str1[] = "ABCD", str2[] = "ABCC";
int rc;
rc = strncmp(str1, str2, 3);        // 文字列を3文字分比較する
```

3文字分の比較では大きさが等しいので0がrcに代入される

例

入力した2つの文字列が等しいかどうか判定するプログラムを見てみましょう。

```
01.  /* 2つの文字列を比較するプログラム */
     入出力関数を使用するためにインクルード
02.  #include <stdio.h>
     文字列操作関数を使用するためにインクルード
03.  #include <string.h>
04.
05.  int main(void)
06.  {
07.    char str1[20], str2[20];
08.
09.    printf("文字列を2つ入力してください。¥n");
10.    scanf("%19s%19s", str1, str2);
       もしstr1とstr2が等しいなら
         文字列比較関数(引数)
11.    if (strcmp(str1, str2) == 0) {
12.      printf("2つの文字列は等しいです。¥n");
13.    }
```

6

標準ライブラリ関数

```
          そうではないなら
14.     else {
15.       printf("2つの文字列は等しくありません。¥n");
16.     }
17.
18.     return 0;
19.   }
```

文字列を2つ入力してください。
book ↵
books ↵
2つの文字列は等しくありません。

　11行目では、if文の条件式に直接strcmpを記述しています。strcmpは、通常は2つの文字列が等しいかどうかを判定するので、返却値を変数に代入したりせずに、このように書くことが普通です。また、!演算子（P.125参照）を使って次のように書くのも一般的です。

```
if (!strcmp(str1, str2))
```

演習　**1** 文字列を5回入力して、いちばん大きな文字列を求めるプログラムを作成してください。☆☆

文字列を入力してください。＞ Kyoto ↵
文字列を入力してください。＞ Osaka ↵
文字列を入力してください。＞ Tokyo ↵
文字列を入力してください。＞ Nagoya ↵
文字列を入力してください。＞ Sendai ↵
いちばん大きな文字列は"Tokyo"です。

 **補足コラム**

strcpy関数とstrcat関数の注意点

　この節で取り上げた strcpy 関数と strcat 関数は、コピーや連結の文字数を指定できません。そのため、領域を超えてコピーや連結を行い、プログラムを破壊する危険があります。ですから、標準入力からの文字列を扱う場合には、次のように文字数を確認してから処理を行ってください。

```c
char str1[20] = "", str2[100];
scanf("%99s", str2);
if (sizeof(str1) > strlen(str2)) {
  //配列サイズ > コピー文字数なら全部コピー
  strcpy(str1, str2);
}
else {
  //コピー可能な文字数分だけコピーする
  strncpy(str1, str2, sizeof(str1) - 1);
}
```

　なお、C11 からは、安全に文字列のコピーと連結を行うことのできる strcpy_s と strcat_s が追加されました。これらの関数は、コピーや連結先の配列のサイズを超えた場合、処理を実行しません。strcpy_s を使うと、上記の例は次のように書き換えることができます。

```c
strcpy_s(str1, sizeof(str1), str2);
```

　　　　　　 ↑　　　　 ↑　　　　　　　 ↑
　　　　　コピー先　コピー先の　　　コピーする文字列
　　　　　　　　　　サイズ

6

標準ライブラリ関数

文字操作関数

Character Class Testing and Conversion

解説動画 https://book.mynavi.jp/c_prog/6_3_charconv/

処理系に依存しないで文字を扱うには、文字操作関数を使う必要があります。

6❸❶ 文字操作関数とは

本書では、文字コードにASCIIを用いて説明しています。そのため、英大文字かどうかを調べるのに、

```
if (ch >= 'A' && ch <= 'Z')
```

と書いたり、英大文字を小文字に変換するのに、

```
ch += ('a' - 'A');
```

と書いたりしました。これは、ASCIIの大文字が0x41〜0x5aに、小文字が0x61〜0x7aに連続して割り当てられていることを利用しています（P.84参照）。けれども、世の中には多くの文字コードが存在し、ASCIIを使用しない処理系もたくさんあります。そのような処理系では、上記のような判定や変換はできません。そのため、C言語の処理系には、文字を検査したり、変換したりする関数群が用意されています。それが、文字操作関数です。

文字操作関数を使用するためには、<ctype.h>のインクルードが必要になります。

6.3.2 文字の検査　is～

C言語には、isからはじまるたくさんの文字検査関数が用意されています。これらは、該当する文字であるかどうかを判定し、真なら0以外、偽なら0を返却します。

表6-3-1　文字検査関数

関　数	説　明
isalnum （イズアルナム）	文字cが英数字（'A'〜'Z'、'a'〜'z'、'0'〜'9'）なら真
isalpha （イズアルファ）	文字cが英文字（'A'〜'Z'、'a'〜'z'）なら真
isdigit （イズデジット）	文字cが10進数字（'0'〜'9'）なら真
islower （イズロウアー）	文字cが英小文字（'a'〜'z'）なら真
isupper （イズアッパァ）	文字cが英大文字（'A'〜'Z'）なら真
isxdigit （イズエックスデジット）	文字cが16進数字（'0'〜'9'、'A'〜'F'、'a'〜'f'）なら真
iscntrl （イズコントロール）	文字cが制御文字（0x00〜0x1f、0x7f）なら真
isprint （イズプリント）	文字cが印字可能な文字（0x20〜0x7e）なら真
isgraph （イズグラフ）	文字cが図形文字（0x21〜0x7e）なら真
ispunct （イズパンクト）	文字cが区切り文字（0x21〜0x2f、0x3a〜0x40、0x5b〜0x60、0x7b〜0x7e）なら真
isspace （イズスペース）	文字cが空白類文字（0x09〜0x0d、0x20）なら真

※参考までに（ ）内にASCIIを示します。

英数字かどうかを判定するisalnum関数を例に使い方を見てみましょう。isalnumは、文字cが英数字（'A'〜'Z'、'a'〜'z'、'0'〜'9'）なら真（0以外の値）を返し、文字cが英数字以外なら偽（0）を返します。

【使用例】

```
int c = 'A';            int型の文字を指定する
int rc;
rc = isalnum(c);        // 英数字かどうかの判定
```

判定結果は真なので、0以外の値がrcに代入される

文字検査関数を使用したプログラムを見てみましょう。

```
01.   /* 入力文字を検査するプログラム */
```
入出力関数を使用するためにインクルード
```
02.   #include <stdio.h>
```
文字操作関数を使用するためにインクルード
```
03.   #include <ctype.h>
04.
05.   int main(void)
06.   {
07.     int ch;
08.
09.     printf("文字を入力してください。 > ");
```
変数chに文字を入力
```
10.     ch = getchar();
```
もし変数chが英大文字なら
英大文字検査関数(引数)
```
11.     if (isupper(ch)) {
12.       printf("英大文字を入力しました。¥n");
13.     }
```
そうではなくてもし変数chが英小文字なら
英小文字検査関数(引数)
```
14.     else if (islower(ch)) {
15.       printf("英小文字を入力しました。¥n");
16.     }
```
そうではなくてもし変数chが数字なら
数字検査関数(引数)
```
17.     else if (isdigit(ch)) {
18.       printf("数字を入力しました。¥n");
19.     }
```
そうではないなら
```
20.     else {
21.       printf("英数字以外を入力しました。¥n");
22.     }
23.
24.     return 0;
25.   }
```

サンプルコード s6-3-1.c　　　　　　　　**実行結果例** s6-3-1.exe

```
文字を入力してください。> s ↵
英小文字を入力しました。
```

　このプログラムには3つの文字検査関数が含まれています。getcharで入力した文字を引数に呼び出すと、判定が真なら0以外を、偽なら0を返却します。それをif文で制御し、メッセージを表示しています。

　これらのif文は、

```
if (isupper(ch) != 0) {
```

のように書いてもかまいませんが、s6-3-1.cのように、「!= 0」を省略して、

```
if (isupper(ch)) {
```

と書くのが一般的です。

演習

文字検査関数を使って以下のプログラムを作成してください。

1 ASCIIのうち印字の可能な文字を表示するプログラムを作成してください。なお、その際、英数字以外の文字は[]で囲んでください。☆

サンプルコード a6-3-1.c　　　　　　　　**実行結果例** a6-3-1.exe

```
[ ][!][“][#][$][%][&][‘][(][)][*][+][,][-][.][/]0123456789[:][;][<][=][>][?][@]AB
CDEFGHIJKLMNOPQRSTUVWXYZ[[][¥][]][^][_][`]abcdefghijklmnopqrstuvwxyz[{][|][}][~]
```

2 入力した文字列の中に英大文字がいくつ入っているか調べるプログラムを作成してください。☆

サンプルコード a6-3-2.c　　　　　　　　**実行結果例** a6-3-2.exe

```
文字列を入力してください。> ProgramingLanguageC ↵
ProgramingLanguageCに大文字は3個あります。
```

6

標準ライブラリ関数

6③③ 文字の変換　to～

　文字変換関数には、小文字を大文字に変換する toupper 関数と、大文字を小文字に変換する tolower 関数の2種類が用意されています。

　toupper を例に使い方を見てみましょう。toupper は、引数で渡した文字が小文字なら大文字に変換した文字を、小文字以外ならそのままの文字を返します。

【使用例】

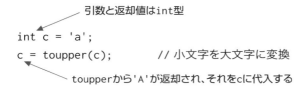

引数と返却値はint型

```
int c = 'a';
c = toupper(c);          // 小文字を大文字に変換
```

toupperから'A'が返却され、それをcに代入する

例

　「Ctrl+Z」キーが押されるまで、キーボードから入力した大文字を小文字に変換するプログラムを見てみましょう。

```
01.  /* 大文字を小文字に変換するプログラム */
     入出力関数を使用するためにインクルード
02.  #include <stdio.h>
     文字操作関数を使用するためにインクルード
03.  #include <ctype.h>
04.
05.  int main(void)
06.  {
07.    int c;
08.
09.    printf("英文字を入力してください。(終了条件：Ctrl+Z)¥n");
       「Ctrl+Z」キーが押されるまで変数cに文字を繰り返し入力する
10.    while ((c = getchar()) != EOF) {
         もし入力文字が改行なら以下の処理をスキップする (P.192参照)
11.      if (c == '¥n') continue;
         入力文字を小文字に変換する
         変数 = 小文字変換関数(引数)
12.      c = tolower(c);
```

222

```
13.     printf("小文字変換 = %c¥n", c);
14.   }
15.
16.   return 0;
17. }
```

サンプルコード s6-3-2.c　　　　　　　　**実行結果例** s6-3-2.exe

```
英文字を入力してください。(終了条件：Ctrl+Z)
A ⏎
小文字変換 = a
B ⏎
小文字変換 = b
c ⏎
小文字変換 = c
# ⏎
小文字変換 = #
^Z Ctrl + Z ⏎
```

　このプログラムは、12行目で入力した文字を小文字に変換しています。tolowerは大文字以外の文字はそのまま変換せずに返します。

　なお、getcharは改行（'¥n'）も文字として入力します。改行をtolowerに渡さないように、11行目では、'¥n' をcontinueでスキップしています。

演習 ┊ 文字変換関数を使って以下のプログラムを作成してください。

1 入力した文字列の大文字は小文字に、小文字は大文字に変換する
　　プログラムを作成してください。☆☆

サンプルコード a6-3-3.c　　　　　　　　**実行結果例** a6-3-3.exe

```
文字列を入力してください。> ProgramingLanguageC ⏎
変換文字列 = pROGRAMINGlANGUAGEc
```

文字コード

　本書ではASCIIを使って説明をしていますが、それ以外にもたくさんの文字コードが存在します。日本で使われている主な文字コードを確認してみましょう。

(1) 1バイト系文字コード（半角英数字を扱うコード）

①ASCII（American Standard Code for Information Interchange）

　1963年ANSI（アメリカ規格協会）により制定されました。128種類の英字、数字、記号、制御コードで構成された7ビットコードで、コンピュータ用の英数字のコードとしてもっとも普及しています。

②ISO（International Organization for Standardization）コード

　ISO 646は、1967年ISO（国際標準化機構）により制定された7ビットコードです。ASCIIの一部を変更することで、各国の言語に対応できるようにしています。日本ではJIS X0201で、ASCIIのバックスラッシュ（\）を円記号（¥）に、チルダ（~）をオーバーライン（‾）に割り当てています。

③JIS（Japan Industrial Standard）コード

　JIS X0201は、1976年JIS（日本工業規格）として制定されました。ISO 646に半角カタカナを拡張した8ビットコードです。

④EBCDIC（Extended Binary Coded Decimal Interchange Code）

　IBM社が制定した8ビットコードで、汎用大型コンピュータなどで利用されています。英字コードが連続していない、数値が英字よりも大きなコードである、記号が分散して配置されている、などの点でASCIIとは異なっています。

(2) 2バイト系文字コード（漢字を扱うコード）

①JIS漢字コード

　1978年にJIS C 6226として制定されました。使用頻度の高い漢字（第一水準）2965字、頻度の低い漢字（第二水準）3384文字（現在3390文字）が制定されています。1987年にJIS X 0208に改名されました。

　　JIS漢字コードとASCIIはコードが重複するため、それぞれの開始をエスケープシーケンスによって切り替えます。

②シフトJIS（MS漢字コード）

　　マイクロソフトが制定した漢字コードで、MS-DOS、Windows、Macintoshなどで用いられ、パソコンの標準文字コードとして広く普及しています。

　　ASCIIや半角カタカナと重複しないように漢字のコードを割り当て、エスケープシーケンスを使わずに漢字を混在させます。

③EUC（Extended UNIX Code）

　　UNIXでマルチバイトの文字を扱うための文字コードで、1985年にAT&Tが制定しました。日本語だけでなく、中国語や韓国語にも対応しており、日本語のEUCを「EUC-JP」「日本語EUC」と呼びます。

④Unicode

　　アップルコンピュータ、IBM、マイクロソフトなどが各国語に対応するために提唱し、1993年にISOで国際規格として採用されました。

　　すべての文字を2バイトで表すため、日本と中国などで使用される字体の異なる漢字が、同じコードに割り当てられているなどの問題点が残っています。

6

標準ライブラリ関数

数学関数

Mathematical Functions

解説動画 https://book.mynavi.jp/c_prog/6_4_mathematical/

　数学は難しいと敬遠する人が多いかもしれませんが、プログラミングでは解法が定型化されていて、数学関数を使うと複雑な計算の答えも簡単に求めることができます。

6.4.1 数学関数とは

　数学関数はさまざまな計算を行う関数で、使用するには<math.h>(マス エイチ)のインクルードが必要です。

　C言語には多くの数学関数が用意されていますが、本書ではよく用いられる次の関数について説明します。

・平方根の値を求める　　　　　　　　　　　　sqrt関数(スクエアルート)
・xのy乗の値を求める　　　　　　　　　　　　pow関数(パワー)
・サイン、コサイン、タンジェントを求める　　sin関数(サイン)、cos関数(コサイン)、tan関数(タンジェント)

6.4.2 平方根の値を求める　sqrt

　sqrt関数は、平方根を返却します。

【使用例】

```
double y, x = 2.0;          引数は非負の浮動小数点値

y = sqrt(x);          // 2.0の平方根をyに取得

        2.0の平方根1.414214が代入される
```

演習

1 直角三角形の辺aとbを入力し、辺cの長さを求めるプログラムを作成してください。☆

（ヒント）三平方の定理「$a^2 + b^2 = c^2$」を利用します。

サンプルコード a6-4-1.c　　　　**実行結果例** a6-4-1.exe

```
辺a > 3.0 ↵
辺b > 4.0 ↵
辺c = 5.000000
```

6⃣4⃣3⃣ xのy乗の値を求める　pow

pow関数は、xのy乗を返却します。

【使用例】

```
double x = 2.0;        // 底
double y = 3.0;        // 指数
double z;

z = pow(x, y);         // 2.0の3.0乗をzに取得
```

← 2.0の3.0乗の8.0が代入される

演習

1 半径を入力し、球の体積を求めるプログラムを作成してください。☆

（ヒント）球の体積を求める公式「$V = (4/3)\pi r^3$」を利用します。4/3は整数÷整数になることに注意してください。

サンプルコード a6-4-2.c　　　　**実行結果例** a6-4-2.exe

```
半径を入力してください。> 3.0 ↵
半径3.000000の球の体積は113.097240です。
```

6.4.4 サイン、コサイン、タンジェントを求める sin、cos、tan

sin関数は、サイン（正弦）を返却します。cos関数は、コサイン（余弦）を返却します。tan関数は、タンジェント（正接）を返却します。

【使用例】

```
double y;
```

角度はラジアンで指定する

```
y = sin(90.0 * 3.14159 / 180.0);      // 90°のサイン値を求める
```

90°のサイン1.0が代入される

例

0°〜180°まで15°おきにサイン、コサイン、タンジェントを求めてみましょう。

```
01.   /* サイン、コサイン、タンジェントを求めるプログラム */
      入出力関数を使用するためにインクルード
02.   #include <stdio.h>
      数学関数を使用するためにインクルード
03.   #include <math.h>
04.
      πをマクロ名で定義する
05.   #define MPI 3.14159      // π
06.
07.   int main(void)
08.   {
09.      double  x, r, y1, y2, y3;
10.
11.      printf( "   x     sin(x)      cos(x)       tan(x)¥n" );
         変数xを0.0から180.0まで15.0刻みに増加
12.      for ( x = 0.0; x <= 180.0; x += 15.0 ) {
         度をラジアンに変換する
13.         r = x * MPI / 180.0;
         変数y1にx°のサイン値を代入する
         変数 = サイン値取得関数(引数)
14.         y1 = sin(r);
         変数y2にx°のコサイン値を代入する
         変数 = コサイン値取得関数(引数)
15.         y2 = cos(r);
```

```
              変数y3にx°のタンジェント値を代入する
              変数 = タンジェント値取得関数(引数)
16.     y3 = tan(r);
17.     printf("%6.2f %12.5f %12.5f %12.5f¥n", x, y1, y2, y3);
18.    }
19.
20.    return 0;
21.  }
```

サンプルコード s6-4-1.c　　　　　　**実行結果例** s6-4-1.exe

```
   x         sin(x)       cos(x)        tan(x)
  0.00      0.00000      1.00000       0.00000
 15.00      0.25882      0.96593       0.26795
 30.00      0.50000      0.86603       0.57735
 45.00      0.70711      0.70711       1.00000
 60.00      0.86602      0.50000       1.73205
 75.00      0.96593      0.25882       3.73203
 90.00      1.00000      0.00000 753695.99514
105.00      0.96593     -0.25882      -3.73207
120.00      0.86603     -0.50000      -1.73206
135.00      0.70711     -0.70711      -1.00000
150.00      0.50000     -0.86602      -0.57735
165.00      0.25882     -0.96593      -0.26795
180.00      0.00000     -1.00000      -0.00000
```

6

標準ライブラリ関数

　13行目では、度をラジアン（1ラジアン＝$360°/2\pi$）に変換しています。90°のタンジェントは無限大のため、実行結果例のように大きな値が表示されます。πの精度を上げるとさらに大きな数値になります。

　なお、このプログラムではforのインデックス変数にdouble型のxを使用していますが、浮動小数点型の場合も、整数部に誤差は生じません。

1 三角形ABCにおいて、辺b、辺c、角度Aを入力し、辺aを求めるプログラムを作成してください。☆☆

（ヒント）余弦定理「$a^2 = b^2 + c^2 - 2bc \cdot \cos A$」
を利用します。

サンプルコード **a6-4-3.c**　　　実行結果例 **a6-4-3.exe**

```
辺b > 3.0 ↵
辺c > 4.0 ↵
角度A > 60.0 ↵
a ≒ 3.605549
```

6.5 一般ユーティリティ関数

Utility Functions

解説動画　https://book.mynavi.jp/c_prog/6_5_utility/

　ここで学習する rand 関数を使えるようになると、数当てゲームやジャンケンのようなゲーム性のあるプログラムを作ることができます。コンピュータとの対戦はなかなか楽しいものですよ。

6.5.1 一般ユーティリティ関数とは

　数値変換や記憶の割り当てなどを行う関数群が一般ユーティリティ関数です。<stdlib.h>をインクルードする必要があります。

　本書では、以下の一般ユーティリティ関数を説明します。

・文字列を数値に変換する　　atoi 関数、atof 関数
・擬似乱数を発生する　　　　rand 関数、srand 関数

6.5.2 文字列を数値に変換する　atoi、atof

　atoi 関数と atof 関数は文字列を数値に変換します。

　たとえば atoi は、下図のように文字列を int 型の整数値に変換することができます。

図6-5-1　atoi の動作例

整数値で扱うデータは最初からint型で用意しておけばいいので、わざわざこのような変換を行う必要はなさそうですが、実はこれらの変換関数は出番が多いのです。

　P.104でscanf関数は変換指定にあてはまらないデータを入力すると、バッファのデータをそのまま残し、動作を終了してしまうことを説明しました。それを避けるために、文字列で入力を行い、atoiやatofを使って数値に変換することがよく行われます。

　また、main関数へ値を直接渡すことができるコマンドライン入力と呼ばれる方法（P.307参照）があるのですが、このとき渡せる値は文字列に限ります。コマンドライン入力をした値を数値として使いたい場合には、これらの関数を使って変換する必要があります。

　それでは、atoiの使用例を見てみましょう。

【使用例】

```
int i;
char s[] = "123";
i = atoi(s);              // 文字列をint型に変換
```
　　　　　　↖ int型の123が代入される

atofも返却値型がdoubleになるだけで動作は同じです。

【使用例】

```
double x;
x = atof("123.456");      // 文字列をdouble型に変換
```
　　　　　　↖ double型の123.456が代入される

例

では、scanfにより整数値を繰り返し入力してみましょう。

```
01.  /* 繰り返し整数値を入力するプログラム */
     入出力関数を使用するためにインクルード
02.  #include <stdio.h>
     一般ユーティリティ関数を使用するためにインクルード
03.  #include <stdlib.h>
```

```
04.
05.   int main(void)
06.   {
07.     int n;
08.     char s[20];
09.
10.     printf("整数値を入力してください。（終了条件：負の値）¥n");
```
繰り返しのはじまり
```
11.     do {
12.       printf("> ");
13.       scanf("%19s", s);
```
文字列sを数値に変換して変数nに代入する
変数 = 整数値変換関数(引数)
```
14.       n = atoi(s);
15.       printf("%dが入力されました。¥n", n);
```
0以上の値を入力している間繰り返す
```
16.     } while (n >= 0);
17.
18.     return 0;
19.   }
```

サンプルコード s6-5-1.c　　　　　　　**実行結果例 s6-5-1.exe**

```
整数値を入力してください。（終了条件：負の値）
> 123 ↵
123が入力されました。
> a ↵
0が入力されました。
> 456 ↵
456が入力されました。
> -1 ↵
-1が入力されました。
```

6

標準ライブラリ関数

13行目でいったん文字型配列sに文字列を入力し、14行目ではatoiで
int型の整数値に変換しています。そのため、入力を誤って英字を入力し
てもプログラムは暴走しません。そうした処理をせずに、もし%d変換指定
に英字を入力すると、scanfは英字をバッファに残して動作を終了してし
まいます。つまり、バッファに残った英字を見ては終了、という動作を永
遠に続けてしまい、プログラムが暴走してしまいます。

演習

1 "end"が入力されるまでテストの点数を繰り返し入力し、0点から100点まで10点刻みで人数を調べるプログラムを作成してください。☆☆☆

（ヒント）人数を数えるには配列を利用します。

サンプルコード a6-5-1.c　　　　　　　**実行結果例** a6-5-1.exe

```
点数を入力してください。（終了条件："end"）
> 97 ↵
> 88 ↵
> 80 ↵
> 100 ↵
> end ↵
100点は          1人
90〜99点は        1人
80〜89点は        2人
70〜79点は        0人
60〜69点は        0人
50〜59点は        0人
40〜49点は        0人
30〜39点は        0人
20〜29点は        0人
10〜19点は        0人
 0〜 9点は        0人
```

6 5 3 擬似乱数を発生する　rand、srand

　ゲーム性のあるプログラムを作成する場合、不規則な値が必要になります。C言語では、rand関数を使うことによりランダムな値を得ることができます。このコンピュータが作り出すランダムな値を擬似乱数と呼びます。

【使用例】

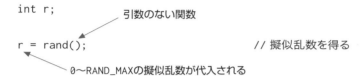

```
int r;
                        引数のない関数

r = rand();                              // 擬似乱数を得る

          0～RAND_MAXの擬似乱数が代入される
```

　randで返される擬似乱数は、0～RAND_MAXまでの値です。このRAND_MAXは処理系により異なりますが32767以上と決められています。たとえばジャンケンのプログラムを作成する場合にはグー、チョキ、パーの3通りの擬似乱数があればよいのでrandで生成した擬似乱数を加工する必要があります。この場合、一般に%演算子（P.110）を使って以下のようにします。

```
int r;
r = rand() % 3;        // 0 ～2 の擬似乱数
```

3で割った余りは2以下になりますね。1～3の擬似乱数がほしい場合には+1して、

```
int r;
r = rand() % 3 + 1;    // 1 ～3 の擬似乱数
```

とします。また、1以下の擬似乱数を得るには、RAND_MAXで割って、

```
double r;
r = (double)rand() / RAND_MAX;    // 0.0～1.0以下の擬似乱数
```

とします。この場合、整数どうしの演算になるのでdoubleでキャスト（P.132）することを忘れないでください。

では、1〜10の擬似乱数を表示するプログラムを書いてみましょう。

```
01.    /* 1 〜 10の擬似乱数を表示するプログラム */
           入出力関数を使用するためにインクルード
02.    #include <stdio.h>
           一般ユーティリティ関数を使用するためにインクルード
03.    #include <stdlib.h>
04.
05.    int main(void)
06.    {
               変数iを1から10まで1刻みに増加
07.        for (int i = 1; i <= 10; i++) {
               1〜10の擬似乱数を画面表示
               擬似乱数生成関数()    剰余演算子 10 加算演算子 1
08.            printf("%d ", rand() % 10 + 1);
09.        }
10.
11.        return 0;
12.    }
```

サンプルコード s6-5-2.c　　　　　　　　**実行結果例 s6-5-2.exe**

```
2 8 5 1 10 5 9 9 3 5
```

（環境により異なります）

　1〜10の擬似乱数が表示されましたね。けれども、このプログラムを連続して実行しても、同じパターンでしか擬似乱数を発生しません。これでは、ゲームのプログラムには使えませんね。実行するたびに異なるパターンで擬似乱数を発生させるには、srand関数を使う必要があります。

　randが発生させる擬似乱数はsrandが与えるseed（種）で決まり、同じseedを与えると同じパターンで擬似乱数が発生します。srandを呼ばない場合にはseedに1を与えたのと同じになるので、何回実行しても毎回seedが1の擬似乱数を発生します。

　実行のたびに異なるパターンで擬似乱数を発生させるには、通常time関数を使って現在時刻を取得し、それをseedにしてsrandを呼びます。現在時刻は毎秒異なるので、新しいパターンで擬似乱数を発生させることができます。

【使用例】

```
#include <time.h>      ←time関数を使うために必要
#include <stdlib.h>

                        引数はNULL（P.298参照）を入れる

srand((unsigned)time(NULL));        // 現在時刻をseedにする

                        timeが返却する時刻はtime_t型なので、
                        srandの引数型であるunsigned型（P.324）でキャストする
```

　ところで、コンピュータの処理は大変に速いので、繰り返し処理の中でrandと一緒にsrandを呼ぶようなことはしないでください。時刻が変わらずに同じseedで擬似乱数を発生し続けてしまいます。srandを呼ぶのはプログラムの先頭一回で十分です。

6

標準ライブラリ関数

例

s6-5-2.c を srand を加えて書き直してみましょう。

```
01.   /* 1 ～ 10の擬似乱数を表示するプログラム（修正版） */
      入出力関数を使用するためにインクルード
02.   #include <stdio.h>
      一般ユーティリティ関数を使用するためにインクルード
03.   #include <stdlib.h>
      日付と時刻の関数を使用するためにインクルード
04.   #include <time.h>
05.
06.   int main(void)
07.   {
      現在時刻を種に擬似乱数系列を設定する
      擬似乱数系列設定関数((キャスト)現在時刻の取得関数(NULL))
08.     srand((unsigned)time(NULL));
09.
10.     for (int i = 1; i <= 10; i++) {
11.       printf("%d ", rand() % 10 + 1);
12.     }
13.
14,     return 0;
15.   }
```

サンプルコード s6-5-3.c   **実行結果例** s6-5-3.exe

```
8 2 7 7 1 6 2 6 8 3
```

（環境により異なります）

今度は実行のたびに異なるパターンで擬似乱数が表示されますね。

演習

1 コンピュータが出題する計算に答えるプログラムを作成してください。演算は2値a、bの加算、減算、剰余算とし、a、bは1〜100までの整数値でかつ（a >= b）の関係にあるものとしてください。☆☆

| サンプルコード　a6-5-2.c | 実行結果例　a6-5-2.exe |

```
51 + 28 の結果は？ ＞ 89 ⏎
不正解です。答えは79です。
```

2 コンピュータとじゃんけんをするプログラムを作成してください。このとき、勝敗は2次元配列に格納した結果から得るようにしてください。☆☆☆

（ヒント）3×3の2次元配列に、ユーザーとコンピュータの勝敗を次のように数値で初期化し、利用してください。

0：あいこ　1：ユーザーの勝ち　2：ユーザーの負け

| サンプルコード　a6-5-3.c | 実行結果例　a6-5-3.exe |

```
じゃん、けん、ぽん！（1:グー 2:チョキ 3:パー）＞ 1 ⏎
あなたはグー
コンピュータはグー
あいこです。
```

6

標準ライブラリ関数

知っていると便利な関数

　標準ライブラリ関数の数は大変に多いので、本書でそのすべてを紹介することはできません。けれども、今まで説明した以外にも便利な関数はたくさんあります。このコラムでは、知っていると便利な関数を紹介します。使い方は各種マニュアルで確認してください。

　なお、ファイル入出力関数については11章で詳しく説明します。

(1) 文字列への入出力　ヘッダファイル：`stdio.h`

atoiやatofは文字列を数値に変換する関数でしたが、その逆の処理をしてくれるのが`snprintf`です。snprintfは変換指定を変えるだけでいろいろな型を文字列に変換することができます。一方、`sscanf`は文字列を指定した型に変換してくれます。これら2つの関数は、printfやscanfと同様の処理を文字列に対して行います。

(2) 文字列を数値に変換　ヘッダファイル：`stdlib.h`

`strtod`、`strtol`、`strtoul`は文字列をそれぞれdouble型、long型（P.323参照）、unsigned long型（P.324参照）の値に変換する関数です。atoiやatofでは行えなかったエラー検出や基数の指定ができます。より厳密に文字列から数値に変換するときに用いるといいでしょう。

(3) 日付および時間　ヘッダファイル：`time.h`

現在時刻を取得する`time`や、その時刻を見やすい形式に変換する`localtime`、`ctime`、`asctime`があります。また、2つの時刻の差を取得するには、`clock`や`difftime`を使います。

(4) 記憶域管理　ヘッダファイル：`stdlib.h`

配列は宣言時に要素数を決定する必要がありますが、`malloc`、`calloc`を使うとプログラムの実行中に自由に必要な領域をメモリ上に確保することができます。`realloc`でさらにその大きさを変更することもできます。なお、確保した領域は`free`で解放しなければいけません。

（5）文字列の検索と分解　ヘッダファイル：`string.h`

strstrは文字列から指定された文字列を検索します。strchrは文字列の
前から、strrchrは後ろから、指定された文字を検索します。strtok_s
（C11）は文字列を区切り文字で分解します。

（6）整列と探索　ヘッダファイル：`stdlib.h`

qsort_s（C11）は配列要素の整列を行います。bsearch_s（C11）は配列
要素から指定した要素を探索します。どちらも使い方の少々難しい関数
ですが、使いこなせるようになると大量のデータを扱うのに重宝します。

第6章　まとめ

① C言語には多くの標準ライブラリ関数が用意されています。
② 標準ライブラリ関数を使うにはそれぞれに決められたヘッダ
　ファイルのインクルードが必要です。
③ 標準入出力関数はキーボードからの入力とディスプレイへの出
　力を行います。
④ 文字列の複写や連結、比較には文字列操作関数を使います。
⑤ 処理系に依存しないで文字を扱うには、文字操作関数を使い
　ます。
⑥ 複雑な計算も数学関数を使うと簡単に行うことができます。
⑦ 一般ユーティリティ関数には、文字列を数値に変換する関数や
　擬似乱数を生成する関数が含まれています。

さらなる理解のために

基本的なアルゴリズム

　プログラミングには有名なアルゴリズムがたくさん存在します。初心者に知っておいてもらいたいアルゴリズムを列記してみましょう。

(1) ソート（並べ替え）の基本的なアルゴリズム

・バブルソート（基本交換法）：隣り合う要素を順番に比較し、大小関係が異なるものを入れ替えながら整列します。

・基本選択法：要素の中からいちばん小さな（大きな）要素を見つけることにより整列します。

・基本挿入法：要素の大きさを順に比較挿入しながら並べ替えていきます。

(2) 探索の基本的なアルゴリズム

・線形探索法：P.197を参照してください。

・二分探索法：P.197を参照してください。

(3) 数値計算の基本的なアルゴリズム

・二分法：高次方程式を、解の存在する範囲を2等分していき近似値を求めます。

・台形則：曲線に囲まれた図形の面積を、細かな台形に分割し、その面積を加算することで求めます。

(4) その他

・エラトステネスのふるい：ふるい（配列）に入れた整数を2の倍数から順にnの倍数まで消去し、残った数を素数とします。

・モンテカルロ法：円周率や円の面積などの近似値を膨大な乱数を発生させて求めます。

　まだまだたくさんあります。代表的なアルゴリズムには先代たちの知恵が詰まっています。ぜひ、時間をつくって勉強してみましょう。

第7章 ポインタの仕組み

メモリのアドレスについて理解するとともにポインタを正しく使いこなせるようになりましょう。ポインタはなかなか理解しづらい概念です。順を追ってていねいに解説しますので、じっくりと学習してください。

はじめに

　想像してみてください。みなさんは今、メモリという大海の真ん中にいます。右を向いても左を向いてもまわりはメモリです。ふと前のほうを見ると、お目当てのデータがあります。どうにかしてそのデータを取りたいのですが、手を伸ばしても届きません。思案していると何やらテレビのリモコンのようなものを握っているのに気がつきます。そのボタンを押すと数字を入力することができます。ためしにお目当てのデータが格納されているメモリのアドレスを入力してみました。すると、そのデータを動かすことができるではありませんか。別のアドレスを入れてみると、今度はそこのデータが動かせます。

　実は、これから学習するポインタは、このリモコンのようなものなのです。ポインタにアドレスを設定すると、そのアドレスに格納されているデータに間接的にアクセスすることができます。正しくポインタを使いこなせるようになると、メモリ上のデータに自在にアクセスすることが可能になります。けれども、使い方を間違えると、アクセスしてはいけないデータまで操作してしまい、プログラムが暴走しかねません。ポインタの正しい使い方を習得し、データを自在に操ってみましょう。

アドレスとは

Address

解説動画　https://book.mynavi.jp/c_prog/7_1_address/

　ポインタを学習するには、まずアドレスについて理解する必要があります。アドレスはメモリに割り当てられた住所です。コンピュータはデータの場所をアドレスで識別します。

7.1.1　アドレスの基本

　コンピュータのメモリには、0番地、1番地、2番地……と1バイトごとにアドレス（番地）がつけられています。変数や配列を宣言するとメモリに区画が用意されますが、それらにはアドレスがあるのです。アドレス演算子「 & 」を使うと、変数や配列のアドレスを取得することができます。

例

　ではさっそく変数のアドレスを表示してみましょう。

```
01.   /* 変数の値とアドレスを表示するプログラム */
02.   #include <stdio.h>
03.
04.   int main(void)
05.   {
06.      int a = 123;
07.
08.      printf("aの値 : %d¥n", a);
09.      printf("aのアドレス : %p¥n", &a);
```

08. 変数aの値を画面表示

09. 変数aのアドレスを画面表示　アドレス

```
10.
11.    return 0;
12.  }
```

```
aの値       : 123
aのアドレス : 000000000061FE1C
```

（環境により異なります）

8行目では変数aの値を表示しています。変数名はそのまま変数の値を示します。

9行目では変数aのアドレスを表示しています。アドレス演算子 (&) を変数名の前につけると変数のアドレスを取り出すことができます。アドレスをprintfで出力するには%p変換指定を使います。なお、実行結果例で表示されているアドレスは、筆者のPCのWindows 10でMinGW (GCC) を用いて出力したものです。これは環境により異なります。

図7-1-1 変数の値とアドレスの例

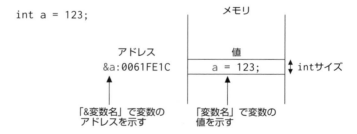

配列の各要素のアドレスもアドレス演算子を使って取得することができます。

```
char str[3] = "AB";
```

の場合、それぞれの要素のアドレスは、「&str[0]」、「&str[1]」、「&str[2]」で表します。そして、配列名の「str」だけで先頭要素のアドレスを示します。筆者の環境でプログラムを組んで確認してみると、上記の配列のアドレスは、0061FE1D、0061FE1E、0061FE1Fでした。

図7-1-2 配列の値とアドレスの例

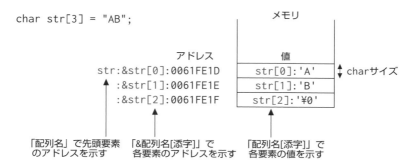

2次元配列の場合はどうでしょう。2次元配列は、1次元配列よりもさらに複雑です。

```
char str[2][2] = {"A", "C"};
```

の場合で考えてみましょう。

各要素のアドレスはアドレス演算子を用いて取り出しますが、0行目の先頭要素のアドレスは「str[0]」で、1行目の先頭要素のアドレスは「str[1]」で取得できます。そして「str」で配列の先頭要素のアドレスを取り出すことができます。筆者の環境では次のようなアドレスが取得できました。

図7-1-3 2次元配列の値とアドレスの例

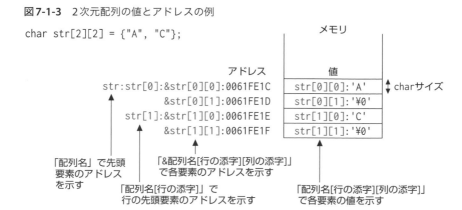

7.1.2 値とアドレスの表現

7.1.1項では、変数から1次元配列と2次元配列の要素まで、それぞれの値とアドレスを取得する方法を説明しました。少々複雑になってきたので整理しておきましょう。

表7-1-1 値とアドレスの表現

	表 現	意 味
変数	変数名	変数の値を示す
	&変数名	変数のアドレスを示す
1次元配列	配列名［添字］	要素の値を示す
	&配列名［添字］	要素のアドレスを示す
	配列名	先頭要素のアドレスを示す
2次元配列	配列名［行］［列］	要素の値を示す
	&配列名［行］［列］	要素のアドレスを示す
	配列名［行］	行の先頭要素のアドレスを示す
	配列名	先頭要素のアドレスを示す

単にaとした場合、変数では値を示しますが、1次元配列ではアドレスを表します。a[1]とした場合、1次元配列では値ですが、2次元配列ではアドレスです。3次元配列ではa[1][1]もアドレスです。このように配列では、その次元より1次元下の表現がアドレスを示します。ややこしいですが、間違えないようにしてください。

演習

1 図7-1-2（P.247）の1次元配列の値とそれぞれの要素のアドレスを表示するプログラムを作成してください。☆

サンプルコード **a7-1-1.c**　　　　　実行結果例 **a7-1-1.exe**

```
str[0]の要素の値        : 0x41
str[1]の要素の値        : 0x42
str[2]の要素の値        : 0
str[0]の要素のアドレス   : 000000000061FE1D
str[1]の要素のアドレス   : 000000000061FE1E
str[2]の要素のアドレス   : 000000000061FE1F
strの先頭要素のアドレス  : 000000000061FE1D
```

（環境により異なります）

2 図7-1-3（P.247）の2次元配列の値とそれぞれの要素のアドレスを表示するプログラムを作成してください。☆

サンプルコード **a7-1-2.c**　　　　　実行結果例 **a7-1-2.exe**

```
str[0][0]の要素の値       : 0x41
str[0][1]の要素の値       : 0
str[1][0]の要素の値       : 0x43
str[1][1]の要素の値       : 0
str[0][0]のアドレス       : 000000000061FE1C
str[0][1]のアドレス       : 000000000061FE1D
str[1][0]のアドレス       : 000000000061FE1E
str[1][1]のアドレス       : 000000000061FE1F
str[0]の先頭要素のアドレス : 000000000061FE1C
str[1]の先頭要素のアドレス : 000000000061FE1E
strの先頭要素のアドレス   : 000000000061FE1C
```

（環境により異なります）

7

ポインタの仕組み

printf 関数、scanf 関数の引数とアドレス

　printf関数とscanf関数に渡す引数は、アドレスを理解してはじめて正しく使うことができます。再度確認してみましょう。

【printf】

① 変換指定が%c、%d、%o、%x、%f、%eの場合、引数は値になります。

　　(例1) printf("%c", 'T');

　　　　　　　… 'T' は文字定数で値です。

　　(例2) int a = 10;

　　　　　　printf("%d", a);

　　　　　　　… aは変数の値です。

② 変換指定が%s、%pの場合、引数はアドレス (ポインタ) です。

　　(例1) char str[] = "DEF";

　　　　　　printf("%s", str);

　　　　　　　… strは配列の先頭要素のアドレスです。

　　(例2) int a;

　　　　　　printf("%p", &a);

　　　　　　　… &a は変数のアドレスです。

【scanf】

いずれの変換指定も引数は格納する領域のアドレス (ポインタ) になります。

　　(例1) int a;

　　　　　　scanf("%d", &a);

　　　　　　　… &a は変数のアドレスです。

　　(例2) char str[100];

　　　　　　scanf("%99s", str);

　　　　　　　… str は配列の先頭要素のアドレスです。

再確認！ 情報処理の基礎知識

メモリ

　ポインタを理解するうえで欠かせない、メモリとアドレスの仕組みをもう少し詳しく解説しておきましょう。CPUと直接データをやり取りするメモリは主記憶装置（メインメモリ）と呼ばれ、通常、DRAM（Dynamic Random Access Memory）の仲間が使われます。DRAMは格子状に並んだコンデンサに電気をためて記憶を保持します。電気がたまっていれば「1」、たまっていなければ「0」となり、それが1ビットの情報となるわけです。そして、8ビット（1バイト）ごとにアドレス（番地）がつけられています。

　前章まではアドレスを意識することなくプログラミングしてきましたが、実はメモリに読み込まれたプログラムにも、その中で宣言されている変数や配列などにも、アドレスが割り当てられています。たとえば、変数に値を代入する処理は、実際には、メモリ上で変数として割り当てたアドレスの区画へデータを格納する処理となります。

　プログラムはすべて、CPUがアドレスを指定して実行するようになっています。CPUの中にはプログラムカウンタと呼ばれる小さな回路があり、実行するプログラムのアドレスを保持しています。そして、命令を1つ実行すると次の命令のアドレスに更新します。

　ところで、コンピュータの電源を切るとメモリの記憶内容が消えてしまいます。そのため、保存しておきたいデータはハードディスクなどの補助記憶装置にファイルという形で入れておきます。ハードディスクは磁気でデータを記憶しているので、電源を切ってもデータが消えないのです。プログラムファイルも普段はハードディスクの中にありますね。プログラムはいったんメモリに読み込まれ（これをロードと呼びます）てから実行されます。ハードディスクは大容量ですが速度がメモリよりも格段に遅いので、保存はハードディスク、実行はメモリで行うようにしているのです。

⑦

ポインタの仕組み

ポインタで変数を指す

Pointers and Variables

解説動画　https://book.mynavi.jp/c_prog/7_2_pointvar/

　ポインタの基本的な動作を理解するために、ポインタで変数の値にアクセスしてみましょう。ここは、ポインタの仕組みを理解する「ホップ」の段階です。

7·2·1　ポインタとは

　ポインタとは、「アドレスを記憶する変数」です。ポインタに変数のアドレスを代入すると、ポインタを使ってその変数に間接的にアクセスできるようになります。

図7-2-1　ポインタは間接的にメモリにアクセス

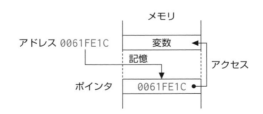

7·2·2　ポインタの使用手順

　ポインタを使う流れは、必ず、「①宣言」、「②アドレスの設定」、「③使用」の順となります。

例

int型の変数aにポインタ変数pでアクセスする例を見てみましょう。

```
01.  /* ポインタを使用するプログラム */
02.  #include <stdio.h>
03.
04.  int main(void)
05.  {
06.    int a = 123;
       // ポインタ変数pの宣言
       // 整数型 ポインタ宣言子 ポインタ名
07.    int *p;                          ←①宣言
08.
       // ポインタ変数pに変数aのアドレスを代入
       // ポインタ名 = アドレス
09.    p = &a;                          ←②アドレスの設定
10.
       // 変数aの値を表示
11.    printf("a = %d\n", a);
       // ポインタ変数pの指す値を表示
       //              間接演算子 ポインタ名
12.    printf("*p = %d\n", *p);         ←③使用
13.
       // ポインタ変数pの指す場所に456を代入
       // 間接演算子 ポインタ名 = 整数定数
14.    *p = 456;                        ←③使用
15.
       // 変数aの値を表示
16.    printf("a = %d\n", a);
       // ポインタ変数pの指す値を表示
       //              間接演算子 ポインタ名
17.    printf("*p = %d\n", *p);         ←③使用
18.
19.    return 0;
20.  }
```

サンプルコード s7-2-1.c　　　**実行結果例 s7-2-1.exe**

```
a = 123
*p = 123
a = 456
*p = 456
```

7　ポインタの仕組み

プログラムを順に見ていきましょう。なお、解説図のアドレスは架空のもので環境により異なります。

① ポインタの宣言…7行目　int *p;

まず、ポインタ変数pを宣言します。

> **構文　ポインタの宣言**
>
> アドレスを記憶する変数のデータ型　*ポインタ名;

int型の変数aにポインタでアクセスする場合、宣言するポインタの型もint型になります。もし、アクセスする変数がdouble型ならば、ポインタの型もdouble型になります。pの前についている「*」は**ポインタ宣言子**と呼ばれ、ポインタとして変数を宣言することを示します。

図7-2-2　ポインタの宣言

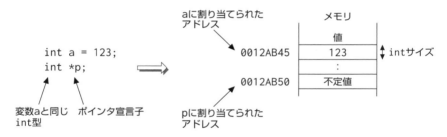

② アドレスの設定…9行目　p = &a;

間接的にアクセスする変数のアドレスを代入します。これでポインタを使って変数にアクセスする準備ができました。この状態を「**ポインタpは変数aを指す**」と呼びます。

> **構文　アドレスの設定**
>
> ポインタ名 = &変数名;

変数のアドレスは**アドレス演算子 (&)** をつけて取得するのでしたね。このとき、ポインタのほうは＊も＆もつけてはいけません。変数aに値を代入するときにaの前には何も書かないのと同じで、変数であるポインタにアドレスを代入するときもポインタ名だけを書きます。

図7-2-3　ポインタにアドレスを設定する

なお、ポインタの宣言時に変数のアドレスで初期化して、次のように書くこともできます。このとき、ポインタ宣言子の＊をつけるのを忘れないでください。

```
int *p = &a; // ポインタ宣言時に変数のアドレスで初期化
```

③ ポインタの使用… 12行目　`printf("*p = %d¥n", *p);`
　　　　　　　　　　14行目　`*p = 456;`
　　　　　　　　　　17行目　`printf("*p = %d¥n", *p);`

ポインタを使って変数にアクセスします。

> **構文　ポインタの使用**
>
> ＊ポインタ名

この＊は**間接演算子**と呼ばれ、「**ポインタの指すアドレスの中身**」を示します。宣言時に使われる＊とは呼び方も意味も異なります。＊という表記は同じですが、これらは異なる演算子なのです。混同しないように注意しましょう。

さて、12行目と17行目は、「ポインタpの指すアドレスの中身を表示」し

❼
ポインタの仕組み

ます。つまり、図の0012AB45番地の中身を表示することになります。これ
は変数aの値を表示するのと同じことですね。また、14行目は、「ポインタ
pの指すアドレスの中身に456を代入」します。つまり、0012AB45番地の中
身に456を代入します。これは変数aに456を代入することになりますね。

　実行結果例を見てみると、「a」と「*p」は同じ値を表示しています。これ
が、ポインタpが変数aに間接的にアクセスする、ということなのです。

図7-2-4 ポインタで変数をアクセス

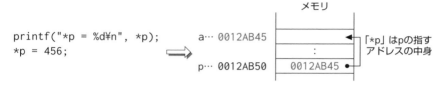

演習

1 ポインタが指す値を2倍するプログラムを、コメントを参考に空
欄部を埋めて作成してください。☆

```c
#include <stdio.h>
int main(void)
{
  double x = 123.4;
  ┌──────────┐;        // ポインタpの宣言
  ┌──────┐;            // ポインタにxのアドレスを代入

  printf("%f¥n", □);   // ポインタの指す値を表示
  ┌──────────┐;        // ポインタの指す値を2倍
  printf("%f¥n", □);   // ポインタの指す値を表示

  return 0;
}
```

サンプルコード a7-2-1.c　　　　　**実行結果例** a7-2-1.exe

```
123.400000
246.800000
```

256

ポインタで配列を指す

Pointers and Arrays

解説動画　https://book.mynavi.jp/c_prog/7_3_pointarray/

　ポインタの実用的な使い方を理解するために、ポインタで配列要素にアクセスしてみましょう。ここは、ポインタの仕組みを理解する「ステップ」の段階です。

7.3.1 ポインタで配列を指す

　ポインタを使う流れは、必ず、「①宣言」、「②アドレスの設定」、「③使用」の順となるのでしたね。これは、ポインタが配列要素を指す場合も同じです。

例

　char型の配列strにポインタ変数pでアクセスする例を見てみましょう。

```
01.   /* 文字列を1文字ずつ表示するプログラム */
02.   #include <stdio.h>
03.
04.   int main(void)
05.   {
06.     char str[] = "sun";
        ポインタ変数pの宣言
        文字型 ポインタ宣言子 ポインタ名
07.     char *p;
08.     int i = 0;
09.
        ポインタ変数pに配列strの先頭要素のアドレスを代入
        ポインタ名 = アドレス
10.     p = str;
```

```
           ポインタ変数pの指す値が'¥0'でない間繰り返し
              間接演算子(ポインタ名+変数)
11.    while (*(p + i) != '¥0') {

           ポインタ変数pの指す値を文字変換指定で画面表示
               間接演算子(ポインタ名+変数)
12.      printf("%c ", *(p + i));

13.      i++;

14.    }

15.

16.    return 0;

17.  }
```

サンプルコード s7-3-1.c　　　　**実行結果例　s7-3-1.exe**

```
s u n
```

　このプログラムはポインタを使って文字を1文字ずつスペースで区切り
ながら表示しています。ポインタの動きを解説図で説明していきます。な
お、解説図のアドレスは架空のもので環境により異なります。

① ポインタの宣言…7行目　char *p;

　ポインタ変数pを宣言します。アクセスする配列はchar型なので、ポイ
ンタpも char 型で宣言します。

図7-3-1 ポインタの宣言

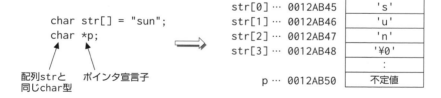

② アドレスの設定…10行目　p = str;

　間接的にアクセスする配列要素のアドレスを代入します。配列名は配列
の先頭要素のアドレスと同じなのでしたね。もちろん、アドレス演算子
を使って&str[0]と書いてもかまいません。

図7-3-2　ポインタにアドレスを設定する

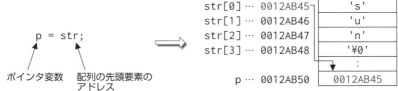

③ ポインタの使用…　　**11行目**　`while (*(p + i) != '¥0')`
　　　　　　　　　　　12行目　`printf("%c ", *(p + i));`

ポインタを使って配列要素にアクセスします。ポインタpには0012AB45番地が、変数iには0が代入されています。そのため、まず、p+iは0012AB45となり、*(p+i)は0012AB45番地を指します。つまり`str[0]`を指すのです。次に、13行目のi++;でiが1になると、p+iは0012AB46になり、*(p+i)は0012AB46番地を指します。つまり`str[1]`を指すのですね。このようにして、'¥0'が格納されている`str[3]`まで、順にポインタを使ってアクセスすることが可能になります。

このとき、()で囲まず*p+iとすると、*演算子は+演算子よりも優先順位が高いので、「**pの指す値にiを加える**」という意味になります。注意してください。

図7-3-3　ポインタで配列にアクセス

```
while (*(p + i) != '¥0') {
  printf("%c ", *(p + i));
  i++;
}
```

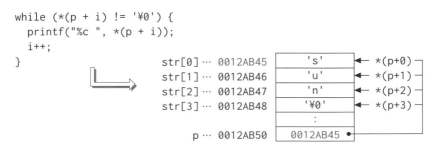

ポインタを進める

　P.258のs7-3-1.cでは、ポインタの値を固定したまま変数iを加算することにより、配列要素に順にアクセスしました。ポインタの値を直接増減させて配列にアクセスすることもできます。

例

s7-3-1.cをポインタの値が増加するように書き換えてみましょう。

```
01.   /* 文字列を1文字ずつ表示するプログラム */
02.   #include <stdio.h>
03.
04.   int main(void)
05.   {
06.       char str[] = "sun";
```
ポインタ変数pの宣言
文字型　ポインタ宣言子　ポインタ名
```
07.       char *p;
08.
```
ポインタ変数pに配列strの先頭要素のアドレスを代入
ポインタ名 ＝ アドレス
```
09.       p = str;
```
ポインタ変数pの指す値が'¥0'でない間繰り返し
間接演算子　ポインタ名
```
10.       while (*p != '¥0') {
```
ポインタ変数pの指す値を文字変換指定で画面表示
間接演算子　ポインタ名
```
11.           printf("%c ", *p);
```
ポインタのインクリメント
```
12.           p++;
13.       }
14.
15.       return 0;
16.   }
```

サンプルコード s7-3-2.c　　　　　　　**実行結果例** s7-3-2.exe

```
s u n
```

　最初はポインタpにstr[0]のアドレス0012AB45が格納されています。ですから、*pはstr[0]を指しています。12行目のp++;でポインタの値は1要素分が加算されstr[1]のアドレスと同じ0012AB46になり、*pでstr[1]を指すようになります。こうして、p++されるたびにポインタの値は更新され、次々に配列の要素にアクセスすることができるのです。

図7-3-4　ポインタを更新して配列にアクセス

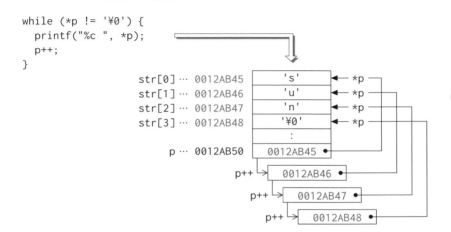

7③③ ポインタのアドレス計算

　s7-3-1.cの*(p+i)や、s7-3-2.cのp++といったポインタのアドレス計算では、加算されるのは1番地ではなく、型サイズになります。

　紹介した2つのプログラムでは、ポインタがchar型配列の要素を指しているので、加算されるのはcharサイズの1番地でした。けれども、ポインタが4バイトサイズのint型配列の要素を指していれば4番地、8バイトサイズのdouble型配列の要素を指していれば8番地の加算が行われます。

　ポインタはアクセスする要素と同じ型で宣言しますね。

　　int *p;

とした場合、このpは「intへのポインタ型」の変数と呼び、int型の要素を指すことを意味します。この宣言によりポインタはアドレス計算をするバイト数を把握するのです。

7❸❹ ポインタ利用上の注意

C言語では、ポインタが実際に変数や配列要素を指しているかどうか
チェックしません。そのため、ポインタを使うと本来アクセスできない（し
てはいけない）領域にアクセスしてしまう場合があります。たとえばポイン
タのアドレスを設定し忘れて、たまたまポインタ変数の不定値が0となっ
ている場合、`*p = 100;`と書くと0番地に100を代入してしまいます。通常、
0番地はアクセス禁止となっていて、値を代入しようとするとプログラム
がエラーになってしまいます。

このようにポインタ変数にアクセスが不能な番地が格納されている場合
は、すぐに異常が起こるので不具合場所の特定は簡単です。たちが悪いの
は、ポインタが想定外の変数や配列を指しているときです。そうした場合
に、`*p = 100;`と書いてしまうと、意図しない場所の値が100に書き換わっ
てしまいます。プログラムを動かしてしばらくは異常がなくても、やがて
その100のためにとんでもない処理が行われてしまうことになりかねませ
ん。そうなってしまうと、原因を突き止めるのが本当に大変です。

ポインタを使う場合には、常にポインタがどこを指しているのかを確認
するようにしてください。

演習

ポインタを使って以下のプログラムを作成してください。

1 文字型配列に "AbcDefGHijk1234lmNOP" という文字列が初期化されています。この文字列の小文字を toupper 関数（P.222）を使って、すべて大文字に変換してください。☆

サンプルコード **a7-3-1.c**　　　実行結果例 **a7-3-1.exe**

```
ABCDEFGHIJK1234LMNOP
```

2 文字型配列 str1 に、"ABCDEFGHIJKLMNOPQRSTUVWXYZ" という文字列が初期化されています。ポインタを2つ用いて、文字型配列 str2 に、この文字列を逆順に格納してください。☆☆

サンプルコード **a7-3-2.c**　　　実行結果例 **a7-3-2.exe**

```
str1 = ABCDEFGHIJKLMNOPQRSTUVWXYZ
str2 = ZYXWVUTSRQPONMLKJIHGFEDCBA
```

3 要素数10の整数型配列を2つ用意し、片方を整数値で初期化してください。そして、奇数の値のみもう1つの配列に代入してください。☆☆

サンプルコード **a7-3-3.c**　　　実行結果例 **a7-3-3.exe**

```
配列1 = 10 15 22 45 9 66 71 4 37 82
配列2 = 15 45 9 71 37
```

4 a7-3-3.cの配列1の合計値、平均値、最大値、最小値を求めてください。☆☆☆

サンプルコード **a7-3-4.c**　　　実行結果例 **a7-3-4.exe**

```
合計値 = 361
平均値 = 36.1
最大値 = 82
最小値 = 4
```

❼

ポインタの仕組み

ポインタの配列

Pointer Arrays

解説動画　https://book.mynavi.jp/c_prog/7_4_parrays/

　ポインタの配列を使いこなせるようになれば、ポインタについての理解はかなり深まったと見ていいでしょう。ここは、「ジャンプ」の段階です。がんばってください。

7.4.1 文字列リテラルをポインタで指す

　これまで文字列を扱うには、まず、文字型配列を文字列リテラルで初期化しました。ポインタを使うと、配列を宣言しなくても文字列リテラルのアドレスを直接指し、操作することができます。

例

文字列リテラルにポインタでアクセスしてみましょう。

```
01.  /* 配列と文字列リテラルにポインタでアクセスする */
02.  #include <stdio.h>
03.
04.  int main(void)
05.  {
         文字型配列を"Arrays"で初期化、ポインタ変数pを文字型配列の先頭要素のアドレスで初期化
06.      char str[] = "Arrays", *p = str;
         ポインタ変数sを"String"のアドレスで初期化
         文字型 ポインタ宣言子 ポインタ名 = 文字列リテラル
07.      char *s = "String";
08.
         ポインタpの指す配列のアドレスを画面表示
09.      printf("配列のアドレス = %p¥n", p);
```

```
        ポインタsの指す文字列リテラルのアドレスを画面表示
10.     printf("文字列リテラルのアドレス = %p¥n", s);
11.
        ポインタpの指す配列の文字列を1文字ずつ画面表示
12.     while (*p != '¥0') {
13.       printf("%c", *p);
14.       p++;
15.     }
16.     printf("¥n");
        ポインタsの指す文字列リテラルを1文字ずつ画面表示
17.     while (*s != '¥0') {
18.       printf("%c", *s);
19.       s++;
20.     }
21.
22.     return 0;
23.   }
```

サンプルコード　s7-4-1.c　　　　　　　　　　**実行結果例　s7-4-1.exe**

```
配列のアドレス = 000000000061FE09
文字列リテラルのアドレス = 0000000000404000
Arrays
String
```

（環境により異なります）

　6行目では従来通り文字型配列を文字列リテラルで初期化してポインタで指しています。そして7行目では、配列を宣言せず、直接ポインタで文字列リテラルを指すようにしています。9、10行目で表示された両者のアドレスは、ずいぶん離れていますね（このアドレスは筆者のPCのWindows 10でMinGW（GCC）を用いて出力したもので、環境により異なります）。配列はメモリのスタック領域と呼ばれる場所に確保されますが、文字列リテラルは静的領域と呼ばれる場所に確保されるのです。

　表示結果を見るとどちらも同じように文字列を表示していますが、両者には違いもあります。直接ポインタで文字列リテラルを指した場合、ポインタの指す先を変更すれば文字列リテラルを書き換える記述が可能で、コ

7

ポインタの仕組み

ンパイルもできます。たとえば、このプログラムに

　　*s = 's';　//ポインタで指した文字列リテラルを書き換えてはいけない

と記述すると、処理系によっては "String" が "string" に書き換えられて
しまいます。けれども、文字列リテラルは書き換えてはいけません。多く
の場合、このまま実行すると動作を停止してしまいます。ですから、もし、
文字列を書き換える必要がある場合は、いったんchar型配列に格納したあ
とで書き換えるようにしてください。

　　char str[] = "Arrays", *p = str;
　　*p = 'a';　//配列に格納された文字列を書き換える

⑦④② 複数の文字列とポインタの配列

　今まで学習したポインタは変数でしたが、ポインタを複数まとめて配列
として宣言し、複数のアドレスを同時に管理することが可能です。このポ
インタの配列は、複数の文字列を管理するときによく用いられます。

例

　2次元配列とポインタの配列を使ってそれぞれ複数の文字列を表示
してみましょう。

```
01.   /* 複数の文字列を表示する */
02.   #include <stdio.h>
03.
04.   int main(void)
05.   {
```
要素数3×16の2次元配列colorを"red"、"orange"、"greenish yellow"で初期化
```
06.      char color[3][16] = {"red", "orange", "greenish yellow"};
```
要素数3のポインタの配列color_pを"red"、"orange"、"greenish yellow"のアドレスで初期化
文字型 ポインタ宣言子 ポインタ名[要素数] = {文字列リテラルのアドレス};
```
07.      char *color_p[3] = {"red", "orange", "greenish yellow"};
08.      int i;
09.
```

```
         2次元配列に格納されている文字列を画面表示
10.    for (i = 0; i < 3; i++) {
11.      printf("[%s] ", color[i]);
12.    }
13.    printf("¥n");
         ポインタの配列の指す文字列リテラルを画面表示
14.    for (i = 0; i < 3; i++) {
                              ポインタの配列[添字]
15.      printf("[%s] ", color_p[i]);
16.    }
17.
18.    return 0;
19. }
```

サンプルコード s7-4-2.c　　　　　　　　**実行結果例** s7-4-2.exe

```
[red] [orange] [greenish yellow]
[red] [orange] [greenish yellow]
```

　このプログラムで宣言されているcolorは2次元配列です。配列の様子を図示してみましょう。なお、概念がわかりやすいように2次元で書いていますが、実際はメモリ上に縦に連続して配置されています。

　こうして見てみると、15文字の"greenish yellow"に合わせて区画が確保されるので、3文字の"red"ではずいぶんとメモリが無駄になっていますね。

図7-4-1　複数の文字列を2次元配列で管理する例

char color[3][16] = {"red", "orange", "greenish yellow"};

color	[0]	[1]	[2]	[3]	[4]	[5]	[6]	[7]	[8]	[9]	[10]	[11]	[12]	[13]	[14]	[15]
[0]	'r'	'e'	'd'	'¥0'	'¥0'	'¥0'	'¥0'	'¥0'	'¥0'	'¥0'	'¥0'	'¥0'	'¥0'	'¥0'	'¥0'	'¥0'
[1]	'o'	'r'	'a'	'n'	'g'	'e'	'¥0'	'¥0'	'¥0'	'¥0'	'¥0'	'¥0'	'¥0'	'¥0'	'¥0'	'¥0'
[2]	'g'	'r'	'e'	'e'	'n'	'i'	's'	'h'	' '	'y'	'e'	'l'	'l'	'o'	'w'	'¥0'

　一方、color_pはポインタの配列です。7行目の宣言では、ポインタ宣言子（*）と配列の要素数が書かれていますね。各要素は文字列リテラルのアドレスで初期化されています。

```
char *color_p[3] = {"red", "orange", "greenish yellow"};
```

ポインタ宣言子　配列の要素数　　初期化子：文字列リテラルのアドレス

　こちらも図示してみましょう。color_p[0]で"red"、color_p[1]で"orange"、color_p[2]で"greenish yellow"を指していることがわかりますね。

図7-4-2　複数の文字列をポインタの配列で管理する例

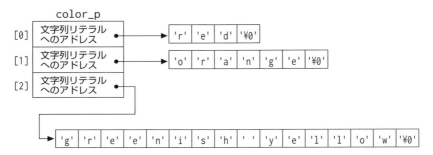

　2次元配列は、前述のように格納する文字列のうち、もっとも大きなものに合わせて要素数が決まります。そのため、大きさがバラバラの文字列を扱う場合には、メモリ領域が無駄になる可能性があります。

　一方、ポインタの配列で管理する文字列リテラルは、メモリ上に余分な領域は取りません。ただし、2次元配列のように連続して配置されるとは限りません。また、各文字列を指すポインタが必要になるので、その分の領域が用意されます。もちろん、文字列の書き換えはしてはいけません。複数の文字列を2次元配列で扱うか、ポインタの配列で扱うかは、このような性質を考慮して選択するようにしてください。

　さて、今度は文字列にアクセスしている部分をくらべてみましょう。2次元配列では、11行目で

```
printf("[%s] ", color[i]);
```

として、文字列を表示しています。2次元配列における行の先頭要素のアドレスは、「配列名[行]」で表すので、color[i]でi番目の行にある先頭要

素のアドレスを printf に渡します。

　ポインタの配列のほうは、15 行目で

```
printf("[%s] ", color_p[i]);
```

として、文字列を表示しています。記述は 2 次元配列と同じように見えますが、こちらはポインタの配列の各要素に格納されている文字列リテラルのアドレスを printf に渡しています。

⑦④❸ ポインタの配列の応用

　s7-4-2.c では、文字列を printf の %s 変換指定でまとめて出力しています。1 文字ずつ %c 変換指定で表示するにはどうしたらいいでしょう。

例

2 次元配列とポインタの配列を使って 1 文字ずつ表示してみましょう。

```
01.    /* 複数の文字列を1文字ずつ表示する */
02.    #include <stdio.h>
03.
04.    int main(void)
05.    {
       要素数3×16の2次元配列colorを"red"、"orange"、"greenish yellow"で初期化
06.      char color[3][16] = {"red", "orange", "greenish yellow"};
       要素数3のポインタの配列color_pを"red"、"orange"、"greenish yellow"のアドレスで初期化
07.      char *color_p[3] = {"red", "orange", "greenish yellow"};
08.
       2次元配列に格納されている文字列を1文字ずつ画面表示
09.      for (int i = 0; i < 3; i++) {
10.        printf("[");
11.        for (int j = 0; color[i][j] != '\0'; j++) {
12.          printf("%c", color[i][j]);
13.        }
14.        printf("] ");
15.      }
16.      printf("\n");
       ポインタの配列の指す文字列リテラルを1文字ずつ画面表示
17.      for (int i = 0; i < 3; i++) {
```

```
18.      printf("[");
                   間接演算子(ポインタの配列[添字]+変数)
19.      for (int j = 0; *(color_p[i]+j) != '¥0'; j++) {
                       間接演算子(ポインタの配列[添字]+変数)
20.        printf("%c", *(color_p[i]+j));
21.      }
22.      printf("] ");
23.    }
24.
25.    return 0;
26.  }
```

サンプルコード s7-4-3.c   **実行結果例 s7-4-3.exe**

```
[red] [orange] [greenish yellow]
[red] [orange] [greenish yellow]
```

　2次元配列で1文字ずつ表示する9～15行目は問題ないでしょう。ポインタの配列を使って表示する17～23行目は理解しづらいかもしれません。わかりやすく図示してみましょう。

図7-4-3 ポインタの配列で1文字ずつ表示

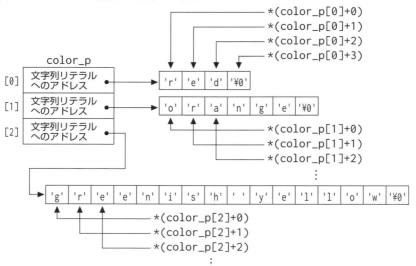

　7.3.1項では配列要素をポインタで指す場合に *(p+i) としました。ここではポインタが配列になっているので、*(color_p[i]+j) となったわけですね。図示すると考え方が同じであることがよくわかると思います。

　ポインタは目に見えないメモリへ間接的にアクセスするので、大変にわかりづらく感じられ、苦手とする人が多いようです。けれども、図を描いて考えてみるとポインタがどこを指すのかはっきりします。慣れるまでは必ず図を描いて考えるようにしてください。そのうちに図がなくてもポインタがどこを指しているのかわかるようになってきます。

⑦ ポインタの仕組み

演習

ポインタの配列を使って以下のプログラムを作成してください。

1 次の文字列の長さを表示してください。

```
"red","orange","greenish yellow","pink",
"dark green","lemon yellow","white" ☆
```

サンプルコード a7-4-1.c　　　　**実行結果例 a7-4-1.exe**

```
red : 3文字
orange : 6文字
greenish yellow : 15文字
pink : 4文字
dark green : 10文字
lemon yellow : 12文字
white : 5文字
```

2 擬似乱数を発生させ、「誰 (who) がいつ (when) どこ (where) で何 (what) をした。」と表示してください。☆☆

（ヒント）who、when、where、whatに該当する文字列群はポインタの配列で管理し、擬似乱数でいずれかを選び表示します。

サンプルコード a7-4-2.c　　　　**実行結果例 a7-4-2.exe**

```
山口君が夏休み電車の中で宿題をした
```

3 a7-4-1.cの文字列を逆順に表示してください。☆☆☆

```
der
egnaro
wolley hsineerg
knip
neerg krad
wolley nomel
etihw
```

第7章 まとめ

① アドレスはアドレス演算子(&)を使って取得することができます。

② 配列の先頭要素のアドレスは配列名で表します。

③ ポインタを使うと変数や配列要素へ間接的にアクセスすることができます。

④ ポインタを使う流れは、「宣言」、「アドレスの設定」、「使用」の順となります。

⑤ `int *p;` と宣言するとpは「intへのポインタ型」の変数になります。

⑥ ポインタを使って文字列リテラルのアドレスを指すことができます。

⑦ ポインタの配列を使うと、複数の文字列リテラルをまとめて管理することができます。

関数の自作

　関数の仕組みと作り方を習得し、自由に呼び出して利用できるようになりましょう。さらに、変数の通用範囲や記憶クラスを理解し分割コンパイルができるようになりましょう。

　これまでの学習では、main関数だけのプログラムを作ってきました。小さなプログラムなら、main関数だけでも見通せるので特に困ることはありません。けれども、プログラムの規模が大きくなるに従って、main関数だけでは処理を把握するのが困難になっていきます。たとえば、1000行の処理があった場合、1000行いっぺんに理解するのと、50行ずつ20個のパーツに分けて理解するのとでは、はるかに後者のほうが楽になります。

　また、300行の中に同じ処理をする30行の共通部分が5箇所あったとします。共通部分を取り出して1つとし、元のプログラムから5回参照するようにすれば、プログラムの総行数は単純に考えて120行減ることになります。

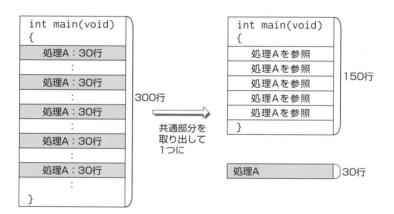

　関数は、まとまりのある機能を実現する単位のことです。これはつまり、プログラムを分割したり、共通部分を取り出したりしてできたパーツのことなのです。6章では処理系に用意されている標準ライブラリ関数について学習しました。この章では、プログラマみずからが作成する関数について説明しましょう。

関数の基本

Basics of Function

解説動画　https://book.mynavi.jp/c_prog/8_1_function/

　適切に関数に分割されたプログラムは、処理が把握しやすく開発の効率が上がります。全体の処理の中から関数化できる部分を上手に取り出しましょう。

8.1.1 関数の呼び出し

　小さなプログラムは、main関数だけで書いていても全体を簡単に把握できるので、関数化の必要性を感じないかもしれません。けれども、まとまった処理を関数化することで、プログラムの可読性が増したり、再利用することが可能になったりします。

　ここでは、mainだけで書かれたプログラムから関数を切り出して、関数の仕組みと作成方法を解説します。

例

　まずは、main関数だけの簡単なプログラムを見てみましょう。

```
01.  /* 閏年を判定するプログラム */
02.  #include <stdio.h>
03.
04.  int main(void)
05.  {
06.    int year;
07.
08.    printf("西暦を入力してください。> ");
```

関数の自作

8

```
09.    scanf("%d", &year);
10.
11.    // 閏年の判定
       もし西暦年が4で割り切れ、かつ、100で割り切れないか、または、400で割り切れるなら
12.    if ((year % 4 == 0 && year % 100 != 0) || year % 400 == 0) {
13.      printf("%d年は閏年です。\n", year);
14.    }
15.    else {
16.      printf("%d年は閏年ではありません。\n", year);
17.    }
18.
19.    return 0;
20.  }
```

サンプルコード s8-1-1.c　　　　　　**実行結果例 s8-1-1.exe**

> 西暦を入力してください。> 2020 ⏎
> 2020年は閏年です。

　このプログラムは西暦年を入力し、閏年かどうかを判定するプログラムです。閏年というのは、「4で割り切れ、かつ100で割り切れないか、または、400で割り切れる年」なので、12行目のように少々複雑な判定をします。

　この判定をするのはたった1行ですが、関数にしておけば、1年間の残り日数を調べたり、カレンダーを作ったりする場合にも使えそうです。そして、いったんきちんと関数化しておけば、&& を || と間違えるといった単純なミスを心配しなくて済みます。このように、再利用できるまとまった処理は、関数化して使い回すのが得策です。

例

では、閏年の判定を関数化し main から呼び出してみましょう。

```
01.  /* 閏年を判定するプログラム */
02.  #include <stdio.h>
03.
```

```
04.  int main(void)
05.  {
06.    int year;
07.
08.    printf("西暦を入力してください。> ");
09.    scanf("%d", &year);
10.
11.    // 閏年の判定
```
　　　　is_leap_year関数を呼び出して閏年かどうかを判定する
　　　　　　　　関数名(実引数の並び)
```
12.    if (is_leap_year(year) == 1) {
13.      printf("%d年は閏年です。¥n", year);
14.    }
15.    else {
16.      printf("%d年は閏年ではありません。¥n", year );
17.    }
18.
19.    return 0;
20.  }
```

❽
関数の自作

　どうでしょう。閏年の判定をしている12行目はだいぶすっきりしました
ね。この12行目で閏年の判定を行う is_leap_year 関数の呼び出しを行っ
ています。関数の呼び出しは次のように記述します。

構文　関数の呼び出し

①関数名 (②実引数の並び);

---

① 関数名

　関数の名前です。関数名も変数名と同様に識別子なので、名前をつける
際はP.65の「識別子の名付けルール」に従ってください。

② 実引数の並び

　関数に渡す値を実引数と呼び、複数ある場合にはカンマ (,) で区切って
並べて記述します。

is_leap_year関数は、実引数として西暦年を渡して呼び出すと、閏年なら1を、それ以外なら0を返却します。すでに学んだものに、これと同じような標準関数がありましたね。isではじまる文字検査関数（P.219参照）です。文字検査関数も、文字を引数にして呼び出すと判定結果に応じて非0か0を返却しました。これらの関数を使うのに、プログラマは関数内部の処理を気にする必要はありません。関数に引数を渡し、判定結果を返却値として受け取るだけです。関数というのは、いわば中身の見えない箱、ブラックボックスにできるものなのです。

さて、ここで関数を呼び出す流れをまとめておきましょう。まず、main関数が呼び出され、その先頭の行から順に処理が行われますね。そして、途中で別の関数が呼び出されると、処理の流れがその関数に移ります。その際、実引数があれば関数に渡されます。次に、その関数内の処理が行われ、それが終わると再び呼び出し元に戻ります。その際、関数からの返却値があれば返されます。

図8-1-1 関数呼び出しの流れ

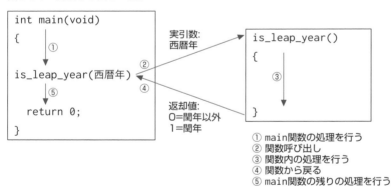

① main関数の処理を行う
② 関数呼び出し
③ 関数内の処理を行う
④ 関数から戻る
⑤ main関数の残りの処理を行う

8①② 関数定義

さて、前述のプログラムはmain関数だけでis_leap_year関数の実体がないので動きません。is_leap_yearのほうも書く必要があります。この関数本体を記述することを関数定義と呼びます。

構文　関数定義

①返却値型 ②関数名(③引数型と仮引数名の並び)　←── 関数定義の先頭

④{

　　⑤関数内変数の宣言;

　　⑥文;　　　　　　　　　　　　　　　　　　関数本体

　　⑦return文;

④}

① 返却値型

関数から呼び出し元に返す値を返却値と呼びます。その型を記述します。

② 関数名

関数の名前です。

③ 引数型と仮引数名の並び

関数が実引数を受け取るための変数を仮引数と呼びます。その型と仮引数名をカンマ (,) で区切りながら記述します。たとえば、int 型の a と b という仮引数がある場合には、(int a, int b) と書きます。まとめて、(int a, b) とは書けませんので注意してください。

④ {}

関数は必ず {} で囲み、ブロック化しなければなりません。

⑤ 関数内変数の宣言

関数内だけで使用する変数や配列の宣言を行います。

⑥ 文

関数内の処理を記述します。

⑦ return 文

return で関数から戻ります。このとき、値を返す場合には次のように式を記述します。

return 1;　　　　← 1を返却します

return a;　　　　← 変数aの値を返却します

return a + b;　　← a + bの結果を返却します

8

関数の自作

例 では、is_leap_year関数を書いてみましょう。

```
01.    /*** 閏年の判定 ***/
02.    /*（仮引数）y:西暦年　（返却値）1:閏年　0:閏年以外 */
       is_leap_year関数定義の先頭
       返却値型 関数名(引数型と仮引数名の並び)
03.    int is_leap_year(int y)
       関数の開始
04.    {
         整数型変数rcを0で初期化
05.      int rc = 0;
06.
         もし西暦年が4で割り切れ、かつ、100で割り切れないか、または、400で割り切れるなら
07.      if ((y % 4 == 0 && y % 100 != 0) || y % 400 == 0) {
           返却値に1を代入
08.        rc = 1;
09.      }
10.
         変数rcを返却して呼び出し側に戻る
         return文 返却値
11.      return rc;
       関数の終了
12.    }
```

3行目のis_leap_year関数定義の先頭では、main関数から渡された西暦年（実引数）を仮引数yで受け取っています。この値はint型なので仮引数yもint型で宣言されています。

is_leap_year関数は、仮引数yが閏年かどうかの判定を行い、閏年なら1を、閏年以外なら0を「return」を使って返却しています。

図8-1-2　関数呼び出しの様子

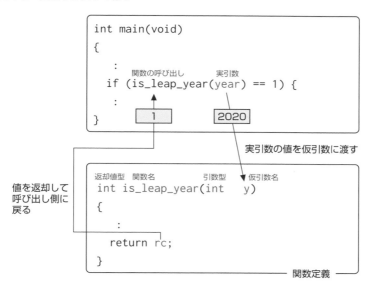

8①③ 関数プロトタイプ宣言

　では、main関数と定義した関数を合体させて実行してみましょう。関数の定義はmain関数の前後、どちらに書いてもかまいません。ただし、main関数のあとに記述する場合は、#include行の次に関数のプロトタイプ宣言を書きます。これは、コンパイラに関数の情報を知らせるためのもので、次のように記述します。

構文　プロトタイプ宣言

> 返却値型　関数名(引数型と仮引数名の並び);

　関数定義の先頭行にセミコロン (;) がついただけですね。この記述によって、コンパイラは関数の名前や返却値型、引数を認識するのです。コンパイラはソースコードの先頭から順にコンパイルしていきます。そのため、プロトタイプ宣言をせず、関数を定義する前にmain関数の中で呼び出すと、「そのような関数は知らないよ」と警告を発します。これは、間違い

8

関数の自作

のあるプログラムがコンパイルされてしまうのを防ぐための措置です。プロトタイプ宣言をしておけば、関数の呼び出し方を間違えていたり、関数定義の先頭行がプロトタイプ宣言と異なっていたりした場合にコンパイルエラーを出し、間違いのあるプログラムができないようにしてくれます。

ところで、ライブラリ関数では、なぜプロトタイプ宣言を書く必要がないのでしょうか。これは、インクルードしているヘッダファイルにプロトタイプ宣言も書かれているからです。コンパイラはヘッダファイルからライブラリ関数の情報を得ています。

例

実際に、main 関数と is_leap_year を合わせて書いてみましょう。

```
01.  /* 閏年を判定するプログラム */
02.  #include <stdio.h>
03.
     関数プロトタイプ宣言
     返却値型 関数名(引数型と仮引数名の並び);
04.  int is_leap_year(int y);
05.
06.  int main(void)
07.  {
08.    int year;
09.
10.    printf("西暦を入力してください。 > ");
11.    scanf("%d", &year);
12.
13.    // 閏年の判定
     is_leap_year関数を呼び出して閏年かどうかを判定する
          関数名(実引数の並び)
14.    if (is_leap_year(year) == 1) {
15.      printf("%d年は閏年です。¥n", year);
16.    }
17.    else {
18.      printf("%d年は閏年ではありません。¥n", year);
19.    }
20.
21.    return 0;
```

```
22.   }
23.
24.   /*** 閏年の判定 ***/
25.   /*（仮引数）y:西暦年  （返却値）1:閏年  0:閏年以外 */
```
is_leap_year関数定義の先頭
返却値型 関数名（引数型と仮引数名の並び）
```
26.   int is_leap_year(int y)
27.   {
28.     int rc = 0;
29.
30.     if ((y % 4 == 0 && y % 100 != 0) || y % 400 == 0) {
31.       rc = 1;
32.     }
33.
```
変数rcを返却して呼び出し側に戻る
return文 返却値
```
34.     return rc;
35.   }
```

サンプルコード s8-1-2.c   **実行結果例** s8-1-2.exe

> 西暦を入力してください。> 2020 ⏎
> 2020年は閏年です。

⑧
関数の自作

演習 次の仕様で関数を作成し、main関数から呼び出して動作を確認してください。

1 整数値を2つ入力し、大きいほうの値を返却する関数を作成してください。☆

関数名　maxof
仮引数　int n1：値1
　　　　int n2：値2
返却値　int型：大きいほうの値

サンプルコード a8-1-1.c   **実行結果例** a8-1-1.exe

> 値を2つ入力してください。
> ＞ 12 ⏎
> ＞ 66 ⏎   } main関数での表示
> 大きいほうの値は66です。

2 年月日を入力して曜日を求める関数を作成してください。☆☆

関数名　week_of_day

仮引数　int型 y：西暦年

　　　　int型 m：月

　　　　int型 d：日

返却値　int型：曜日 0=日、1=月、2=火、3=水、4=木、5=金、6=土

なお、西暦y年m月d日が何曜日であるかは、下記のZeller の公式によりwに求めることができます。

$$w = (5y / 4 - y / 100 + y / 400 + (26m + 16) / 10 + d) \% 7$$

ただし、1月と2月は、前年の13月と14月として計算する必要があります。つまり、2022年2月某日であれば、2021年14月某日としてZellerの公式を使用しないと正しい結果が得られません。

サンプルコード a8-1-2.c　　　　　**実行結果例** a8-1-2.exe

```
西暦を入力してください。> 2022 ↵
月を入力してください。> 2 ↵
日を入力してください。> 28 ↵
2022年2月28日は月曜日です。
```
　main関数での表示

3 is_leap_year関数をそのまま利用し、月の最終日を求める関数を作成してください。つまり、month_last_day から is_leap_year を呼び出し、閏年を判定します。☆☆☆

関数名　month_last_day

仮引数　int型 y：西暦年

　　　　int型 m：月

返却値　int型：月の最終日

サンプルコード a8-1-3.c　　　　　**実行結果例** a8-1-3.exe

```
西暦を入力してください。> 2021 ↵
月を入力してください。> 2 ↵
2021年2月の最終日は28日です。
```
　main関数での表示

再確認！ 情報処理の基礎知識

モジュールの独立性

　ウォーターフォールモデル（P.36）にはプログラム設計という
フェーズがあり、ここでプログラムをモジュールに分割します。モ
ジュールとは、1つのまとまった機能を実現する単位のことで、C
言語では関数が相当します。

　モジュール分割の際に重要になるのは、いかにモジュールの独
立性を高めるかということです。独立性が高いほど、ほかのモ
ジュールの変更による影響を受けにくくなり、保守容易性、拡張
性、汎用性が高くなるのです。

　モジュールの独立性は、モジュール内部の関連性の尺度である
「モジュール強度」が強いほど、そしてモジュール間の関係を示す
尺度である「モジュール結合度」が弱いほど高くなります。

　モジュール強度は7段階に分けられます。いちばん強度が弱い
のは複数の関連性がない機能でモジュールを構成する暗号的強度、
いちばん強いのは1つの機能だけで構成する機能的強度です。

　モジュール結合度のほうは6段階に分けられ、他のモジュール
の内部を直接参照する内部結合がいちばん強くなります。ただし、
内部結合はCプログラムでは実現できません。8.6節で説明するグ
ローバル変数を関数間で参照する外部結合は、3番目に結合度が
強くなります。いちばん結合度が弱いのは、モジュール間で引数
のみを受け渡すデータ結合です。

　必ずしも機能的強度とデータ結合の組み合わせだけでモジュー
ルを分割できるわけではありませんが、なるべく独立性が高くな
るようにモジュールを分割するように心がけるべきでしょう。

図　モジュールの独立性

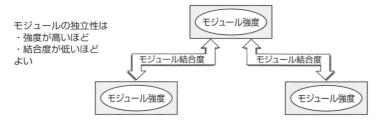

モジュールの独立性は
・強度が高いほど
・結合度が低いほど
よい

8

関数の自作

引数と返却値のない関数

Void Type

https://book.mynavi.jp/c_prog/8_2_void/

解説動画

　関数の中には、呼び出し側から値を受け取ったり、呼び出し側に結果を返したりせずに、単独で処理を行うものがあります。

8.2.1 引数も返却値もない？

　getchar（P.202参照）という標準ライブラリ関数がありました。この関数は引数がありませんでしたね。getcharは「標準入力から文字を入力」するという機能に限定されているので、特に引数を渡す必要がないのです。関数の中には、このように引数を必要としないものがあります。

　一方、与えられた引数で処理を行うだけで、返却値がない関数も存在します。また、中には、メニュー画面を表示する関数のように、引数も返却値も必要としないものがあります。これらは、どのように記述するのでしょうか。簡単な例を用いて説明しましょう。

例

引数と返却値のない関数の例です。

```
01.    /* おみくじを表示するプログラム */
02.    #include <stdio.h>
03.    #include <stdlib.h>
04.    #include <time.h>
05.
06.    void omikuji(void);
```

関数プロトタイプ宣言
返却値型 関数名(引数型と仮引数名の並び);

```
07.
08.  int main(void)
09.  {
```
現在時刻を種に擬似乱数系列を設定する (P.236参照)
```
10.    srand((unsigned)time(NULL));
11.
```
omikuji関数を呼び出しておみくじを表示する
関数名 (実引数の並び)
```
12.    omikuji();
13.
14.    return 0;
15.  }
16.
17.  /*** おみくじの表示 ***/
18.  /* (仮引数) なし  (返却値) なし */
```
omikuji関数定義の先頭
返却値型 関数名 (引数型と仮引数名の並び)
```
19.  void omikuji(void)
20.  {
21.    char *kuji[] = {
22.      "大吉：何をやってもうまくいきます。頼み事は今日すべし。",
23.      "中吉：見つからなかった探し物が見つかるでしょう。",
24.      "小吉：昔読んだ本をもう一度読んでみましょう。"
25.      "新しい発見がありますよ。",            ←文字列の連結 (P.211)
26.      "凶：外出は控えめに。ゆっくりお風呂に入りましょう。",
27.      "大凶：借りたものは今日中に返しましょう。"
28.      "思わぬトラブルを招きます。"            ←文字列の連結
29.    };
30.
```
標準文字列出力関数 (P.206)
```
31.    puts(kuji[rand()%5]);
32.  }
```

サンプルコード s8-2-1.c   **実行結果例** s8-2-1.exe

大吉：何をやってもうまくいきます。頼み事は今日すべし。

　呼び出すとランダムにおみくじの結果を表示するプログラムです。rand
で取得した擬似乱数でおみくじを選ぶので、特に引数は必要ではありません。
また、結果を表示するだけなので返却値もありません。

⑧
関数の自作

12行目の呼び出しを見てみると、実引数がないので何も書かれてはいません。ね。もちろん、返却値を受け取ることもありません。

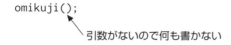

```
omikuji();
```
引数がないので何も書かない

次に関数定義を見てみましょう。返却値型にvoid、引数型にvoidが書かれています。voidとは「ない」という意味のデータ型です。返却値がないことと引数がないことを明示するためにそれぞれにvoidが書かれています。

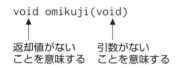

```
void omikuji(void)
```
返却値がない　　引数がない
ことを意味する　ことを意味する

最後に、omikuji関数のいちばん終わりの部分を見てみましょう。関数の最後にいつも書かれていたreturn文がありません。31行目と32行目の間に、「`return;`」と記述することもできるのですが、32行目の}で関数を終了して呼び出し側に戻るので、返却値がない場合には特にreturn文を書く必要がないのです。そのため、返却値がない場合には通常return文が省略されます。ただし、}まで待たずに特定の条件で戻りたい場合にはreturn文を書きます。

関数には、引数か返却値のどちらかがないものもあります。そのような場合にも、引数や返却値がないことを明示するためにvoidを用います。

① 返却値と引数がない関数の定義例

```
void func(void)
```

② 返却値がなく引数がある関数の定義例

```
void func(int n)
```

③ 返却値はあるが引数がない関数の定義例

```
int func(void)
```

次の仕様で関数を作成し、main関数から呼び出して動作を確認してください。

1 実行結果例のようにオープニング画面を表示する関数を作成してください。☆

関数名　opening
仮引数　なし
返却値　なし

サンプルコード **a8-2-1.c**　　　実行結果例 **a8-2-1.exe**

```
★☆★☆★☆★☆★☆★☆★☆★☆★
☆                          ☆
★    じゃんけんゲーム　スタート！    ★
☆                          ☆
★☆★☆★☆★☆★☆★☆★☆★☆★
```
opening関数
での表示

2 食堂のメニューを選択する関数を作成してください。☆

関数名　menu
仮引数　なし
返却値　メニュー番号

サンプルコード **a8-2-2.c**　　　実行結果例 **a8-2-2.exe**

```
メニューを選択してください。
*** メニュー ***
1. 日替わり定食
2. 麺（タンメン）
3. どんぶり（親子丼）
1〜3 ? > 2 ↵
選択したメニューは2番です。
```
menu関数での表示

→ main関数での表示

3 西暦年と月を入力するとカレンダーを表示する関数を作成してください。なお、必要ならP.284の演習2、3で作成した関数を呼び出して利用してください。☆☆☆

関数名　calendar
仮引数　int型 y：西暦年
　　　　int型 m：月
返却値　なし

```
西暦を入力してください。> 2021 ⏎     ⎫
月を入力してください。> 8 ⏎          ⎬ main関数での表示
                                    ⎭
  ** 2021年8月 **
 日 月 火 水 木 金 土
----------------------              ⎫
  1  2  3  4  5  6  7               ⎪
  8  9 10 11 12 13 14               ⎪
 15 16 17 18 19 20 21               ⎬ calendar関数での表示
 22 23 24 25 26 27 28               ⎪
 29 30 31                           ⎭
```

補足コラム

関数形式マクロ

マクロ名を文字列に一括して置き換えるマクロ定義についてはP.45で説明しました。これを応用して、マクロ名と引数を指定して関数のような形式（関数形式）に置き換えることができます。これを関数形式マクロと呼びます。

構文 関数形式マクロ

```
#define  マクロ名(引数)  引数を含む文字列
```

これで、引数がその引数を含む文字列（式など）に置き換えられます。なお、マクロ名と「(」の間に空白を入れてはいけません。

たとえば、x^2を計算する場合、

```
#define power(x) ((x) * (x))
```

と定義します。こうしておけば、たとえばpower(2)は「(2) * (2)」に、power(2.2)は「(2.2) * (2.2)」に置き換えられます。関数定義ではintとdoubleなど型が異なる場合、別々に定義しなければなりませんが、関数形式マクロなら1つで済みます。

ところで、関数形式マクロを記述するときには、意図しない展開（副作用と呼びます）を防ぐために厳重に()で囲んでください。()で囲まず「x * x」と定義していると、たとえばpower(a+2)は「(a+2) * (a+2)」とはならず「a+2 * a+2」と置き換えられてしまいます。

P.280で扱ったis_leap_year関数は関数形式マクロを使うと、

```
#define is_leap_year(y) ((!((y) % 4) && ((y) % 100)) || !((y) % 400))
```

のように書けます。これは、関係演算子（P.123）と論理演算子（P.125）が真なら1、偽なら0を生成することを利用しています。

また、P.283演習1で作成したmaxof関数は、

```
#define maxof(x, y) (((x) >= (y)) ? (x) : (y))
```

のように書けます。これは、P.158で説明した条件演算子を使っています。

関数は、実行時に引数の受け渡しなどの負荷が生じます。一方、関数形式マクロは、コンパイル時に展開されプログラムに埋め込まれるので、引数の受け渡しなどがなく負荷が生じません。異なる型で使えるのもこのためです。けれども、大きな関数形式マクロを複数箇所で用いると、すべてが展開されてプログラムに埋め込まれるのでサイズが大きくなります。また、複雑な関数形式マクロを使うとミスが生じやすくなります。コンパクトな処理のみで関数形式マクロを利用するのがよいでしょう。

8

関数の自作

関数へ値を渡す

Argument List

　関数には値を渡すだけではなく、アドレスを渡して呼び出し側の領域に
ポインタで間接的にアクセスすることが可能です。

8③❶ 関数に値を渡す

　少し戻って、関数を呼び出す仕組みを再確認しておきましょう。P.282で
説明したプログラムs8-1-2.cでは、main関数の実引数year（西暦年）をis_
leap_year関数の仮引数yに渡しました。yearの値が2021だとすると、year
の値2021がyへ代入されるのです。

図8-3-1　関数に値を渡す

　もし実引数の名前をyearではなく仮引数と同じyにしたらどうなるので
しょう。仮引数の値を変えると実引数も変わってしまうのでしょうか。大
丈夫です。そのようなことにはなりません。実引数と仮引数は別のメモリ
領域に確保されるからです。大変に安全な引数の渡し方だといえましょう。

8·3·2 関数にアドレスを渡す

　テストの合計点や平均点を求める場合などに、引数で1つずつ値を関数に渡していたのではとても大変ですね。このようなときには、一度に多くの値を関数に渡せると便利です。そのためには、まず配列に値を格納してから関数に渡してやります。渡すといっても配列を丸ごと渡すことはできません。渡すのは配列の先頭要素のアドレスで、関数側ではそのアドレスをポインタで受け取ります。

例

　では、配列の先頭要素のアドレスを関数に渡してみましょう。

```
01.  /*テストの合計点を求めるプログラム */
02.  #include <stdio.h>
03.  #define N 10
04.
```

関数プロトタイプ宣言
返却値型 関数名(引数型と仮引数名の並び);
```
05.  int get_sum(int *p, int n);
06.
07.  int main(void)
08.  {
09.      int ten[N] = {56, 89, 66, 37, 98, 77, 62, 82, 50, 71};
10.      int sum;
11.
```

get_sum関数を呼び出して配列の合計値を変数sumに得る
関数名(実引数の並び)
```
12.      sum = get_sum(ten, N);
13.      printf("合計点は%d点です。¥n", sum);
14.
15.      return 0;
16.  }
17.
18.  /*** 配列の合計を求める ***/
19.  /*（仮引数）*p：ポインタ　n：要素数　（返却値）合計 */
```

8

関数の自作

```
      get_sum関数定義の先頭
      返却値型 関数名(引数型と仮引数名の並び)
20.   int get_sum(int *p, int n)

21.   {

22.     int sum = 0;

23.

24.     for (int i = 0; i < n; i++) {
          変数sumにポインタp+iの指す値を加算
25.       sum += *(p + i);

26.     }

        変数sumを返却して呼び出し側に戻る
        return文 返却値
27.     return sum;

28.   }
```

サンプルコード s8-3-1.c   **実行結果例 s8-3-1.exe**

> 合計点は688点です。

　12行目で、配列tenの先頭要素のアドレスを実引数にして、関数を呼び出しています。このアドレスは20行目で仮引数のポインタpに渡されます。配列tenはmain関数で確保された配列なので、get_sum関数からはポインタを使わなければアクセスできないのです。このように、アドレスを引数で関数に渡し、その関数からポインタで呼び出し側の領域にアクセスすると、一度に多くの値を関数に渡したのと同じことになります。

図8-3-2 アドレスを渡す呼び出しの仕組み

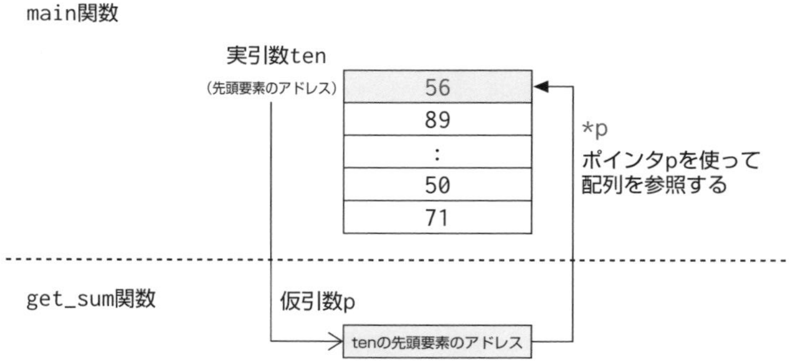

演習

次の仕様で関数を作成し、main関数から呼び出して動作を確認してください。

1 配列要素の平均値を求める関数を作成してください。☆

関数名　get_avg

仮引数　int *p：平均値を求める配列のポインタ

　　　　int n　：配列の要素数

返却値　double型：平均値

サンプルコード　**a8-3-1.c**　　　　　実行結果例　**a8-3-1.exe**

平均点は68.800000点です。　←　main関数での表示

（s8-3-1.cの点数の平均を求めた場合）

8③③ 関数に配列を渡す

　関数に配列を丸ごと渡すことはできません。ですが、あたかも配列を丸ごと渡すように書くことはできます。

例

配列を関数に渡す例を見てみましょう。

```
01.  /* テストの合計点を求めるプログラム */
02.  #include <stdio.h>
03.  #define N 10
04.
     関数プロトタイプ宣言
     返却値型 関数名(引数型と仮引数名の並び);
05.  int get_sum(int array[], int n);
06.
07.  int main(void)
08.  {
09.     int ten[N] = {56, 89, 66, 37, 98, 77, 62, 82, 50, 71};
10.     int sum;
11.
        get_sum関数を呼び出して配列の合計値を変数sumに得る
                   関数名(実引数の並び)
12.     sum = get_sum(ten, N);
```

8
関数の自作

```
13.    printf("合計点は%d点です。¥n", sum);
14.
15.    return 0;
16. }
17.
18. /*** 配列の合計を求める ***/
19. /*（仮引数）array：配列　n：要素数　（返却値）合計 */
```
get_sum関数定義の先頭
返却値型 関数名（引数型と仮引数名の並び）
```
20. int get_sum(int array[], int n)
21. {
22.    int i, sum = 0;
23.
24.    for (i = 0; i < n; i++) {
25.      sum += array[i];
26.    }
```
変数sumを返却して呼び出し側に戻る
return文 返却値
```
27.    return sum;
28. }
```

サンプルコード s8-3-2.c　　　　**実行結果例 s8-3-2.exe**

合計点は688点です。

　このプログラムでは、配列tenとその要素数Nをget_sum関数に渡して
います。まるで配列のコピーが関数側にも作られているようですね。けれ
ども、12行目の関数の呼び出しで指定している実引数「ten」は、配列の先
頭要素のアドレスです。20行目の関数定義では、そのアドレスを仮引数の
array[]で受け取っています。つまり、この例も8.3.2項と同じように関数
へアドレスを渡しているのです。

　実はこのarray[]はポインタです。本来なら、get_sum関数の先頭は、ポ
インタを使って、

```
    int get_sum(int *array, int n)
```

と書くべきです。ですが、C言語では[]を使って配列のように書くことも
許されています。この場合の[]は配列添字演算子と呼ばれます。

　array[]はポインタの一種ですから、呼び出し側から受け取るのはアド

レスのみです。そのため20行目を、

```
int get_sum(int array[N], int n)
```

と書いても要素数を受け取ることはできません。仮にarray[N]と書いたとしても、この要素数は無視され意味を持ちません。そのため、get_sum関数では別途nで要素数を受け取っています。

　配列添字演算子は、関数定義の先頭行だけではなく関数の中でも使うことができ、たとえば*(point+i)を`point[i]`と書くことができます。ですから、25行目の配列へアクセスする記述も

```
sum += *(array+i);
```

と同義になります。

　実際に、このような場合にどちらで書くかはプログラマの好みによります。また、現在では、配列添字演算子を使うほうが主流ですが、本書では、ポインタでの書き方に慣れていただくために*をつけて書いていきます。

　なお、関数に多次元配列を渡す場合にも、配列添字演算子を使うことができます。この場合は、先頭の要素数以外は書かなければいけないので注意してください。

```
int func(int array[][5])      // 列要素数5の2次元配列の場合
```
                ↑
        列の要素数は書かなければならない

8 関数の自作

演習 次の仕様で関数を作成し、main関数から呼び出して動作を確認してください。

1 配列要素の分散を求める関数を作成してください。☆☆
　　関数名　get_var
　　仮引数　int array[]：分散を求める配列
　　　　　　int n：配列の要素数
　　返却値　double型：分散
　　（ヒント）n件の要素の分散を求める式は以下になります。
　　　　　　　分散＝{(平均値−要素0)^2＋(平均値−要素1)^2＋……＋
　　　　　　　(平均値−要素n−2)^2＋(平均値−要素n−1)^2} / n

　　　　実行結果例 a8-3-2.exe

> 分散は308.960000です。　← main関数での表示

（s8-3-2.c（P.295）の点数の分散を求めた場合）

2 配列要素の標準偏差を求める関数を作成してください。☆☆
　　関数名　get_dev
　　仮引数　int array[]：標準偏差を求める配列
　　　　　　int n：配列の要素数
　　返却値　double型：標準偏差
　　（ヒント）標準偏差を求める式は以下になります。
　　　　　標準偏差 $= \sqrt{\text{分散}}$

　　　　実行結果例 a8-3-3.exe

> 標準偏差は17.577258です。　← main関数での表示

（s8-3-2.c（P.295）の点数の標準偏差を求めた場合）

補足コラム

NULL ポインタ
（ヌル）

　fgets関数（P.206）は文字列の入力に成功すると、入力した配列への
ポインタを返します。次のように記述すると、正常に入力が行われた場
合にpはstrを指します。

```
char str[100], *p;
p = fgets(str, 100, stdin);    // 正常時にp は str を指す
```

　異常時や「Ctrl+Z」キーを入力した場合など、入力ができない場合に
はNULLポインタを返します。このNULLはどこも指していない特殊な
ポインタです。fgetsだけではなく、malloc（P.339）やfopen（P.390）の
ようにポインタを返す関数は、ポインタを返せない場合にNULLを返却
します。

関数から値を返す

Return Values

https://book.mynavi.jp/c_prog/8_4_return/

ポインタを使えば、関数から呼び出し側の領域を書き換えることも可能です。遠隔操作のようなものですね。

8.4.1 値を配列に返す

今までの学習では、関数からは1つの値しか返却してきませんでした。けれども、場合によっては複数の値を返却したい場合があります。return文で返却できる値は1つだけなので、そのようなときにはポインタと配列を使います。

例

まずは簡単な例を見てみましょう。

```
01.  /* 配列の偶数値だけ表示するプログラム */
02.  #include <stdio.h>
03.  #define N 10
04.
```
関数プロトタイプ宣言
返却値型 関数名(引数型と仮引数名の並び);
```
05.  int even_number(int *p, int n, int *e);
06.
07.  int main(void)
08.  {
09.    int array[N] = {56, 89, 66, 37, 98, 77, 62, 82, 50, 71};
10.    int even[N], n;
11.
```

関数の自作 8

even_numbr関数を呼び出し変数nに偶数の合計数を得る
関数名(実引数の並び)

```
12.    n = even_number(array, N, even);
13.
14.    printf("偶数 = ");
15.    for (int i = 0; i < n; i++) {
16.      printf("%d ", even[i]);
17.    }
18.    printf("¥n");
19.
20.    return 0;
21.  }
22.
23.  /*** 偶数を配列に格納しその数を返却 ***/
24.  /* （仮引数）*p：元の配列のポインタ   n：要素数
25.               *e：偶数を格納する配列のポインタ
26.     （返却値）偶数値の数 */
```

even_number関数定義の先頭
返却値型 関数名(引数型と仮引数名の並び)

```
27.  int even_number(int *p, int n, int *e)
28.  {
29.    int i, j;
30.
31.    for (i = 0, j = 0; i < n; i++) {
```
もしポインタp+iの指す値が偶数なら
```
32.      if (*(p + i) % 2 == 0) {
```
ポインタp+iの指す値をポインタe+jの指す場所に代入
```
33.        *(e + j) = *(p + i);
34.        j++;
35.      }
36.    }
```
変数jを返却して呼び出し側に戻る
return文 返却値
```
37.    return j;
38.  }
```

サンプルコード s8-4-1.c   **実行結果例 s8-4-1.exe**

```
偶数 = 56 66 98 62 82 50
```

　呼び出し側では偶数を格納する配列evenの先頭要素のアドレスを関数に渡しています。even_number関数ではそれをポインタeで受け取り、eを使って間接的にevenに偶数値を格納しています。ポインタと配列を使うことで、複数の値を関数から返却することが可能になります。

図8-4-1　ポインタで呼び出し側の領域に値を代入する

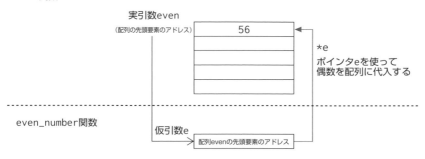

main関数

実引数even
（配列の先頭要素のアドレス）　56

*e
ポインタeを使って
偶数を配列に代入する

even_number関数

仮引数e
配列evenの先頭要素のアドレス

⑧
関数の自作

演習

次の仕様で関数を作成し、main関数から呼び出して動作を確認してください。

1 文字列を大文字に変換する関数を作成してください。なお、main関数からは2次元配列に格納された文字列を繰り返し渡して大文字に変換させてみましょう。☆☆

関数名　oomoji
仮引数　char *s：文字列へのポインタ
返却値　なし

サンプルコード a8-4-1.c　　　　　**実行結果例 a8-4-1.exe**

```
persimmon => PERSIMMON
apple => APPLE          } menu関数での表示
chestnut => CHESTNUT
```

2 整数値を2つ渡すと四則演算の結果を配列に返す関数を作成してください。☆☆

関数名　arithmetic

仮引数　int x：整数1

　　　　int y：整数2

　　　　int *p：演算結果格納配列へのポインタ

返却値　　なし

サンプルコード a8-4-2.c　　　　　**実行結果例 a8-4-2.exe**

整数値を2つ入力してください。
> 45 ↵
> 15 ↵
和 = 60 差 = 30 積 = 675 商 = 3　　　｝ main関数での表示

8④② 値を変数に返す

　アドレスを渡すのは配列ばかりとは限りません。変数のアドレスを関数に渡し、変数に値を返却してもらうことも可能です。

例

2つの値を入れ替える関数を見てみましょう。

```
01.  /* 2値を入れ替えるプログラム */
02.  #include <stdio.h>
03.
     関数プロトタイプ宣言
     返却値型 関数名(引数型と仮引数名の並び);
04.  void swap(int *p1, int *p2);
05.
06.  int main(void)
07.  {
08.    int x = 10, y = 20;
09.
10.    printf("入れ替え前 x = %d y = %d¥n", x, y);
```

```
        swap関数を呼び出して変数xと変数yの値を入れ替える
        関数名(実引数の並び)
11.     swap(&x, &y);

12.     printf("入れ替え後  x = %d  y = %d¥n", x, y);

13.

14.     return 0;

15.   }

16.

17.   /*** 2値を交換する ***/

18.   /* (仮引数) *p1：交換する値1  *p2：交換する値2（返却値）なし */
        swap関数定義の先頭
        返却値型  関数名(引数型と仮引数名の並び)
19.   void swap(int *p1, int *p2)

20.   {

21.     int temp;

22.

23.     // *p1の指す値と*p2の指す値を交換する
        変数tempにポインタp1の指す値を代入
24.     temp = *p1;
        ポインタp1の指す場所にポインタp2の指す値を代入
25.     *p1 = *p2;
        ポインタp2の指す場所に変数tempの値を代入
26.     *p2 = temp;

27.   }
```

サンプルコード s8-4-2.c　　　　　**実行結果例 s8-4-2.exe**

```
入れ替え前 x = 10 y = 20
入れ替え後 x = 20 y = 10
```

　2つの値の入れ替えを行う場合は、変数のアドレスを関数に渡す必要があります。もし、これを値で渡すとどうなるでしょう。図8-4-2のように実引数と仮引数は別々の変数なので、仮引数の入れ替えを行っても実引数には影響がなく入れ替えが行われないのです。

❽

関数の自作

図8-4-2 値を渡してswap関数を実行した例

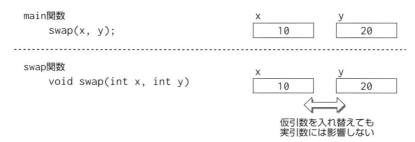

では、あらためてs8-4-2.cのswap関数を見てみましょう。アドレスを渡した場合には、ポインタでmain関数側の変数を操作できるので2つの値を入れ替えられます。

図8-4-3 アドレスを渡してswap関数を実行した例

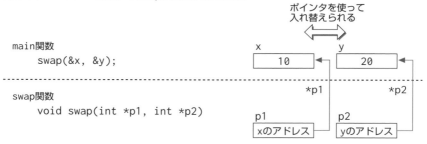

演習

次の仕様で関数を作成し、**main** 関数から呼び出して動作を確認してください。

1 配列要素から最大値と最小値を求める関数を作成してください。
☆☆

関数名　get_maxmin

仮引数　int 型 *p：配列へのポインタ

　　　　int 型 n：データ個数

　　　　int 型 *max：最大値を格納するポインタ

　　　　int 型 *min：最小値を格納するポインタ

返却値　なし

サンプルコード　a8-4-3.c　　　　　実行結果例　a8-4-3.exe

最大値 = 98　最小値 = 37　◀ main関数での表示

(s8-3-1.c（P.293）の点数の最大最小を求めた場合)

2 3つの整数を渡すと、中身を入れ替える関数を作成してください。
ただし、s8-4-2.c（P.302）で作成したswapをその関数内で呼び出
してください。☆☆

関数名　swap3

仮引数　int 型 *p1：入れ替える値1へのポインタ
　　　　int 型 *p2：入れ替える値2へのポインタ
　　　　int 型 *p3：入れ替える値3へのポインタ

返却値　なし

サンプルコード　a8-4-4.c　　　　　実行結果例　a8-4-4.exe

入れ替え前 x = 10 y = 20 z = 30　⎫
入れ替え後 x = 30 y = 10 z = 20　⎭ main関数での表示

8

関数の自作

8④③ const型修飾子

　ここまで解説してきたように、ポインタを使うと関数側から呼び出し側
の領域を書き換えることが可能です。ですが、それでは困る場合もありま
す。たとえば、複数の人でプログラムを作っていたとします。そうしたケー
スで、別の人が作成した関数によって意図しない書き換えが行われるので
は、安心してそれを利用することができません。そのため、関数側から値
を変更できないようにする方法が用意されています。const型修飾子を仮
引数の前につけておくのです。こうしておけば、constつきの仮引数が受
け取った実引数を関数から書き換えることができなくなり、コンパイル時
にエラーになります。constがついた仮引数になら安心して配列などを渡
してやることができ、関数が利用しやすくなるというわけです。

　const型修飾子を使うと、P.293で扱ったs8-3-1.cのget_sum関数は次の
ように記述できます。

```
int get_sum(const int *p, int n)
```

演習

1 P.299で作成したs8-4-1.cの関数の仮引数をconst型修飾子を使って書き換えてください。 ☆

サンプルコード a8-4-5.c　　　　　実行結果例　a8-4-5.exe

```
偶数 = 56 66 98 62 82 50
```

 補足コラム

再帰関数

　Cプログラムは、関数が自分自身を呼び出す再帰的呼び出しが可能です。再帰呼び出しをする関数を、再帰関数といいます。

　再帰はメモリのスタック領域（P.314）を浪費するなど弊害も多いので、他の記述で書き換えが可能な場合には、あえて用いる必要はありません。

　けれども、再帰を用いずには簡単に書けないアルゴリズムもたくさん存在します。また、基本情報技術者試験におけるC言語の問題では、必須の知識となっていますので、受験をする人は考え方をマスターしてください。

　再帰を説明するのによく用いられるのは、次のような階乗を求める関数です。

　引数に3を設定して3の階乗を求める例を図示しますので流れを追ってみてください。

```
/*** 階乗を求める ***/
/* （仮引数）n：整数
   （返却値）階乗の結果 */
int fact(int n)
{
  int f;
  if (n > 0) {
    f = n * fact(n-1);
  }
  else {
    f = 1;
  }
  return f;
}
```

図　3の階乗を求める例

```
main()              fact()              fact()              fact()              fact()
{                   {          n=2      {          n=1      {          n=0      {          n=0
          n=3       f=n*fact(n-1);      f=n*fact(n-1);      f=n*fact(n-1);
                                                                                f=1;
fact(3);            2                   1                   1
          6         return(f);          return(f);          return(f);          return(f);
}                   }                   }                   }                   }
```

main 関数への引数

Command-line Argument

https://book.mynavi.jp/c_prog/8_5_comandl/

コマンドラインで入力し、main関数に引数を渡すことができます。プログラムの実行と同時に引数の文字や数字を表示したりできるのです。

8.5.1 main関数へ引数を渡す

今までの学習で扱ってきたプログラムには、main関数へ引数を渡すものがありませんでした。そのため、main関数の先頭部は引数なしを意味するvoidを使って、

```
int main(void)
```

と書いてきました。けれども、実行時にmain関数へ引数を渡すことができるのです。この操作はCUI（P.29）環境のコマンドライン（キーボードで命令などの文字列を入力する行）で行います。そのため、この引数をコマンドライン引数と呼びます。

例

では、さっそくコマンドライン引数を入力してみましょう。

```
01.   /* コマンドライン引数を受け取るプログラム */
02.   #include <stdio.h>
03.
```
main関数定義の先頭
返却値型 関数名(引数型と仮引数名の並び)
```
04.   int main(int argc, char *argv[])
05.   {
```

8

関数の自作

307

```
        引数の数分繰り返す
06.     for (int i = 0; i < argc; i++) {
            コマンドライン引数の内容を画面表示
07.         printf("argv[%d] = %s\n", i, argv[i]);
08.     }
09.
10.     return 0;
11. }
```

```
C:\cwork>s8-5-1.exe abc DEF 123 456 ⏎
```

（コマンドプロンプト上でC:\cworkから実行した場合）

サンプルコード s8-5-1.c　　　　　　　　　　**実行結果例** s8-5-1.exe

```
argv[0] = s8-5-1.exe
argv[1] = abc
argv[2] = DEF
argv[3] = 123
argv[4] = 456
```

（処理系により異なる場合があります）

　実行方法例のように、Windows OS のコマンドプロンプトでs8-5-1.exeを実行してみましょう。実行結果例のように画面が表示されますね。図8-5-1のように、コマンドラインで入力した文字列は文字列リテラルとしてメモリ上に確保され、それぞれのアドレスはポインタの配列であるargv[]に、引数の総個数はargcに格納されます。

図8-5-1 コマンドライン入力の例

C:\cwork>s8-5-1.exe abc DEF 123 456

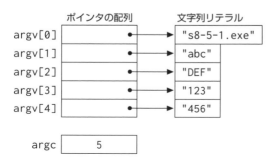

argc、argv[]という引数名は別のものにしてもいいのですが、慣例的にこの名前が使われています。別の名前は使わないほうがよいでしょう。

コマンドライン引数として渡せるのは文字列リテラルのアドレスです。ですから、数字の場合も、図8-5-1のargv[3]やargv[4]のように文字列でしか渡せません。これを数値として利用するには、標準ライブラリ関数のatoi（P.231）やatof（P.231）を使って変換する必要があります。

```
int num;
num = atoi(argv[3]); // atoi で数値に変換
```

演習

1 コマンドラインで数値を入力し、その合計値を求めるプログラムを作成してください。☆

サンプルコード a8-5-1.c　　　　　**実行結果例** a8-5-1.exe

> 合計は1368です。

（"123 456 789"を入力した場合）

2 コマンドラインで文字列を入力し、その長さを表示するプログラムを作成してください。☆

サンプルコード a8-5-2.c　　　　　**実行結果例** a8-5-2.exe

```
argv[1] = Mito : 4文字
argv[2] = Sendai : 6文字
argv[3] = Tsu : 3文字
argv[4] = Nagasaki : 8文字
argv[5] = Utsunomiya : 10文字
```

（"Mito Sendai Tsu Nagasaki Utsunomiya"を入力した場合）

8

関数の自作

通用範囲と記憶クラス

Scope and Storage class

解説動画　https://book.mynavi.jp/c_prog/8_6_scope/

変数は、それを使用できる範囲や期間に違いがあります。

8⑥❶ 通用範囲（スコープ）

「通用範囲」とは、変数を使用できる範囲のことです。C言語では、変数の宣言をソースコードのどこに書くかによって「ローカル変数」と「グローバル変数」に分かれ、その通用範囲が異なります。グローバル変数とローカル変数には次のような特徴があります。

【通用範囲による変数の特徴】

① ローカル変数（局所変数）

・関数内で宣言され、その関数内でのみ使用できます。

・複数の関数が同一の変数名を用いてもかまいません。

② グローバル変数（広域変数）

・関数外で宣言され、宣言以降の関数すべてで使用できます。

・同じ名前のグローバル変数が複数存在することはできません。

例

通用範囲を次のプログラムで確認してみましょう。

```
01.  /* 通用範囲を確認するプログラム */
02.  #include <stdio.h>
03.  void func1(void);
04.  void func2(void);
```

```
05.

           グローバル変数xを宣言して100で初期化
           型名 変数名 = 初期化子
06.     int x = 100;

07.

08.     int main(void)

09.     {

               ローカル変数nを宣言して1で初期化
               型名 変数名 = 初期化子
10.         int n = 1;

11.

12.         printf("main1 n = %d x = %d¥n", n, x);

13.         func1();

14.         func2();

15.         printf("main2 n = %d x = %d¥n", n, x);

16.

17.         return 0;

18.     }

19.

20.     void func1(void)

21.     {

               ローカル変数nを宣言して2で初期化、ローカル変数xを宣言して123で初期化
               型名 変数名 = 初期化子
22.         int n = 2, x = 123;

23.         printf("func1 n = %d x = %d¥n", n, x);

24.     }

25.

           グローバル変数yを宣言して456で初期化
           型名 変数名 = 初期化子
26.     int y = 456;

27.     void func2(void)

28.     {

               ローカル変数nを宣言して3で初期化
               型名 変数名 = 初期化子
29.         int n = 3;

30.         printf("func2 n = %d x = %d y = %d¥n", n, x, y);

31.         x++;

32.     }
```

❽

関数の自作

```
main1 n = 1   x = 100
func1 n = 2   x = 123
func2 n = 3   x = 100   y = 456
main2 n = 1   x = 101
```

　ローカル変数の通用範囲は宣言された関数内なので、複数の関数で同一の名前を宣言することができます。s8-6-1.cの10、22、29行目で宣言されている変数nは、それぞれ別のローカル変数です。そのため、値はそれぞれの関数で初期化されたものとなっています。

　グローバル変数の通用範囲は、宣言以降のすべてとなります。6行目で宣言されている変数xと26行目で宣言されている変数yは、ともにグローバル変数です。変数xはすべての関数より前に宣言されているので、どの関数でも使えます。func2関数内の31行目でインクリメントされているので、main関数でfunc2を呼び出したあとで出力すると（15行目）、値が更新

図8-6-1　ローカル変数とグローバル変数の通用範囲

```
  :                                    グローバル変数xの通用範囲
int x = 100;
int main(void)
{                         ローカル変数nの通用範囲
    int n = 1;
    :
}

void func1(void)
{                         ローカル変数nとxの通用範囲
    int n = 2, x = 123;
    :
}
                                    グローバル変数yの通用範囲
int y = 456;
void func2(void)
{                         ローカル変数nの通用範囲
    int n = 3;
    :
}
```

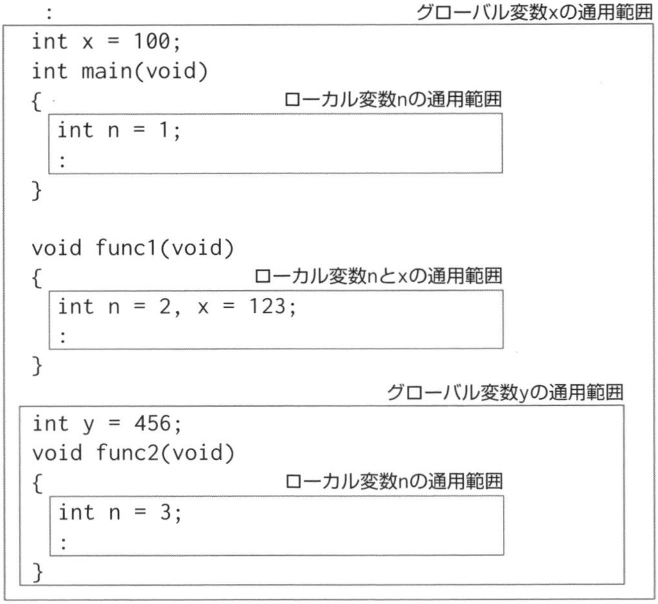

されています。変数 y は func2 関数の直前で宣言されているので、func2 で
しか使用することができません。

　ローカル変数とグローバル変数の名前が重複した場合は、ローカル変数
が優先されます。func1 関数の中でグローバル変数 x と同じ名前のローカル
変数 x が宣言されていますが、func1 関数内ではローカル変数 x が使用され
ています。func1 関数内で変数 x の値を出力すると（23 行目）、22 行目で初
期化された 123 となっています。

　グローバル変数は複数の関数で共通に使えるので大変に便利ですが、す
べての関数から値を変えることができるため、多用するとどの関数による
変更なのか把握できなくなります。グローバル変数は、複数の関数で値を
共用したり同期したりする場合にのみに使い、それ以外では、ローカル変
数を使い引数で値を渡すようにしてください。

1 P.239 の演習 2 で作成したじゃんけんプログラムの a6-5-3.c を次
のように関数に分割し、効率よく 3 回勝負を行ってください。
その際、各関数で共通に使用する変数や配列はグローバル変数に
してください。☆☆☆
・user 関数：ユーザーのじゃんけんを入力する関数
・computer 関数：コンピュータのじゃんけんを決定する関数
・judge 関数：勝敗を決定する関数

サンプルコード **a8-6-1.c**　　　　　実行結果例 **a8-6-1.exe**

```
3回勝負だ
じゃん、けん、ぽん！(1:グー 2:チョキ 3:パー) > 1 ⏎ ⎫ userで
あなたはグー                                      ⎬ の表示
コンピュータはパー          ← computerでの表示
あなたの負けです。          ← judgeでの表示
じゃん、けん、ぽん！(1:グー 2:チョキ 3:パー) > 2 ⏎ ⎫ userで
あなたはチョキ                                    ⎬ の表示
コンピュータはグー          ← computerでの表示
あなたの負けです。          ← judgeでの表示
じゃん、けん、ぽん！(1:グー 2:チョキ 3:パー) > 3 ⏎ ⎫ userで
あなたはパー                                      ⎬ の表示
コンピュータはパー          ← computerでの表示
あいこです。               ← judgeでの表示
```

8

関数の自作

8⃣6⃣2⃣ 記憶クラス

変数には寿命があります。たとえばローカル変数は、それが含まれる関数が実行されている間しかメモリ上に存在しません。寿命は、変数をメモリ上のどの領域に、どのように記憶するかによって決まります。そのようにして決まる変数の性質を記憶クラスと呼びます。

メモリ領域は次の4つがあります。

【メモリ領域】

① プログラム領域：プログラムの実行コードが置かれます。
② 静的領域：文字列リテラルやグローバル変数、後述する静的変数が置かれます。
③ ヒープ領域：プログラムの実行途中に、変数宣言とは別に動的に確保する領域です。それにはmalloc関数（P.339参照）などを使います。
④ スタック領域：ローカル変数、関数の引数・戻り値が置かれます。また、関数を呼び出す際に、呼び出し側の状態を一時的に保存するのにも使われます。

なお、これらの領域をどのようにメモリ上に確保するかは、処理系により異なります。

記憶クラスで呼ぶと、スタック領域に確保されるローカル変数は自動変数、静的領域に確保されるグローバル変数は外部変数となります。なお、記憶クラスを決める指定子を記憶クラス指定子と呼びます。記憶クラスには以下の3つがあります。

【記憶クラス】

① 自動変数：
  ・関数内部で宣言され、宣言された関数の中でのみ使用が可能です。
  ・関数の実行中のみスタック領域に確保され、関数の実行が終了すると、領域から解放され、他の関数で使用可能になります。

・関数を呼び出すたびに初期化を行います。明示的に初期化を行わない
と、初期値は不定値になります。
・auto記憶クラス指定子を用いて、

auto int a;

のように宣言します。けれども一般的には、「auto」は省略され単に

int a;

のように宣言します。

② 外部変数：

・関数外で宣言され、宣言以降のどの関数からでも使用可能です。
・プログラムの開始時に一度だけ初期化を行います。明示的に初期化を
行わない場合は、初期値は0になります。
・プログラム実行中に静的領域の常に同じ場所に配置され値を保持し
ます。

③ 静的変数：

・プログラム実行中に静的領域の常に同じ場所に配置され値を保持し
ます。
・関数内部で宣言した場合には、宣言された関数の中でのみ使用可能
です。
・プログラムの開始時に一度だけ初期化を行います。明示的に初期化を
行わない場合は、初期値は0になります。
・static記憶クラス指定子を用いて、

static int a;

のように宣言します。

関数内で宣言された変数は自動変数になり、関数が終了すれば解放されま
す。そのため、繰り返し呼び出される関数で値を保持するのに自動変数は
使えません。かといって、関数内でのみ使う変数を外部変数にすると、ど
の関数からもアクセスできてしまい、プログラムの安全上好ましくありま
せん。このような場合には、static記憶クラス指定子をつけ、関数内での
み使え、しかも値を保持することができる静的変数にしましょう。

8

関数の自作

例 静的変数を使ったプログラム例を見てみましょう。

```
01.  /* 呼ばれた回数を数えるプログラム */
02.  #include <stdio.h>
03.
```

関数プロトタイプ宣言
返却値型 関数名(引数型と仮引数名の並び);
```
04.  int count(void);
05.
06.  int main(void)
07.  {
08.    for (int i = 1; i <= 5; i++) {
```
count関数の呼び出し
関数名()
```
09.      printf("count関数は%d回呼ばれました。\n", count());
10.    }
11.
12.    return 0;
13.  }
14.
15.  /*** 呼ばれた回数を返却する ***/
16.  /*（仮引数）なし （返却値）呼ばれた回数 */
```
count関数定義の先頭
返却値型 関数名(引数型と仮引数名の並び)
```
17.  int count(void)
18.  {
```
静的変数cを宣言し0で初期化
static記憶クラス指定子 整数型 変数名 = 定数
```
19.    static int c = 0;
20.
21.    c++;
22.
23.    return c;
24.  }
```

サンプルコード s8-6-2.c　　　　　　　実行結果例 s8-6-2.exe

```
count関数は1回呼ばれました。
count関数は2回呼ばれました。
count関数は3回呼ばれました。
count関数は4回呼ばれました。
count関数は5回呼ばれました。
```

　count関数は、静的変数で宣言したcによって自分が呼ばれた回数を数えています。cを自動変数にすると関数が終了するたびに消えてしまい、何回呼び出されても返却する値は1になります。なお、静的変数を明示的に初期化しない場合には0で初期化されるので、19行目の0の代入は不要です。ここでは、プログラムをわかりやすくするために記述しました。

演習

1 渡された引数の最大値を返す関数を作成してください。なお、最大値の初期値は、<limits.h>ヘッダファイルの中でマクロ定義されているINT_MIN（P.326参照）というint型の最小値を用いてください。☆

サンプルコード a8-6-2.c　　　　　　　実行結果例 a8-6-2.exe

```
整数値を入力してください。（終了条件：Ctrl+Z）
> 12345 ↵
> -123 ↵
> 67890 ↵
> -333 ↵
> ^Z Ctrl + Z ↵
最大値は67890です。
```

⑧
関数の自作

分割コンパイル

Compile Multiple Files

解説動画　https://book.mynavi.jp/c_prog/8_7_commul/

　分割コンパイルでは、プログラムを関数ごとにファイルに分割します。他の関数は見えなくなるので関数がブラックボックスであることが実感できるでしょう。

8.7.1 分割コンパイル

　多人数でプログラムを開発する場合、一般的には図8-7-1のようにソースファイルを分割します。

図8-7-1　分割コンパイル

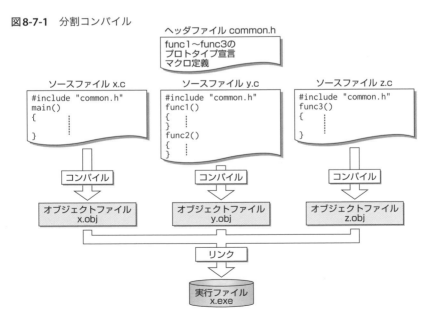

　関数のプロトタイプ宣言（main関数は書かなくてよい）やマクロ定義などはヘッダファイルにまとめて記述し、それぞれのソースファイルでインクルード（P.43参照）してからコンパイルします。そして、別々にできたオブジェクトファイルをリンクして1つの実行ファイルを作ります。

　仮に、x.c、y.c、z.cという3つのソースファイルがあったとすると、Windows 10でMinGW-w64（GCC）を用いたコンパイルは、コマンドプロンプトで

```
gcc -o x x.c y.c z.c
```

と入力するだけです（他のコンパイラをお使いの方はそのマニュアルを参照してください）。これで実行ファイルx.exeが作成されます。

　さて、分割コンパイルをするときに問題となるのは、変数の通用範囲です。グローバル変数の通用範囲は、宣言をしたソースファイル内となります。そのため、別のソースファイルにあるグローバル変数を使うことができません。その場合には、extern記憶クラス指定子を用います。externをつけて宣言した変数は、「そこには実体はないが別のソースファイルにある」ことを意味します。そして、externをつけて宣言した変数はヘッダファイルに記述し、グローバル変数はソースファイルで定義します。

図8-7-2　extern の使い方

ソースファイル1（main.c）

```
#include <stdio.h>
#include "header.h"

int main(void)
{
  printf("1:g = %d\n", g);
  func();
  printf("3:g = %d\n", g);
  return 0;
}
```

ソースファイル2（func.c）

```
#include <stdio.h>

int g = 10;        ← グローバル変数
void func(void)
{
  g += 10;
  printf("2:g = %d\n", g);
  g += 10;
}
```

ヘッダファイル（header.h）

```
void func(void);   ← プロトタイプ宣言

extern int g;      ← extern宣言
```

コンパイルと実行

```
C:\cwork>gcc -o main main.c func.c

C:\cwork>main
1:g = 10
2:g = 20
3:g = 30
```

※Windows 10 MinGW（GCC）の場合

8
関数の自作

演習
一

1 P.313の演習1で作成したじゃんけんプログラムのa8-6-1.cを次のようにファイルに分割してください。☆

・jyanken.h：関数のプロトタイプ宣言とextern宣言を記述

・jyanken.c：main関数とグローバル変数を記述

・user.c：user関数を記述

・computer.c：computer関数を記述

・judge.c：judge関数を記述

| サンプルコード | jyanken.h jyanken.c user.c computer.c judge.c | 実行結果例 | jyanken.exe |

（a8-6-1.exe（P.313）の実行結果例を参照してください）

第8章　まとめ

① まとまった機能を関数としてまとめることができます。

② 引数を使って関数に値を渡します。

③ 返却値を使って関数から値を戻します。

④ 関数プロトタイプ宣言によって、コンパイラに関数の仕様を通知します。

⑤ ポインタを使うと呼び出し側の領域に関数から間接的にアクセスできます。

⑥ main関数にも引数を渡すことができます。

⑦ 変数は宣言する場所によって通用範囲が異なります。

⑧ 変数はどこに記憶するかによって寿命が異なります。

⑨ 関数ごとにソースファイルを分割してコンパイルすることが可能です。

ビットを意識する

C言語で扱う基本的なデータ型については3章で説明しました。この章では、C言語に用意されているその他の型を理解しましょう。さらに、ビット単位での演算が行えるビット演算子を使いこなせるようになりましょう。

・・・・・・・・・・・・・・・・・ はじめに ・・・・・・・・・・・・・・・・・

　C言語は低水準言語に近い高水準言語です。低水準というのは機械語に近いという意味です。C言語では7章で解説したポインタを使えばメモリにアクセスできます。また、機械語は0と1のビットで表現されますが、C言語でもビット演算子を使えば、ビット単位でさまざまな演算を行うことができます。

　この章ではビット演算子について学習しますが、それを理解するために、データ型についてさらに詳しく学びましょう。

　C言語では、3章で学習したchar、int、float、double、_Boolの5つの基本的なデータ型以外にも、サイズと符号の指定を加えた以下の15種類の型を使うことができます。

C言語で扱うデータ型

文字型	char
	signed char
	unsigned char
整数型	short (signed short int)
	unsigned short (unsigned short int)
	int (signed int)
	unsigned (unsigned int)
	long (signed long int)
	unsigned long (unsigned long int)
	long long (signed long long int) ※C99
	unsigned long long (unsigned long long int) ※C99
	_Bool (bool 要stdbool.hインクルード) ※C99
浮動小数点型	float
	double
	long double

　　　　※（ ）内は省略しない場合です。通常は省略した表記を用います。

整数型の指定

Integer Types

https://book.mynavi.jp/c_prog/9_1_integer/

C言語では、int型とchar型に型指定子をつけることによりバリエーションを増やしています。

9.1.1 整数型のサイズ指定

整数型で基本となるのはint型です。int型は、CPU内にある整数演算用のレジスタの大きさで決まるので、いちばん無駄がなく効率よく整数値を扱えます。もっとも、64ビットアーキテクチャのx64の場合も、32ビットのx86用プログラムとの互換を考えて32ビットとされています。ですから、現在の処理系ではint型は32ビットが主流です。そのため、本書ではint型を4バイト（32ビット）として扱ってきました。けれども、マイクロコンピュータ上で使うC言語の中には、int型が2バイト（16ビット）のものも存在します。

int型が2バイトの処理系では、int型で表すことのできる範囲は-2^{15}〜$2^{15}-1$、つまり-32768〜32767だけとなります。それ以上の数値を扱うためにはlong int型を使います。このlongは型のサイズを明示する型指定子で、long int型はたいていの処理系で4バイトです。

一方、int型が4バイトの処理系では、int型で表すことのできる範囲は-2^{31}〜$2^{31}-1$、つまり-2147483648〜2147483647です。ただ、これほどの範囲が必要なく、もっと型サイズを小さくしたいという場合もあります。そのようなときはshort int型を使います。shortもサイズを明示する型指定子で、short int型はたいていの処理系で2バイトになります。また、4バイトでは足りない場合もあるでしょう。C99では、long long int型と

ビットを意識する 9

unsigned long long int型（9.1.2項参照）が追加されました。これらの型サイズは一般的に8バイトです。

　型のサイズは処理系によりますが、

　　char ≦ short ≦ int ≦ long ≦ long long

であることが定められています。

9.1.2 整数型の符号指定

　C言語の整数型には、0と正の整数しか扱わない符号なし整数型が存在します。それには、unsignedという符号がないことを示す型指定子をつけて、unsigned short intやunsigned intのように記述します。符号なし整数型は負の整数を扱わないので、扱える数値の範囲が符号つきの倍になります。そのため、「負数は必要ない。その代わりに正数をもっと表現したい」という場合に用います。

　符号つきであることを示すsignedという型指定子が用意されていますが、signed short intやsigned intのように記述することはあまりなく、signedを省略して単にshort intやintのように記述します。また、さらに省略して、signed short intをshortと、signed long intをlongと記述することが一般的です。

　ところで、文字型も整数型の一種なので符号の有無があります。signed charは符号つきで、unsigned charは符号なしです。intはsigned intのsignedを省略した記述でしたが、charの場合には単なるchar型が存在し、unsigned charとsigned char、charは異なる型です。このとき、単なるcharが符号つきか符号なしとなるかは処理系に任されています。

図9-1-1　符号つきと符号なし

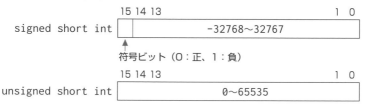

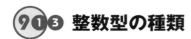 整数型の種類

以下に整数型の分類を表に示します。なお、printf関数やscanf関数での変換指定も参考に付記します。

表9-1-1 整数型の分類

表記	略した表記	一般的な バイト幅	符号	変換指定 (10進変換)
char	ー	1	※1	※2
signed char	ー	1	あり	※2
unsigned char	ー	1	なし	※2
signed short int	short	2	あり	%hd
unsigned short int	unsigned short	2	なし	%hu
signed int	int	2or4	あり	%d
unsigned int	unsigned	2or4	なし	%u
signed long int	long	4or8	あり	%ld
unsigned long int	unsigned long	4or8	なし	%lu
signed long long int	long long	8	あり	%lld
unsigned long long int	unsigned long long	8	なし	%llu
_Bool	bool (要stdbool.hインクルード)	1	なし	※3

※1 単にcharと記述した場合、符号の有無は処理系に依存します。
※2 printf、scanfにはchar型に対する10進変換指定は用意されていません。
※3 _Bool型に対する変換指定は用意されていません。intでキャストして%dを使ってください。
　　_Bool b;
　　scanf("%d",(int *)&b);
　　printf("%d¥n",(int)b);

　これらの型の最大値と最小値はlimits.hヘッダファイルにマクロ定義されています。また、sizeof演算子（P.336参照）を使うと、型の大きさを調べることができます。

9

ビットを意識する

整数型の範囲とサイズを表示してみましょう。

```
01.   /* 整数型の範囲とサイズを表示するプログラム */
02.   #include <stdio.h>
      整数型の特性をマクロ定義したヘッダファイルをインクルード
03.   #include <limits.h>
04.
05.   int main(void)
06.   {
      char型の最小値と最大値を画面表示
07.     printf("char : %d 〜 %d¥n", CHAR_MIN, CHAR_MAX);
      signed char型の最小値と最大値を画面表示
08.     printf("signed char : %d 〜 %d¥n", SCHAR_MIN, SCHAR_MAX);
      unsigned char型の最大値を画面表示
09.     printf("unsigned char : 0 〜 %u¥n", UCHAR_MAX);
      short型の最小値と最大値を画面表示
10.     printf("short : %hd 〜 %hd¥n", SHRT_MIN, SHRT_MAX);
      unsigned short型の最大値を画面表示
11.     printf("unsigned short : 0 〜 %hu¥n", USHRT_MAX);
      int型の最小値と最大値を画面表示
12.     printf("int : %d 〜 %d¥n", INT_MIN, INT_MAX);
      unsigned int型の最大値を画面表示
13.     printf("unsigned : 0 〜 %u¥n", UINT_MAX);
      long型の最小値と最大値を画面表示
14.     printf("long : %ld 〜 %ld¥n", LONG_MIN, LONG_MAX);
      unsigned long型の最大値を画面表示
15.     printf("unsigned long : 0 〜 %lu¥n", ULONG_MAX);
      long long型の最小値と最大値を画面表示
16.     printf("long long : %lld 〜 %lld¥n", LLONG_MIN, LLONG_MAX);
      unsigned long long型の最大値を画面表示
17.     printf("unsigned long long  : 0 〜 %llu¥n", ULLONG_MAX);
      char型のサイズを画面表示
18.     printf("char = %zuバイト¥n", sizeof(char));
      short型のサイズを画面表示
19.     printf("short = %zuバイト¥n", sizeof(short));
      int型のサイズを画面表示
20.     printf("int = %zuバイト¥n", sizeof(int));
      long型のサイズを画面表示
21.     printf("long = %zuバイト¥n", sizeof(long));
      long long型のサイズを画面表示
22.     printf("long long = %zuバイト¥n", sizeof(long long));
23.     return 0;
24.   }
```

サンプルコード s9-1-1.c　　　**実行結果例 s9-1-1.exe**

```
char          : -128 〜 127
signed char   : -128 〜 127
unsigned char : 0 〜 255
short         : -32768 〜 32767
unsigned short : 0 〜 65535
int           : -2147483648 〜 2147483647
unsigned      : 0 〜 4294967295
long          : -2147483648 〜 2147483647
unsigned long : 0 〜 4294967295
long long          : -9223372036854775808 〜 9223372036854775807
unsigned long long  : 0 〜 18446744073709551615
char     = 1バイト
short    = 2バイト
int      = 4バイト
long     = 4バイト
long long = 8バイト
```

（処理系により異なる場合があります）

⑨①④ 整数定数の指定

　整数定数をそのまま記述した場合には int 型と解釈されます。そして、整数定数が int 型のサイズを超えた場合には、int 型から unsigned int 型、long 型、unsigned long 型へと自動的に変換されます。ただし、符号なしであることと、long 型であることは、接尾語をつけることにより明示できます。unsigned 型にするには接尾語の u または U、long 型にするには l または L をつけます。両方を一度につけることも可能です。このとき、どちらを先に書いてもかまいません。また、ll または LL を付けると long long 型になります。

　なお、小文字の l は 1 と間違いやすいので大文字の L を使うほうがいいでしょう。

例 接尾語をつけた例

```
0141520U    // unsigned int型8進定数
50000L      // long型10進定数
0x186A0UL   // unsigned long型16進定数
10000LL     // long long型10進定数
```

⑨①⑤ ビット幅を指定する整数型

　ここまで見てきたように、C言語の型サイズには厳格な規定がありません。そのため、型サイズの異なる環境へプログラムを移行する場合に問題が発生します。そこで、C99では、ビット幅を指定する整数型が導入されました。これらの型は、stdint.hをインクルードすることで使用が可能になります。

表9-1-2　ビット幅を指定する整数型(1)

型指定	ビット数	符号	扱える数値の範囲
int8_t	8	あり	−128 〜 127
uint8_t	8	なし	0 〜 255
int16_t	16	あり	−32,768 〜 32,767
uint16_t	16	なし	0 〜 65,535
int32_t	32	あり	−2,147,483,648 〜 2,147,483,647
uint32_t	32	なし	0 〜 4,294,967,295
int64_t	64	あり	−9,223,372,036,854,775,808 〜 9,223,372,036,854,775,807
uint64_t	64	なし	0 〜 18,446,744,073,709,551,615

※上記は必須ですが、int24_tなどが定義される場合もあります。

　さらに、以下のようなデータ型も追加されました。これらも、stdint.hをインクルードして使用します。

表9-1-3　ビット幅を指定する整数型(2)

型指定	説　明	例
int_leastN_t	少なくともNビット幅の符号付き整数型	int_least8_t
uint_leastN_t	少なくともNビット幅の符号なし整数型	uint_least16_t
int_fastN_t	少なくともNビット幅で、通常、最も速く処理できる符号付き整数型	int_fast32_t
uint_fastN_t	少なくともNビット幅で、通常、最も速く処理できる符号なし整数型	uint_fast64_t
intmax_t	符号付きの最大整数型	
uintmax_t	符号なしの最大整数型	

※ Nは、前に0が付かない符号無し10進整数です。N = 8, 16, 32, 64は必須ですが、24などが定義されるとは限りません。

これらの型の最小値と最大値はマクロを使うことで知ることができます。

例

ビット幅を指定する整数型の範囲とサイズを表示してみましょう。

⑨
ビットを意識する

```
01.  /* ビット幅を指定する整数型の範囲とサイズを表示するプログラム */
02.  #include <stdio.h>
```
ビット幅を指定する整数型を宣言およびマクロ定義したファイルをインクルード
```
03.  #include <stdint.h>
04.
05.  int main(void)
06.  {
```
int8_t型の最小値と最大値を画面表示
```
07.      printf("int8_t         : %d 〜 %d¥n", INT8_MIN, INT8_MAX);
```
uint8_t型の最大値を画面表示
```
08.      printf("uint8_t        : 0 〜 %u¥n", UINT8_MAX);
```
int64_t型の最小値と最大値を画面表示
```
09.      printf("int64_t        : %lld 〜 %lld¥n", INT64_MIN, INT64_MAX);
```
uint64_t型の最大値を画面表示
```
10.      printf("uint64_t       : 0 〜 %llu¥n", UINT64_MAX);
```
int_least16_t型の最小値と最大値を画面表示
```
11.      printf("int_least16_t  : %d 〜 %d¥n", INT_LEAST16_MIN, INT_LEAST16_MIN);
```
uint_least16_t型の最大値を画面表示
```
12.      printf("uint_least16_t : 0 〜 %u¥n", UINT_LEAST16_MAX);
```
int_fast32_t型の最小値と最大値を画面表示
```
13.      printf("int_fast32_t   : %d 〜 %d¥n", INT_FAST32_MIN, INT_FAST32_MAX);
```

```
         uint_fast32_t型の最大値を画面表示
14.    printf("uint_fast32_t   : 0 〜 %u¥n", UINT_FAST32_MAX);
         intmax_t型の最小値と最大値を画面表示
15.    printf("intmax_t        : %lld 〜 %lld¥n", INTMAX_MIN, INTMAX_MAX);
         uintmax_t型の最大値を画面表示
16.    printf("uintmax_t       : 0 〜 %llu¥n", UINTMAX_MAX);
17.
         int8_t型のサイズを画面表示
18.    printf("int8_t      = %zuバイト¥n", sizeof(int8_t));
         int64_t型のサイズを画面表示
19.    printf("int64_t     = %zuバイト¥n", sizeof(int64_t));
         int_least16_t型のサイズを画面表示
20.    printf("int_least16_t = %zuバイト¥n", sizeof(int_least16_t));
         int_fast32_t型のサイズを画面表示
21.    printf("int_fast32_t  = %zuバイト¥n", sizeof(int_fast32_t));
         intmax_t型のサイズを画面表示
22.    printf("intmax_t    = %zuバイト¥n", sizeof(intmax_t));
         uintmax_t型のサイズを画面表示
23.    printf("uintmax_t   = %zuバイト¥n", sizeof(uintmax_t));
24.
25.    return 0;
26.  }
```

サンプルコード s9-1-2.c　　　／　　**実行結果例 s9-1-2.exe**

```
int8_t         : -128 〜 127
uint8_t        : 0 〜 255
int64_t        : -9223372036854775808 〜 9223372036854775807
uint64_t       : 0 〜 18446744073709551615
int_least16_t  : -32768 〜 -32768
uint_least16_t : 0 〜 65535
int_fast32_t   : -2147483648 〜 2147483647
uint_fast32_t  : 0 〜 4294967295
intmax_t       : -9223372036854775808 〜 9223372036854775807
uintmax_t      : 0 〜 18446744073709551615
int8_t         = 1バイト
int64_t        = 8バイト
int_least16_t  = 2バイト
int_fast32_t   = 4バイト
intmax_t       = 8バイト
uintmax_t      = 8バイト
```

（処理系により異なる場合があります）

浮動小数点型の指定

Floating Types

C言語では3種類の浮動小数点型を用意しています。これらの型は、指数部と仮数部の大きさが異なるだけで、数値の表現の仕方は同じです。

9.2.1 浮動小数点型の種類

浮動小数点型は、float型とdouble型のほかに、型指定子longをつけたlong double型があります。これらの型の表現範囲については各処理系に任されており、

float ≦ double ≦ long double

とだけ規定されています。整数型の数値範囲が各処理系でほぼ統一されているのに対し、浮動小数点型の数値範囲は、処理系によりかなりの違いがあります。

各処理系の浮動小数点型の数値範囲については、float.hヘッダファイルに示されています。

浮動小数点型の最大値、最小値とサイズを表示してみましょう。

```
01.  /* 浮動小数点型の範囲とサイズを表示するプログラム */
02.  #include <stdio.h>
     浮動小数点型の特性をマクロ定義したヘッダファイルをインクルード
03.  #include <float.h>
04.
```

9 ビットを意識する

```
05.    int main(void)
06.    {
           float型の最小値を画面表示
07.        printf("float型の最小値       = %e¥n", FLT_MIN);
           float型の最大値を画面表示
08.        printf("float型の最大値       = %e¥n", FLT_MAX);
           double型の最小値を画面表示
09.        printf("double型の最小値      = %e¥n", DBL_MIN);
           double型の最大値を画面表示
10.        printf("double型の最大値      = %e¥n", DBL_MAX);
           long double型の最小値を画面表示
11.        printf("long double型の最小値 = %Le¥n", LDBL_MIN);
           long double型の最大値を画面表示
12.        printf("long double型の最大値 = %Le¥n¥n", LDBL_MAX);
13.
           float型のサイズを画面表示
14.        printf("float       = %zuバイト¥n", sizeof(float));
           double型のサイズを画面表示
15.        printf("double      = %zuバイト¥n", sizeof(double));
           long double型のサイズを画面表示
16.        printf("long double = %zuバイト¥n", sizeof(long double));
17.
18.        return 0;
19.    }
```

サンプルコード s9-2-1.c	実行結果例 s9-2-1.exe

```
float型の最小値       = 1.175494e-38
float型の最大値       = 3.402823e+38
double型の最小値      = 2.225074e-308
double型の最大値      = 1.797693e+308
long double型の最小値 = 3.362103e-4932
long double型の最大値 = 1.189731e+4932
float       = 4バイト
double      = 8バイト
long double = 16バイト
```

（処理系により異なる場合があります）

　11、12行目で使われているprintfの変換指定 "%Le" は long double 型の値を指数形式で表示する場合に用います。なお、long double 型の変換指定を使用してMinGW GCCでコンパイルするには、以下のようにコンパイルオプションを付けてください。

```
gcc -std=c11 -D__USE_MINGW_ANSI_STDIO=1 -o s9-2-1 s9-2-1.c
```

　浮動小数点型の変換指定をまとめておきましょう。

表9-2-1　printfの出力変換指定

型	指数変換[1]	浮動小数点変換[2]	実数変換[3]
float	%e %E	%f	%g %G
double	%e %E	%f	%g %G
long double	%Le %LE	%Lf	%Lg %LG

※1　(-)1.230000e±05といった形式で表示。%Eは指数部を表す記号がEになります。
※2　(-)3.140000といった形式で表示。
※3　与えられた値と精度によって、(-)1.23e±05 あるいは(-)3.14といった形式で表示。
　　%Gは指数部を表す記号がEになります。

表9-2-2　scanfの入力変換指定

型	指数変換および浮動小数点変換[1]
float	%e %E %f %g %G
double	%le %lE %lf %lg %lG
long double	%Le %LE %Lf %Lg %LG

※1　すべて同一の変換をします。つまり、いずれの変換指定も(-)1.23e±05および(-)3.14
　　の両方の形式で入力することが可能です。

❾❷❷ 浮動小数点定数の指定

　浮動小数点定数は、何も接尾語をつけないとdouble型になります。接尾
語のfまたはFをつけるとfloat型に、lまたはLをつけるとlong double型
になります。

　次のような代入を行うと、チェックの厳しいコンパイラでは「double型
の定数を精度の劣るfloat型に代入してもいいのですか?」という意味の警
告を出します。

```
float f = 1.23;
```

　こんなときには、接尾語のFをつけてfloat型の定数を代入することを明
示しましょう。

```
float f = 1.23F;
```

再確認！情報処理の基礎知識

浮動小数点型の内部表現

3章で説明したように、浮動小数点型は符号部と指数部、仮数部で表現します。これをコンピュータ（CPU）で扱うには2進数で表現（内部表現）するのでしたね。内部表現は処理系によって異なりますが、IEEE標準形式を例に説明すると、32ビットの単精度浮動小数点型は、符号部1ビット、指数部8ビット、仮数部23ビットとなっています。

図 単精度浮動小数点型の表現形式例

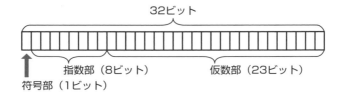

符号部は、仮数部の符号を表し、0が正、1が負になります。指数部は、イクセス表現で表します。正の数だけを表す場合、2進数の00000000は10進数の0で、11111111は10進数の255ですが、負の数も表すイクセス表現では、2進数の00000000を10進数の−127、2進数の11111111を10進数の128とします。つまり、256個の数のうち127個を負の数に割り当てるのです。

仮数部は、なるべく多くの数を表現できるように正規化を行います。たとえば、10進数の0.2を仮数部に格納する場合で考えてみます。

まず、10進数が2進数に変換されるイメージをつかんでおきましょう。2進数の小数点より上の桁は2^1（10）、2^2（100）、2^3（1000）と桁が上がるごとに2、4、8と2倍ずつ増えていきます。逆に小数点以下の部分は2^{-1}（0.1）、2^{-2}（0.01）、2^{-3}（0.001）と桁が下がるごとに0.5、0.25、0.125と1/2倍ずつ減っていきます。

それでは、10進数の0.2を2進数に変換してみましょう。すると

$0.2_{(10)} = 2^{-3} + 2^{-4} + 2^{-7} + 2^{-8} + \cdots = 0.00110011\cdots_{(2)}$

となり、0011を繰り返す循環2進小数になります。これを23ビットの仮数部に格納すると

までしか入りません。けれども、$0.00110011\cdots_{(2)} \times 2^0 = 1.10011 \cdots_{(2)} \times 2^{-3}$なので、

$$1.10011001100110011001100$$
23ビット

のようにすると3ビット分余計に格納できますね。つまり、少しでも多くの数値を仮数部に格納するために、1の位が1になるまでシフトするのです。これが正規化です。

さて、どんなにがんばっても、循環2進小数は途中までしか仮数部に格納できません。つまり、元の10進数の0.2とは等しくならないということです。このときに生じる誤差を丸め誤差と呼びます。10進小数を2進小数に変換したときに循環しないのは、2^{-n}で表すことのできる数か、その和に限られ、そのほかは循環してしまいます。

4バイトのfloat型は、仮数部に格納できるビット数が少なく精度が劣ります。その点doubleは8バイトなのでかなり誤差を少なくすることができます。メモリ容量に制約のある場合を除いてはdoubleを使うようにしてください。long doubleを使うほど精度にこだわるケースは稀でしょう。

sizeof 演算子

Sizeof Operator

解説動画 | https://book.mynavi.jp/c_prog/9_3_sizeof/

　一見関数のようですが、sizeof は演算子です。sizeof 演算子を使うと、型の大きさや、変数、配列、定数などの大きさを知ることができます。

9・3・1 データ型の大きさを調べる

　sizeof 演算子を使ってデータ型の大きさを調べる場合には次のように書きます。

> **構文** **データ型の大きさを調べる**
>
> sizeof(型名)

　()の中にintやdoubleなどの型名を書くと、sizeof 演算子は結果をsize_t型で返します。このsize_tは、処理系依存の長さを表す型で、stdio.hやstddef.hヘッダファイルなどの中でtypedef（P.363参照）により型が定義されています。処理系によって、unsigned long型と同じであったり、unsigned long long型と同じであったりします。

　C言語では、char型が1バイトであることを除き、型の大きさは処理系依存です。けれども、型の大きさを調べるためにsizeof 演算子を使うことは少ないと思います。では、どのようなときにsizeof 演算子を用いるのでしょう。

　mallocという動的にメモリ上に領域を確保する関数があります（P.339参照）。この関数を使ってintサイズの領域をn個メモリ上に確保したい場合

には、

```
int *buf;
buf = (int *)malloc(n * sizeof(int));
```

のように記述します。intの大きさは処理系に依存しますので、n * 2や
n * 4のように、2バイト、4バイトと決めてかかるのは危険です。そこで、
sizeof演算子を用いてintのサイズを求めるようにしているのです。こう
しておけば、intのサイズが変わっても、再コンパイルをすることで対応
することができます。

　mallocなど動的にメモリ領域を確保する関数では、intに限らず、変数
の大きさはsizeof演算子を用いて求めましょう。

⑨③② 変数や配列、定数の大きさを調べる

　sizeof演算子を使って、変数や配列、定数の大きさを調べる場合には次
のように書きます。

> **構文**　**変数・配列・定数の大きさを調べる**
>
> sizeof 式;

　この場合には()は必要ありません。けれども、可読性や一貫性を考慮し
て()を書くほうがいいでしょう。
　式には、変数や配列、定数のほか、構造体（P.355参照）などを書きます。
また、a + bのような計算式や、"computer"のような文字列リテラルも書
くことができます。

⑨

ビットを意識する

例 いろいろな式の大きさを調べてみましょう。

```
01.   /* いろいろな式の大きさを表示するプログラム */
02.   #include <stdio.h>
03.
04.   int main(void)
05.   {
06.      short i = 10, j = 100, *p1 = &i;
07.      int a[100], *p2 = a;
08.      double x[10], *p3 = x;
09.
```

配列aの要素数を調べる
```
10.      printf("aの要素数 = %zu¥n", sizeof(a) / sizeof(a[0]));
```
配列xの要素数を調べる
```
11.      printf("xの要素数 = %zu¥n", sizeof(x) / sizeof(x[0]));
12.
```
ポインタp1の大きさを調べる
```
13.      printf("short *      = %zu¥n", sizeof(p1));
```
ポインタp2の大きさを調べる
```
14.      printf("int *        = %zu¥n", sizeof(p2));
```
ポインタp3の大きさを調べる
```
15.      printf("double *     = %zu¥n", sizeof(p3));
16.
```
整数定数1の大きさを調べる
```
17.      printf("1            = %zu¥n", sizeof(1));
```
浮動小数点定数1.0の大きさを調べる
```
18.      printf("1.0          = %zu¥n", sizeof(1.0));
19.
```
文字列リテラル"computer"の大きさを調べる
```
20.      printf("computer     = %zu¥n", sizeof("computer"));
21.
```
式「i + j」の大きさを調べる */
```
22.      printf("i + j        = %zu¥n", sizeof(i + j));
23.
24.      return 0;
25.   }
```

サンプルコード s9-3-1.c	実行結果例 s9-3-1.exe

```
aの要素数 = 100 ┐
xの要素数 = 10  ┘  配列の要素数を調べることができます
short *  = 8   ┐
int *    = 8   ├  指す型のサイズにかかわらず、ポインタそのものの
double * = 8   ┘  サイズは同じです
1        = 4   ┐  整数定数はint、浮動小数点定数はdoubleです
1.0      = 8   ┘
computer = 9   →  文字列リテラルは'¥0'の大きさを含みます
i + j    = 4   →  演算式の大きさも調べることができます
```

（処理系により異なる場合があります）

　sizeof演算子を使うと、変数や配列の大きさだけではなく、配列の要素数やポインタの大きさも調べることができるのです。

　なお、式の大きさを調べる場合には()は不要ですが、読みやすさを考慮して書いています。

補足コラム

malloc関数

　配列は宣言時に大きさが決まります。そのため、ある程度の無駄を承知で、大きさを確保する必要があります。プログラム実行中に動的に必要なメモリ領域を確保できるとしたら便利ですね。標準ライブラリ関数のmallocを使うと、プログラムの実行中に好きな大きさの領域を確保することができるのです。mallocで確保した領域は使い終わったあとに必ずfree関数で解放してください。

例

　いろいろな式の大きさを調べてみましょう。

```
01. /* 動的に配列を用意するプログラム */
02. #include <stdio.h>
    malloc関数とfree関数を使用するためにインクルード
03. #include <stdlib.h>
```

```
04.
05.  int main(void)
06.  {
07.    int i, n, *buf;
08.
09.    printf("配列の要素数の入力> ");
10.    scanf("%d", &n);
```
intサイズn個分の領域を確保し、ポインタbufにそのアドレスを代入します
```
11.    buf = (int *)malloc(n * sizeof(int));
```
bufがNULLのときは領域確保に失敗しているので異常終了します
```
12.    if(buf == NULL) {
13.      printf("メモリが確保できません\n");
14.      return 1;
15.    }
```
確保した領域に値が代入できることを確認します
```
16.    for (i = 0; i < n; i++) {
```
配列添字演算子 (P.296) を使うとポインタを配列のように扱えます
```
17.      buf[i] = i;
18.      printf("%3d ", buf[i]);
19.    }
20.
```
使い終わったら必ずfree関数で解放します。
```
21.    free(buf);
22.
23.    return 0;
24.  }
```

サンプルコード s9-3-2.c　　　　　　　実行結果例 s9-3-2.exe

配列の要素数の入力> 10 ↵
　0　1　2　3　4　5　6　7　8　9

ビット演算子

Bitwise Operators

https://book.mynavi.jp/c_prog/9_4_bitwise/
解説動画

　C言語では、整数型のオペランドに対してアセンブリ言語のようにビット演算を行うことができます。

9.4.1　ビット演算子

　ビット演算子には、ビット単位のAND、OR、XORおよび反転をする演算子が用意されています。これらは、代入演算子と組み合わせることにより、「&=」や「|=」のような複合代入演算子（P.116）としても用いることが可能です。

表9-4-1　ビット演算子

演算子	説　明
&	ビット単位のAND（論理積）
|	ビット単位のOR（論理和）
^	ビット単位のXOR（排他的論理和）
~	ビット単位の反転（1の補数）

9
ビットを意識する

① & （ビット単位のAND　論理積）

　両方のビットが1のときのみ結果が1になるビット演算です。

```
0 & 0 → 0
0 & 1 → 0
1 & 0 → 0
1 & 1 → 1
```

　必要なビット以外をOFF（0）にする処理（マスクといいます）に使われます。たとえば、10101010という1バイトのビット列の下位4ビットをOFFにする場合、そのままにしたいビットを1、OFFにしたいビットを

0にした**11110000**でANDを求めることにより実現できます。

```
        10101010
  AND  11110000
  ─────────────
        10100000  ◀── マスクされ、0になる
```

② |（ビット単位の**OR** 論理和）

いずれかのビットが1なら結果が1になるビット演算です。

```
0 | 0 → 0
0 | 1 → 1
1 | 0 → 1
1 | 1 → 1
```

必要なビットを**ON（1）**にする場合にORは使われます。たとえば、10101010という1バイトのビット列の上位4ビットをONにする場合、ONにしたいビットを1、そのままにしたいビットを0にした**11110000**でORを求めることにより実現できます。

```
        10101010
  OR  11110000
  ─────────────
        11111010
         ▲
         └──────── ONされ1になる
```

③ ^（ビット単位の**XOR** 排他的論理和）

両方のビットが異なるときに結果を1にするビット演算です。

```
0 ^ 0 → 0
0 ^ 1 → 1
1 ^ 0 → 1
1 ^ 1 → 0
```

特定のビットを反転する場合にXORが使われます。たとえば、10101010という1バイトのビット列の下位4ビットを反転する場合、反転したいビットを1、そのままにしたいビットを0にした**00001111**でXORを求めることにより実現できます。

```
        10101010
XOR  00001111
────────────
        10100101  ◄── 反転する
```

④ ~（補数）

ビットの反転を行うビット演算です。

0 → 1
1 → 0

全ビットを無条件に反転します。uint32_t型（P.328参照）の変数aの下位4ビットをマスクする場合に16進数では、

a & 0xfffffff0

と記述しなければいけませんが、~演算子を用いると、

a & ~0x0f

と書くことができます。

例 ビット演算子を使ったプログラムを見てみましょう。

```
01.  /* ビットをセット、リセットするプログラム */
02.  #include <stdio.h>
     uint8_t型を使用するためにインクルード (P.328参照)
03.  #include <stdint.h>
04.
     数値をマクロ定義 (P.45) する
05.  #define EXE 1      /* 実行可能 */
06.  #define WRITE 2    /* 書き込み可能 */
07.  #define READ 4     /* 読み取り可能 */
08.
09.  int main(void)
10.  {
     符号なし8ビット型の変数modeを読み書き可能に初期化
        マクロ名 ビットOR演算子 マクロ名
11.  uint8_t mode = READ | WRITE;      /* 読み書き可能 */
```

⑨ ビットを意識する

```
12.

                #フラグ（P.94参照）
13.     printf("mode = %#.2x¥n", mode);

14.

                変数modeを実行可能にする
                変数 ビットOR代入演算子 マクロ名
15.     mode |= EXE;                              /* 実行可能 */

16.     printf("mode = %#.2x¥n", mode);

17.

                変数modeを書き込み不可能にする
                変数 ビットAND代入演算子 ビット補数演算子 マクロ名
18.     mode &= ~WRITE;                           /* 書き込み不可能 */

19.     printf("mode = %#.2x¥n", mode);

20.

21.     return 0;

22. }
```

サンプルコード s9-4-1.c　　　　　　　　**実行結果例 s9-4-1.exe**

```
mode = 0x06    ← 「読み取り」と「書き込み」が可能
mode = 0x07    ← 「読み取り」と「書き込み」と「実行」が可能
mode = 0x05    ← 「読み取り」と「実行」が可能
```

　ビット演算子は、ビットに意味を持たせ、少ない領域に多くの情報を格納する際によく用いられます。s9-4-1.cでは、8ビットの変数modeに次のように情報を持たせています。

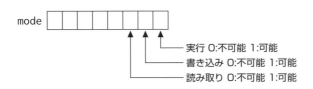

　11行目の初期化では、READとWRITEのORを求めることによりmodeが読み書き可能にセットされています。15行目では、EXEのORも求め、読み書きに加え実行も可能になります。18行目では、WRITEの補数を求め、さらにANDを求めることにより、書き込みが不可能にされています。

演習 **1** 任意の2つのuint16_t型で表すことのできる整数値を入力し、AND、OR、XORを求めて表示してください。ただし、わかりやすいように16進数で表示してください。なお、printfとscanfの10進数変換指定には"%hu"、16進数変換指定には"%#x"を記述します。☆

サンプルコード a9-4-1.c ／ **実行結果例 a9-4-1.exe**

```
0 〜 65535 の整数を2つ入力してください。
> 65530 ↵
> 65535 ↵
65530(0xfffa) AND 65535(0xffff) = 0xfffa
65530(0xfffa) OR  65535(0xffff) = 0xffff
65530(0xfffa) XOR 65535(0xffff) = 0x5
```

⑨④② シフト演算子

ビットをずらすシフト演算子として、ビットの右シフトと左シフトが用意されています。シフト演算子も、「<<=」や「>>=」のように書き、複合代入演算子として用いることができます。

表9-4-2　シフト演算子

演算子	説　明
<<	左シフト
>>	右シフト

① << (左シフト)

x << nと書き、xをnビット左へシフトします。

右側の空いたビットは0で埋め、左側のあふれたビットは捨てられます。

左シフトはxが正の場合、x << nであふれがなければ「$x \times 2^n$」を計算するのと同じになります。

・正の整数のとき

```
uint16_t x1 = 100;
x1 = x1 << 2;
```

捨てられる

0x64(100): | 0 | 0 | 0 | 0 | 0 | 0 | 0 | 0 | 0 | 1 | 1 | 0 | 0 | 1 | 0 | 0 |

0x190(400): | 0 | 0 | 0 | 0 | 0 | 0 | 0 | 1 | 1 | 0 | 0 | 1 | 0 | 0 | 0 | 0 |

0で埋める

9 ビットを意識する

② >> (右シフト)

x >> n と書き、x を n ビット右へシフトします。

左側の空いたビットには、x が符号なしなら0が入ります。x が符号つきなら、算術シフト（P.351参照）を行う処理系では符号桁が入り、論理シフト（P.351参照）を行う処理系では0で埋められます。右側のあふれたビットは、算術シフト、論理シフトのどちらでも捨てられます。なお、負数のシフトは処理系に依存しますので、扱いには十分に注意してください。

右シフトは x が正の場合、x >> n であふれがなければ「$x \div 2^n$」を計算するのと同じになります。

・正の整数のとき

```
uint16_t x1 = 100;
x1 = x1 >> 2;
```

捨てられる

0x64(100): 0 0 0 0 0 0 0 0 0 1 1 0 0 1 0 0

0x019(25): 0 0 0 0 0 0 0 0 0 0 0 1 1 0 0 1

0で埋める

・負の整数のとき（算術シフトを行う処理系の場合）

```
int16_t x2 = -100;
x2 = x2 >> 2;
```

捨てられる

0xff9c(-100): 1 1 1 1 1 1 1 1 1 0 0 1 1 1 0 0

0xffe7(-25): 1 1 1 1 1 1 1 1 1 1 1 0 0 1 1 1

符号桁で埋める

346

例 シフト演算子を使ったプログラムを見てみましょう。

```
01.    /* 指定したビットをON/OFFするプログラム */
02.    #include <stdio.h>
       CHAR_BITを得るためにインクルード
03.    #include <limits.h>
       uint32_t型を使用するためにインクルード
04.    #include <stdint.h>
05.
       bit_on関数とbit_off関数のプロトタイプ宣言 (P.281)
06.    uint32_t bit_on(uint32_t dt, int pos);
07.    uint32_t bit_off(uint32_t dt, int pos);
08.
09.    int main(void)
10.    {
11.      int pos;
12.
         unsignedサイズのビット位置を画面表示
13.      printf("ビット位置(0 ～ %d)> ",
           uint32_tサイズ*charのビット数-1
           (CHAR_BITはlimits.hにマクロ定義されているcharのビット数)
14.        (int)sizeof(uint32_t) * CHAR_BIT - 1);
15.      scanf("%d", &pos);
16.
         bit_on関数を呼び出してpos番目のビットをON
17.      printf("ビットON = %#x\n", bit_on(0U, pos));
         bit_off関数を呼び出してpos番目のビットをOFF
18.      printf("ビットOFF = %#x\n", bit_off(~0U, pos));
19.
20.      return 0;
21.    }
22.
23.    /*** 指定ビットをONする ***/
24.    /*(仮引数) dt:データ　pos:ビット位置 (返却値) データ */
25.    uint32_t bit_on(uint32_t dt, int pos)
26.    {
         符号なし32ビット整数型変数のbitを符号なし定数 (P.327) の1で初期化
27.      uint32_t bit = 1U;
28.
```

9

ビットを意識する

29.   変数bitをposだけ左シフト
    変数 左シフト代入演算子 変数
`bit <<= pos;`

    変数dtと変数bitのORを求め返却する
    return文 変数 ビットOR演算子 変数
30. `return dt | bit;`

31. `}`

32.

33. `/*** 指定ビットをOFFする ***/`

34. `/*（仮引数）dt:データ　pos:ビット位置（返却値）データ */`

35. `uint32_t bit_off(uint32_t dt, int pos)`

36. `{`

    符号なし32ビット整数型変数のbitを符号なし定数の1で初期化
37. `uint32_t bit = 1U;`

38.

    変数bitをposだけ左シフト
    変数 左シフト代入演算子 変数
39. `bit <<= pos;`

    変数dtと反転した変数bitのANDを求め返却する
    return文 変数 ビットAND演算子 ビット反転演算子 変数
40. `return dt & ~bit;`

41. `}`

サンプルコード s9-4-2.c   **実行結果例 s9-4-2.exe**

```
ビット位置(0 〜 31)> 7 ⏎
ビットON  = 0x80
ビットOFF = 0xffffff7f
```

s9-4-2.cでは、uint32_t型の変数の指定ビットをONにするbit_on関数とOFFにするbit_off関数を作ってみました。

bit_on関数では、次のようにビットをONにしています。

① bitに1を代入します。

    bit | 0 0 | … | 0 0 0 0 0 0 0 0 0 0 0 0 0 0 1 |

② bitをposだけ左シフトします。

    （例）pos:7

                                                  左シフト

    bit | 0 0 | … | 0 0 0 0 1 0 0 0 0 0 0 0 |

③ bit と dt のビット OR を求め返却します。

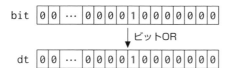

bit_off 関数では、次のようにビットを OFF にしています。

① bit に 1 を代入します。

bit | 0 0 | ⋯ | 0 0 0 0 0 0 0 0 0 0 0 0 1 |

② bit を pos だけ左シフトします。

（例）pos:7

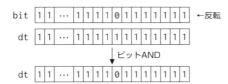

③ bit を反転し、dt とのビット AND を求め返却します。

bit | 1 1 | ⋯ | 1 1 1 1 0 1 1 1 1 1 1 1 | ←反転
dt | 1 1 | ⋯ | 1 1 1 1 1 1 1 1 1 1 1 1 |
　　　　　　↓ビットAND
dt | 1 1 | ⋯ | 1 1 1 1 0 1 1 1 1 1 1 1 |

　このように、目標のビットまでビットをシフトするためにシフト演算がよく使われます。

9

ビットを意識する

演習

次の仕様で関数を作成し、main 関数から呼び出して動作を確認してください。

1 任意の uint32_t 型で表すことのできる整数値を入力し、そのビットパターンを表示する関数を作成してください。☆☆
　　　関数名　show_bit
　　　仮引数　uint32_t dt：ビットパターンを表示する変数
　　　返却値　なし

サンプルコード a9-4-2.c　　　　**実行結果例** a9-4-2.exe

```
0 ～ 0xffffffff の16進数を入力してください。 > fedcba98 ↵
0xfedcba98 ---> 11111110110111001011101010011000  ◄── show_bit
                                                         での表示
```

2 任意のuint32_t型で表すことのできる整数値を入力し、そのビットパターンを左右反転する関数を作成してください。

なお、演習1で作成したshow_bit関数を用いてビットパターンを表示してください。☆☆☆

関数名　reverse_bit

仮引数　uint32_t：ビットパターンを左右反転する変数

返却値　uint32_t：左右反転した値

サンプルコード a9-4-3.c　　　　**実行結果例** a9-4-3.exe

```
0 ～ 0xffffffff の16進数を入力してください。 > 12345678 ↵
0x12345678 ---> 00010010001101000101011001111000  ◄── show_bitでの表示
0x1e6a2c48 ---> 00011110011010100010110001001000  ◄── show_bitでの表示
```

再確認! 情報処理の基礎知識

論理シフトと算術シフト

シフト演算には、単にビットの位置をずらす論理シフトと算術演算を行う算術シフトの2種類があります。

論理シフトはどのビットも同じようにシフトします。シフトの結果あふれてしまったビットは切り捨て、足りなくなったビットは0で補います。

図 論理シフト

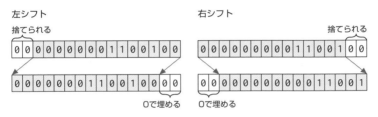

算術シフトは、数値演算に用いるシフトで、符号ビットを固定してシフトを行います。シフトの結果あふれたビットは捨てられますが、その際、符号ビットは保存されます。足りなくなったビットは、符号ビットで埋められます。桁あふれがない場合、n桁左シフトすることは「$x \times 2^n$」を計算することになり、n桁右シフトすることは「$x \div 2^n$」を計算することになります。

図 算術シフト

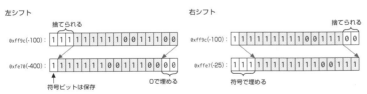

C言語では、正の数は論理シフトが行われますが、負の数は、算術シフトとなるか論理シフトとなるかが処理系に依存します。負数のシフトでは注意が必要です。

⑨ ビットを意識する

第 9 章　まとめ

① int 型には short 、long、long long（C99 で追加）のサイズを明示する型指定子をつけることができます。

② 整数型の符号なし型指定子は unsigned です。

③ C99 では、ビット幅を指定する整数型が導入されました。

④ 浮動小数点型には float、double、long double の 3 つの型が存在します。

⑤ sizeof 演算子を使うと、型の大きさや、変数、配列、定数などの大きさを知ることができます。

⑥ &、|、^、~ の演算子を使うとビット単位の論理演算ができます。

⑦ <<、>> の演算子を使うとビット単位のシフト演算ができます。

第10章 構造体を使いこなす

　構造体を使うと、複数の型をまとめて扱うことができます。構造体を使いこなし、効率的なプログラムを作成できるようになりましょう。

・・・・・・・・・・・・・・・・・・ はじめに ・・・・・・・・・・・・・・・・・・

　プログラムを組んでいると、異なる型のデータをまとめて扱いたい場合がよくあります。たとえば、身体測定のデータを扱うときに、int型の番号、char型配列の氏名、double型の身長・体重などを分けて管理するより、それらをまとめて管理したほうがわかりやすいですね。

　このように異なる型をまとめて扱いたい場合には、構造体を使います。構造体を使うと、複数の型のまとまりを1つの型として宣言することができます。

図　変数、配列と構造体

構造体の基本

Basics of Structures

https://book.mynavi.jp/c_prog/10_1_struct/

　構造体を使うには、まず構造体の型枠作りからはじめます。一度型枠を作っておけば、何度でも型枠から構造体の実体を作ることができます。ちょうど、タイ焼きの型があれば黒あんや白あんなどを入れて、いくつでも焼けるのと同じです。

10.1.1 構造体の変数

　構造体を使うと、複数の型をまとめて扱うことができます。そのためには、まず型をまとめて宣言して構造体の型枠（テンプレート）を作り、次にその型枠を使って構造体の実体を宣言します。

例

　まずは、構造体を使ったプログラムを見てみましょう。

```
01.  /* 円の情報を表示するプログラム */
02.  #include <stdio.h>
03.
         circle型構造体の型枠（テンプレート）の宣言
                構造体タグ名
04.  struct circle {      /* 円の情報 */
       データ型 メンバ名
05.     int x;              // x座標
06.     int y;              // y座標
07.     int r;              // 半径
08.     char color[10];   // 色
09.  };
```

構造体を使いこなす 10

```
10.
11.    int main(void)
12.    {
```

circle型構造体の変数c1の宣言と初期化
構造体タグ名 変数名 = {初期化子…};

```
13.    struct circle c1 = {100, 200, 30, "red"};
```

circle型構造体の変数c2の宣言と初期化
構造体タグ名 変数名 = {初期化子…};

```
14.    struct circle c2 = {.r = 50, .color = "blue"};
15.
16.    printf("円1：座標 = (%d,%d) 半径 = %d 色 = %s\n",
```

circle型構造体の変数c1の参照
変数名.メンバ名, …

```
17.        c1.x, c1.y, c1.r, c1.color);
18.    printf("円2：座標 = (%d,%d) 半径 = %d 色 = %s\n",
```

circle型構造体の変数c2の参照
変数名.メンバ名, …

```
19.        c2.x, c2.y, c2.r, c2.color);
20.
21.    return 0;
22.    }
```

サンプルコード s10-1-1.c | **実行結果例 s10-1-1.exe**

```
円1：座標 = (100,200)  半径 = 30  色 = red
円2：座標 = (0,0)  半径 = 50  色 = blue
```

structは構造体を宣言することを意味します。4～9行目までは構造体の型枠を宣言している部分です。この段階では型枠ができているだけでメモリ上に構造体の実体はありません。この型枠の宣言は次のように記述します。

構文 構造体の型枠の宣言

```
struct ①構造体タグ名 {
    ②データ型 ③メンバ名;
    ②データ型 ③メンバ名;
         ：          ：
};
```

356

① 構造体タグ名

タグ（tag）とは「札」のことですね。この構造体タグ名は構造体を識別するための識別子です。

② データ型

intやdoubleのようなデータ型を記述します。また、ここにすでに宣言している構造体を書くこともできます（P.364参照）。

③ メンバ名

構造体を構成する各要素をメンバと呼びます。そのメンバを識別する識別子を書きます。

図10-1-1 構造体の型枠の宣言

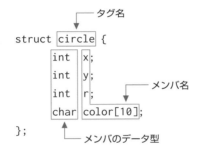

13行目は構造体の変数の宣言および初期化をしている部分です。メモリ上に構造体の領域が確保され、初期値が格納されます。

構文 **構造体の変数の宣言**

struct ①構造体タグ名　②変数名;

構文 **構造体の変数の初期化**

struct ①構造体タグ名　②変数名 = {③値1, ③値2 …};

---

① 構造体タグ名

型枠で宣言した構造体タグ名を記述します。

⑩

構造体を使いこなす

② 変数名

構造体として宣言する変数名を記述します。

③ 値（初期化子）

構造体に格納する値を{}の中にカンマ (,) で区切りながら順番に記述します。記述した順に先頭から構造体に格納されます。

図10-1-2　構造体変数の宣言と初期化

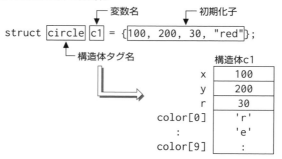

14行目は構造体の特定のメンバを初期化している部分です。C99から、一部のメンバだけを初期化できるようになりました。ここでは、メンバrとcolorのみを初期化しています。

> **構文　構造体の特定メンバの初期化**
>
> **struct** ①構造体タグ名　②変数名
> 　　= { ④.メンバ名 = ③値1, ④.メンバ名 = ③値2 …};

④ メンバ指示子

特定のメンバを初期化するには、メンバ指示子の後ろに等号と初期化子を記述します。ここで指定しないメンバの値は0になります。

なお、

```
struct circle c3 = {0};
```

のように記述すると、全メンバが0で初期化されます。

17、19行目は構造体のメンバを参照しています。構造体のメンバにアクセスするには、変数名とメンバ名を**ドット演算子**と呼ばれる「.」でつないで記述します。

構文 **構造体の変数のメンバを参照**

構造体変数名.メンバ名

 演習

1 テストの成績を構造体で管理します。実行結果例を参考に構造体を初期化し値を表示してください。ただし、点数のメンバは要素数5の配列で宣言してください。☆

サンプルコード **a10-1-1.c**　　　実行結果例 **a10-1-1.exe**

```
番号 = 1
氏名 = 安部寛之
国語の点数 = 76
数学の点数 = 82
理科の点数 = 87
社会の点数 = 93
英語の点数 = 88
```

10 構造体を使いこなす

10-1-2 構造体の配列

構造体の型枠からは、構造体の配列を作ることもできます。

例

構造体の配列を使ったプログラムを見てみましょう。

```
01.  /* 複数の円の情報を表示するプログラム */
02.  #include <stdio.h>
03.
     circle型構造体の型枠（テンプレート）の宣言
04.  struct circle { /* 円の情報 */
```

```
05.    int x;           // x座標
06.    int y;           // y座標
07.    int r;           // 半径
08.    char color[10];  // 色
09.  };
10.
11.  int main(void)
12.  {
```
circle型構造体の配列cの宣言と初期化
構造体タグ名 配列名[要素数] = {初期化子…};
```
13.    struct circle c[3] =
14.      {{100, 200, 30, "red"},
15.       {200, 250, 50, "blue"},
16.       {150, 300, 75, "yellow"}};
17.
18.    for (int i = 0; i < 3; i++) {
19.      printf("円%d：座標 = (%d,%d) 半径 = %d 色 = %s¥n",
```
circle型構造体の配列cの参照
配列名[添字].メンバ名, …
```
20.        i, c[i].x, c[i].y, c[i].r, c[i].color);
21.    }
22.
23.    return 0;
24.  }
```

| サンプルコード s10-1-2.c | 実行結果例 s10-1-2.exe |

```
円0：座標 = (100,200)  半径 = 30  色 = red
円1：座標 = (200,250)  半径 = 50  色 = blue
円2：座標 = (150,300)  半径 = 75  色 = yellow
```

　このプログラムを実行すると、メモリ上には次のような構造体の配列が
確保されます。

図10-1-3 構造体の配列

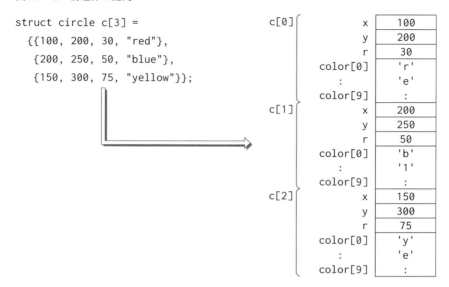

```
struct circle c[3] =
  {{100, 200, 30, "red"},
   {200, 250, 50, "blue"},
   {150, 300, 75, "yellow"}};
```

c[0]	x	100
	y	200
	r	30
	color[0]	'r'
	:	'e'
	color[9]	:
c[1]	x	200
	y	250
	r	50
	color[0]	'b'
	:	'l'
	color[9]	:
c[2]	x	150
	y	300
	r	75
	color[0]	'y'
	:	'e'
	color[9]	:

⑩

構造体を使いこなす

1 P.359の演習1（a10-1-1.c）で作成した構造体を、次のような5人分の要素で初期化し、学生ごとの合計点を求めてください。 ☆☆

学生番号	氏名	点数				
		国語	数学	理科	社会	英語
1	"安部寛之"	76	82	87	93	88
2	"内山理香"	54	66	71	64	76
3	"小田裕一"	93	45	63	97	96
4	"後藤美希"	81	88	72	84	78
5	"柴崎ユウ"	58	61	77	56	88

サンプルコード a10-1-2.c　　　**実行結果例 a10-1-2.exe**

安部寛之の合計点は426
内山理香の合計点は331
小田裕一の合計点は394
後藤美希の合計点は403
柴崎ユウの合計点は340

(10)(1)(3) 構造体のいろいろな宣言の仕方

　構造体の宣言には、10.1.1 項、10.1.2項で例示した以外にもいろいろな方法があります。なお、構造体の型枠と実体は、宣言場所によってそれぞれの通用範囲（P.310）が決まります。通用範囲を考慮してそれぞれの宣言を使い分けてください。

① 構造体の型枠と実体を同時に宣言することができます。

```
struct point {    /* 点の情報 */
  int x;          // x 座標
  int y;          // y 座標
} p1;
```

② 初期化も同時に行うことができます。

```
struct point {    /* 点の情報 */
  int x;          // x 座標
  int y;          // y 座標
} p1 = {100, 200};
```

③ 構造体タグ名を記述しないこともできます。

```
struct {          /* 点の情報 */
  int x;          // x 座標
  int y;          // y 座標
} p1 = {100, 200};
```

　ただし、この場合には構造体の型枠の使い回しができないので、実用的ではありません。

④ typedef（P.363）で別名をつけることができます。構造体の宣言は頭に「struct」がつくのでどうしても型名が長くなります。そのため、構造体の宣言を簡潔にするのにtypedefがとてもよく使われます。本書でも、今後の構造体の宣言にはtypedefを用いることにします。

```
typedef struct{/* 点の情報 */
  int x;                    // x座標
  int y;                    // y座標
} Point;
Point p1 = {100, 200};
```

→ typedefを使うと、破線部分をPointという識別子に置き換えることができます。

補足コラム

typedef

typedefはすでにある型に対して新しい型名をつけるもので、次のように記述します。

構文　**typedef**

typedef ①すでにある型 ②新しい名前**;**

① **すでにある型**

int型やdouble型、ポインタ型のような型のほか、構造体などを書くことができます。

② **新しい名前**

すでにある型につける識別子です。識別子の名付けルール（P.65）に従う必要があります。

【例1】宣言を短くする目的

```
typedef unsigned char Uchar;
Uchar data; // data をunsigned char 型で宣言するのと同じ
```

unsigned charのように長い型名に短い型名をつけることができます。

【例2】型名を明示する目的

```
typedef char * String;
String s = "Hello";        // s をchar * 型で宣言するのと同じ
```

char *型は文字列リテラルへのポインタなので、それを明示しています。

⑩

構造体を使いこなす

10·2 構造体の活用

Use Structures

解説動画　https://book.mynavi.jp/c_prog/10_2_typedef/

　構造体にほかの構造体を含んだり、構造体を一括して代入したりすることが可能です。

10·2·1 構造体のネスト

　構造体に別の構造体を含むことができます。たとえば、次のような長方形を宣言する場合を考えてみましょう。

　必要なのは左下の座標と右上の座標、そして色の情報だとします。左下と右上の座標はどちらもx座標とy座標で表すので、これを点の構造体にまとめて次のように宣言することができます。このとき、含まれる構造体のほうを先に宣言しておく必要があります。

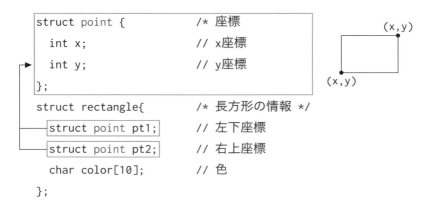

```
struct point {          /* 座標
  int x;                // x座標
  int y;                // y座標
};
struct rectangle{       /* 長方形の情報 */
  struct point pt1;     // 左下座標
  struct point pt2;     // 右上座標
  char color[10];       // 色
};
```

　この例は、P.363で解説したtypedefを使うと、次のように書き換えることができます。

```
typedef struct {      /* 座標 */
  int x;              // x座標
  int y;              // y座標
} Point;
typedef struct {      /* 長方形の情報 */
  Point pt1;          // 左下座標
  Point pt2;          // 右上座標
  char color[10];     // 色
} Rectangle;
```

例

この構造体を使ったプログラムを見てみましょう。

```
01.   /*長方形の情報を表示するプログラム */
02.   #include <stdio.h>
03.
```
Point型構造体の型枠の宣言
```
04.   typedef struct {      /* 座標 */
05.     int x;              // x座標
06.     int y;              // y座標
07.   } Point;
```
Rectangle型構造体の型枠の宣言
```
08.   typedef struct {      /* 長方形の情報 */
```
メンバにPoint型構造体を含む
Point型 メンバ名
```
09.     Point pt1;          // 左下座標
10.     Point pt2;          // 右上座標
11.     char color[10];     // 色
12.   } Rectangle;
13.
14.   int main(void)
15.   {
```
Rectangle型構造体の変数rの宣言と初期化
```
16.     Rectangle r = {{100, 200}, {200, 350}, "pink"};
17.     int width, height;
18.
```
長方形の幅を求める
変数名.メンバ名.メンバ名 – 変数名.メンバ名.メンバ名
```
19.     width = r.pt2.x - r.pt1.x;
```
長方形の高さを求める
変数名.メンバ名.メンバ名 – 変数名.メンバ名.メンバ名
```
20.     height = r.pt2.y - r.pt1.y;
21.
```

⑩

構造体を使いこなす

```
                構造体rの各メンバを表示
22.    printf("左下座標 = (%d,%d) 右上座標 = (%d,%d) 色 = %s\n",
23.           r.pt1.x, r.pt1.y, r.pt2.x, r.pt2.y, r.color);
24.    printf("幅 = %d  高さ = %d  面積 = %d\n",
25.           width, height, width * height);
26.
27.    return 0;
28.  }
```

サンプルコード s10-2-1.c　　　　　　　　**実行結果例 s10-2-1.exe**

```
左下座標 = (100,200)  右上座標 = (200,350)   色 = pink
幅 = 100  高さ = 150  面積 = 15000
```

　ネストした構造体のメンバの参照は、ドット演算子を2つ用いて、

　　r.pt1.x

のようになります。

 1 次の表を構造体として宣言し初期化してください。初期化した値
は表示して確認してください。なお、給与は基本給と各手当を構
造体として宣言し、それをネストしてください。☆

社員情報構造体

社員番号	氏名	役職	勤続年数	給与構造体			
				基本給	住宅手当	家族手当	資格手当
127	"滝沢康明"	"課長"	21	366780	10000	15000	12000
204	"加藤ゆい"	"主任"	15	283640	10000	0	6000
272	"矢田佐希子"	""	10	228760	0	0	6000
304	"堂本猛"	""	5	217700	0	10000	12000

サンプルコード a10-2-1.c　　　　　　　　**実行結果例 a10-2-1.exe**

```
番号 氏名        役職    勤続 基本給  住宅   家族   資格
 127 滝沢康明    課長     21 366780 10000 15000 12000
 204 加藤ゆい    主任     15 283640 10000     0  6000
 272 矢田佐希子          10 228760     0     0  6000
 304 堂本猛               5 217700     0 10000 12000
```

10②② 構造体の代入と比較

　配列の場合には一括して代入することはできませんが、構造体は同一型に限り、次のように一括して代入をすることができます。

```c
struct point {          /* 座標 */
  int x;                // x 座標
  int y;                // y 座標
};
struct point pt1 = {10, 20}, pt2, pt3[10];

pt2 = pt1;              // 構造体の一括代入
pt3[0] = pt2;
```

けれども、一括して比較をすることはできないので注意してください。

```c
if (pt1 == pt2) {       // これはできません
  printf("2点は等しいです\n");
}
```

比較をしたい場合には、面倒でもメンバを1つずつ比較してください。

```c
if (pt1.x == pt2.x && pt1.y == pt2.y) {
  printf("2点は等しいです\n");
}
```

1 P.366の演習1（a10-2-1.c）で作成した構造体に、次のデータを社員番号で昇順になる位置に挿入してください。☆☆☆

社員番号	氏名	役職	勤続年数	給与構造体			
				基本給	住宅手当	家族手当	資格手当
255	"小池一平"	""	12	264200	0	0	0

サンプルコード a10-2-2.c | **実行結果例 a10-2-2.exe**

```
番号 氏名        役職   勤続 基本給 住宅   家族   資格
 127 滝沢康明     課長    21 366780 10000 15000 12000
 204 加藤ゆい     主任    15 283640 10000     0  6000
 255 小池一平           12 264200     0     0     0
 272 矢田佐希子         10 228760     0     0  6000
 304 堂本猛              5 217700     0 10000 12000
```

10②③ 構造体のアドレス

構造体の各アドレスを取得するにはどうじたらよいでしょうか。

例

構造体の配列を使ったプログラムを見てみましょう。

```
01.  /* 構造体のアドレスを表示するプログラム */
02.  #include <stdio.h>
03.
     Circle型構造体の型枠の宣言
04.  typedef struct {    /* 円の情報 */
05.    int x;            // x座標
06.    int y;            // y座標
07.    int r;            // 半径
08.    char color[10];   // 色
09.  } Circle;
10.
11.  int main(void)
12.  {
```

```
        Circle型構造体の変数c1と配列c2の宣言
13.     Circle c1, c2[1];
14.
        Circle型変数c1の大きさを表示  sizeof演算子(p.336参照)
15.     printf("c1の大きさ = %zuバイト¥n", sizeof(c1));
        Circle型変数c1のアドレスを表示  %p変換指定 (P.246参照)
16.     printf("c1のアドレス = %p¥n", &c1);
17.     printf("メンバのアドレス¥n");
        Circle型変数c1の各メンバのアドレスを表示
18.     printf("%p %p %p %p¥n", &c1.x, &c1.y, &c1.r, c1.color);
19.
        Circle型配列c2の大きさを表示
20.     printf("c2の大きさ = %zuバイト¥n", sizeof(c2));
        Circle型配列c2の先頭要素のアドレスを表示
21.     printf("c2[0]のアドレス = %p¥n", c2);
22.     printf("メンバのアドレス¥n");
        Circle型配列要素c2[0]の各メンバのアドレスを表示
23.     printf("%p %p %p %p¥n",
24.         &c2[0].x, &c2[0].y, &c2[0].r, c2[0].color);
25.
26.     return 0;
27. }
```

サンプルコード s10-2-2.c　　　　　　　　**実行結果例 s10-2-2.exe**

```
c1の大きさ = 24バイト
c1のアドレス = 000000000061FE00
メンバのアドレス
000000000061FE00 000000000061FE04 000000000061FE08 000000000061FE0C
c2の大きさ = 24バイト
c2[0]のアドレス = 000000000061FDE0
メンバのアドレス
000000000061FDE0 000000000061FDE4 000000000061FDE8 000000000061FDEC
```

（環境により異なります）

⑩ 構造体を使いこなす

　取得するアドレスが変数のものか配列のものかで、アドレス演算子（P.246）をつけるかつけないかが決まります。構造体が変数の場合は、&をつけてアドレスを取得します。構造体が配列の場合には&はつけません。各メンバのアドレスを取得する際も、変数の場合には&が必要ですが、配列の場合には&が不要になります。

ところで、sizeof演算子で取得した構造体の大きさが、24バイトになっています。各メンバのバイト数を合計すると22バイトなので、2バイト多いことになりますね。実は、構造体はメンバ以外につめもの（パディング）を持つ場合があります。これは、メモリアクセスを効率よく行うためのものです。int型が4バイトの処理系では、4バイト単位でメモリからデータを読み込みます。そのためメンバを4バイトの倍数となるように配置すれば効率がよくなるのです。ここでは、2バイトのパディングを足して4バイトの倍数にしているわけです。

図10-2-1　構造体のパディング

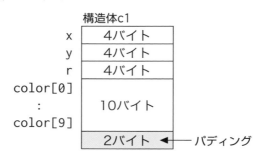

演習

1 P.369のs10-2-2.cで宣言した構造体の変数と配列に、キーボードから値を入力し、表示して確認するプログラムを作成してください。☆

サンプルコード　a10-2-3.c　　　　　　実行結果例　a10-2-3.exe

円1のメンバに値を入力してください。座標(x, y) 半径 色
100 200 30 red ⏎
円2のメンバに値を入力してください。座標(x, y) 半径 色
200 300 60 blue ⏎
円1：(100, 200) 半径 = 30 色 = red
円2：(200, 300) 半径 = 60 色 = blue

構造体へのポインタ

Pointers to Structures

解説動画 https://book.mynavi.jp/c_prog/10_3_pointerst/

　構造体のメンバをポインタで参照するには、独特の演算子を使います。この演算子は形が矢印に似ているので、通称、アロー演算子と呼ばれます。

10.3.1 構造体をポインタで指す

　ポインタで構造体の変数を指すことができます。指す対象が構造体であっても、ポインタの使用手順は今までと同じです。「①宣言」、「②アドレスの設定」、「③使用」という流れです。

例

構造体の変数をポインタで指すプログラムを見てみましょう。

```
01.  /* 構造体をポインタで指すプログラム */
02.  #include <stdio.h>
03.
     Circle型構造体の型枠の宣言
04.  typedef struct {    /* 円の情報 */
05.    int x;            // x座標
06.    int y;            // y座標
07.    int r;            // 半径
08.    char color[10];   // 色
09.  } Circle;
10.
11.  int main(void)
12.  {
```

構
造
体
を
使
い
こ
な
す

⑩

```
        Circle型構造体の変数c1の宣言と初期化
13.     Circle c1 = {100, 200, 30, "red"};
        Circle型構造体の配列c2の宣言と初期化
14.     Circle c2[2] = { {200, 300, 60, "blue"}, {150, 250, 20, "yellow"} };
        Circle型構造体の配列c3の宣言と初期化
15.     Circle c3[2] = { {120, 150, 10, "pink"}, {220, 150, 25, "green"} };
        Circleへのポインタ型変数p1、p2、p3の宣言
16.     Circle *p1, *p2, *p3;
17.
        ポインタp1へc1のアドレスを設定
18.     p1 = &c1;
        ポインタp2へc2の先頭要素のアドレスを設定
19.     p2 = c2;
        ポインタp3へc3の先頭要素のアドレスを設定
20.     p3 = c3;
21.
        ポインタp1の指す構造体のメンバを表示する
22.     printf("円1：(%d, %d) 半径 = %d 色 = %s¥n",
23.       p1->x, p1->y, p1->r, p1->color);
24.     for (int i = 0; i < 2; i++) {
          ポインタp2の指す構造体のメンバを表示する
25.       printf("円2：(%d, %d) 半径 = %d 色 = %s¥n",
26.         (p2+i)->x, (p2+i)->y, (p2+i)->r, (p2+i)->color);
27.     }
28.     for (int i = 0; i < 2; i++) {
          ポインタp3の指す構造体のメンバを表示する
29.       printf("円3：(%d, %d) 半径 = %d 色 = %s¥n",
30.         p3->x, p3->y, p3->r, p3->color);
          ポインタp3のインクリメント
31.       p3++;
32.     }
33.
34.     return 0;
35.   }
```

サンプルコード s10-3-1.c   **実行結果例** s10-3-1.exe

```
円1：(100, 200) 半径 = 30 色 = red
円2：(200, 300) 半径 = 60 色 = blue
円2：(150, 250) 半径 = 20 色 = yellow
円3：(120, 150) 半径 = 10 色 = pink
円3：(220, 150) 半径 = 25 色 = green
```

プログラムを順に見ていきましょう。

① ポインタの宣言…16行目　Circle *p1, *p2, *p3;
　　まず、ポインタ変数p1、p2、p3を宣言します。それぞれCircle型の構
　　造体を指すのでCircle型で宣言します。
② アドレスの設定… 18行目　　p1 = &c1;
　　　　　　　　　　　19行目　　p2 = c2;
　　　　　　　　　　　20行目　　p3 = c3;
　それぞれのポインタが指す構造体のアドレスを代入します。P.369で説
　明したように、構造体の変数のアドレスはアドレス演算子 (&) をつけて、
　構造体の配列の先頭要素のアドレスは配列名のみで取得します。
③ ポインタの使用…
　　　　23行目　　p1->x, p1->y, p1->r, p1->color);
　　　　26行目　　(p2+i)->x, (p2+i)->y, (p2+i)->r, (p2+i)->color);
　　　　30行目　　p3->x, p3->y, p3->r, p3->color);
　構造体のメンバをポインタで指す場合は独特の表記をします。
　23行目は、間接演算子 (*) を使って*p1.xと書けそうですが、.演算子
のほうが*演算子よりも優先順位が高いので、「ポインタp1の指す構造
体のメンバx」とするには(*p1).xと記述しなければなりません。C言語
ではこの(*p1).xを、アロー演算子と呼ばれる「->」を用いてp1->xと簡
潔に記述できます。

構文 **構造体のメンバをポインタで指す**

　構造体へのポインタ -> メンバ名

　ひと目でポインタが構造体のメンバを指していることがわかり、大変に
わかりやすいのではないでしょうか。
　構造体の配列のメンバを指す場合には、26行目のように(p2+i)->xと記
述します。これで、構造体の配列要素を指しているポインタにiを加え、次
の配列要素のメンバを指すようにします。

⑩

構造体を使いこなす

また、31行目のp3++のように記述することもできます。ポインタをインクリメントして次の要素のメンバを指すわけです。

 ネストの構造体をポインタで指す

さて、ネスト構造の構造体をポインタで指す場合についても説明しておきましょう。

例

10.2.1項で用いた構造体を使って説明しましょう。

```
01.   /* ネスト構造の構造体をポインタで指すプログラム */
02.   #include <stdio.h>
03.
      Point型構造体の型枠の宣言
04.   typedef struct {    /* 座標 */
05.     int x;           // x座標
06.     int y;           // y座標
07.   } Point;
      Rectangle型構造体の型枠の宣言
08.   typedef struct {    /* 長方形の情報 */
09.     Point pt1;       // 左下座標
10.     Point pt2;       // 右上座標
11.     char color[10];  // 色
12.   } Rectangle;
13.
14.   int main(void)
15.   {
      Rectangle型構造体の変数rの宣言と初期化
16.     Rectangle r = {{100, 200}, {200, 350}, "pink"};
      Rectangleへのポインタ型変数pの宣言と構造体rのアドレスの設定
17.     Rectangle *p = &r;
18.
19.     printf("左下座標 = (%d,%d) 右上座標 = (%d,%d) 色 = %s¥n",
           ポインタpが指す構造体のメンバを参照する
20.           p->pt1.x, p->pt1.y, p->pt2.x, p->pt2.y, p->color);
21.
22.     return 0;
23.   }
```

```
左下座標 = (100,200)  右上座標 = (200,350)  色 = pink
```

ポインタを使って構造体のメンバを参照している20行目のp->pt1.xに注目してください。

一見、p->pt1->x のように -> 演算子を続けて書けそうですが、それは間違いです。pt1はポインタではなくポインタpが指す構造体のメンバなので、それに含まれるメンバを参照するには .演算子を使います。

演習

ポインタを使って以下のプログラムを作成してください。

1 次のデータから該当する社員番号の社員を探し、情報を表示するプログラムを作成してください。☆☆

社員情報構造体

社員番号	氏名	役職	勤続年数	給与構造体			
				基本給	住宅手当	家族手当	資格手当
127	"滝沢康明"	"課長"	21	366780	10000	15000	12000
204	"加藤ゆい"	"主任"	15	283640	10000	0	6000
255	"小池一平"	""	12	264200	0	0	0
272	"矢田佐希子"	""	10	228760	0	0	6000
304	"堂本猛"	""	5	217700	0	10000	12000

サンプルコード a10-3-1.c　　　　実行結果例 a10-3-1.exe

```
探索する社員番号を入力してください。> 204 ⏎
番号 氏名        役職    勤続 基本給 住宅  家族   資格
 204 加藤ゆい    主任      15 283640 10000     0  6000
```

2 社員番号が必ず昇順に並んでいるものとして演習1のプログラムの探索を効率的に行うように修正してください。☆☆☆

サンプルコード a10-3-2.c　　　　実行結果例 a10-3-2.exe

```
探索する社員番号を入力してください。> 200 ⏎
該当する番号はありません。
```

構造体と関数

Structures and Functions

解説動画 https://book.mynavi.jp/c_prog/10_4_pointstruct/

　構造体はデータのサイズが大きくなります。そこで、関数で利用する場合、一般的には、メモリ領域を節約し処理効率を上げるためにポインタが使われます。

10 4 1 関数へ構造体を渡す

　構造体も関数へ実引数として渡すことができます。値を渡す方法とアドレスを渡す方法の2通りがあります。

例

　値を渡す方法とアドレスを渡す方法をくらべてみましょう。

```c
01.  /* 点の情報を表示するプログラム */
02.  #include <stdio.h>
03.
     Point型構造体の型枠の宣言
04.  typedef struct {    /* 点の情報 */
05.    int x;            // x座標
06.    int y;            // y座標
07.    char color[10];   // 色
08.  } Point;
09.
10.  void print_point1(Point p);
11.  void print_point2(const Point *p);
12.
```

```
13.  int main(void)
14.  {
```
Point型構造体の変数p1の宣言と初期化
```
15.     Point p1 = {100, 200, "red"};
```
Point型構造体の変数p2の宣言と初期化
```
16.     Point p2 = {200, 250, "blue"};
17.
```
print_point1関数を呼び出して点p1の情報を表示する
```
18.     print_point1(p1);
```
print_point2関数を呼び出して点p2の情報を表示する
```
19.     print_point2(&p2);
20.
21.     return 0;
22.  }
23.
24.  /*** 点の情報を表示する ***/
25.  /* (仮引数) p：点の構造体  (返却値) なし */
26.  void print_point1(Point p)
27.  {
```
構造体pのメンバを表示する
```
28.     printf("座標 = (%d,%d) 色 = %s\n", p.x, p.y, p.color);
29.  }
30.
31.  /*** 点の情報を表示する ***/
32.  /* (仮引数) p：点の構造体へのポインタ  (返却値) なし */
33.  void print_point2(const Point *p)
34.  {
```
ポインタpの指す構造体のメンバを表示する
```
35.     printf("座標 = (%d,%d) 色 = %s\n", p->x, p->y, p->color);
36.  }
```

サンプルコード s10-4-1.c　　　　**実行結果例 s10-4-1.exe**

```
座標 = (100,200) 色 = red
座標 = (200,250) 色 = blue
```

　まず、値を渡すprint_point1を見てみましょう。26行目の関数の入り口で、仮引数はPoint pとなっていますね。構造体を渡すので、引数型はPointになります。この方法では、構造体のコピーが関数側に用意される

のので関数の独立性は高くなります。ですが、大きな構造体の場合には、メモリ領域を浪費し処理効率が悪くなります。

図10-4-1　構造体を渡す

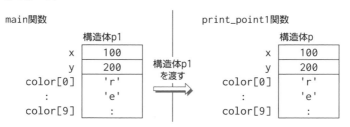

では、アドレスを渡すprint_point2のほうはどうでしょうか。33行目の関数の入り口で、仮引数はPoint *pとなっています。つまりPointへのポインタ型が書かれています。ポインタを介して構造体を参照する場合には、35行目のようにアロー演算子 (->) を使いますね。

この方法では構造体のコピーが作られないので、大きな構造体の場合にはメモリ領域を節約でき処理効率がよくなります。

図10-4-2　構造体のアドレスを渡す

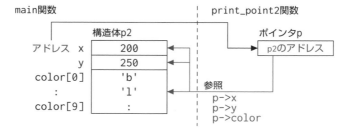

1 P.361の演習1 (a10-1-2.c) の点数の合計部分を、次の仕様を参考に関数化してください。☆☆

関数名　total_test
仮引数　Test_record s：成績情報構造体
返却値　int型：合計点数

サンプルコード　a10-4-1.c　　　　　実行結果例　a10-4-1.exe

安部寛之の合計点は426
内山理香の合計点は331
小田裕一の合計点は394　　　　main関数での表示
後藤美希の合計点は403
柴崎ユウの合計点は340

2 P.361の演習1（a10-1-2.c）で使用した構造体から、引数で指定した科目の最高点数を求める関数を、次の仕様を参考にして作成してください。☆☆☆

関数名　max_test
仮引数　Test_record *s：成績構造体へのポインタ
　　　　int subject：科目（0：国語、1：数学、2：理科、
　　　　　　　　　　　　　　　3：社会、4：英語）
　　　　int n：人数
返却値　int型：最高点数

サンプルコード　a10-4-2.c　　　　　実行結果例　a10-4-2.exe

数学の最高点数は88点です。　←　main関数での表示

（科目に1：数学を指定した場合）

10 4 2　関数から構造体を返す

次に関数から構造体を返す場合を考えてみましょう。関数から構造体を返却値として返す方法と、実引数で渡した構造体へのポインタを使って値を間接的に返す方法があります。

例

点の情報を返却する関数を見てみましょう。

```
01.  /* 点の情報を返却するプログラム */
02.  #include <stdio.h>
     strcpy関数を使用するためにインクルード
03.  #include <string.h>
```

```
04.
       Point型構造体の型枠の宣言
05.    typedef struct {     /* 点の情報 */
06.        int x;          // x座標
07.        int y;          // y座標
08.        char color[10];  // 色
09.    } Point;
10.
11.    Point get_point1(void);
12.    void get_point2(Point *p);
13.
14.    int main(void)
15.    {
           Point型構造体の変数p1とp2の宣言
16.        Point p1, p2;
17.
           get_point1関数を呼び出して変数p1に点の情報を得る
18.        p1 = get_point1();
           get_point2関数を呼び出して変数p2に点の情報を得る
19.        get_point2(&p2);
20.
           構造体p1のメンバを表示する
21.        printf("座標 = (%d,%d) 色 = %s¥n", p1.x, p1.y, p1.color);
           構造体p2のメンバを表示する
22.        printf("座標 = (%d,%d) 色 = %s¥n", p2.x, p2.y, p2.color);
23.
24.        return 0;
25.    }
26.
27.    /*** 点の情報を返却する ***/
28.    /* （仮引数）なし  （返却値）点の構造体 */
29.    Point get_point1(void)
30.    {
           Point型構造体の変数pの宣言
31.        Point p;
           変数pのメンバに値を代入
32.        p.x = 100;
33.        p.y = 200;
           コピー先領域サイズの確認
34.        if (sizeof(p.color) >= sizeof("red"))
```

```
           メンバcolorに"red"のコピー (P.212)
35.      strcpy(p.color, "red");
36.   else
37.      strcpy(p.color, "");
38.
39.   return p;
40. }
41.
42. /*** 点の情報を返却する ***/
43. /*（仮引数）p：点の構造体へのポインタ　（返却値）なし */
44. void get_point2(Point *p)
45. {
         ポインタpの指す構造体のメンバに値を代入
46.   p->x = 200;
47.   p->y = 250;
         コピー先領域サイズの確認
48.   if (sizeof(p->color) >= sizeof("blue"))
           メンバcolorに"blue"のコピー
49.      strcpy(p->color, "blue");
50.   else
51.      strcpy(p->color, "");
52. }
```

サンプルコード s10-4-2.c　　　　　　**実行結果例　s10-4-2.exe**

```
座標 = (100,200)  色 = red
座標 = (200,250)  色 = blue
```

　get_point1は構造体を返す関数です。関数から構造体を返却する場合には、返却値型が構造体になります。呼び出し側に構造体を用意し、関数から返却された構造体を受け取ります。

図10-4-3　構造体を返却する

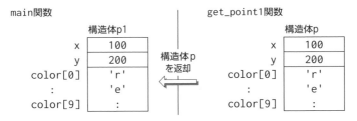

get_point2は、返却値を使わずに、実引数で渡されたポインタの指す構造体に値を代入しています。構造体はデータのサイズが大きくなるので、関数で利用するには一般的にポインタを使います。

図10-4-4　ポインタで間接的に値を代入

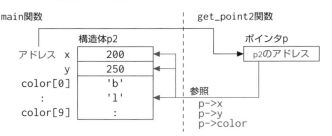

演習

1 P.375の演習1 (a10-3-1.c) のデータの検索部分を、次の仕様を参考に関数化してください。☆☆☆

関数名　search_syain

仮引数　Syain_dt *p：検索する構造体へのポインタ

　　　　int sno：検索する社員番号

　　　　int n：構造体の件数

返却値　Syain_dt型：検索した社員情報 (データのない場合には社員番号に0を設定)

サンプルコード a10-4-3.c　　　　実行結果例　a10-4-3.exe

```
探索する社員番号を入力してください。> 127 ↵
番号 氏名        役職   勤続 基本給 住宅  家族  資格
127 滝沢康明     課長    21 366780 10000 15000 12000
```

2 P.368の演習1 (a10-2-2.c) のデータの挿入部分を、次の仕様を参考に関数化してください。☆☆☆

関数名　insert_syain

仮引数　Syain_dt *s：挿入元の構造体へのポインタ

　　　　Syain_dt t：挿入する構造体

　　　　int n：挿入元の構造体の件数

返却値　なし

サンプルコード a10-4-4.c	実行結果例 a10-4-4.exe

番号	氏名	役職	勤続	基本給	住宅	家族	資格
127	滝沢康明	課長	21	366780	10000	15000	12000
204	加藤ゆい	主任	15	283640	10000	0	6000
255	小池一平		12	264200	0	0	0
272	矢田佐希子		10	228760	0	0	6000
304	堂本猛		5	217700	0	10000	12000

再確認！ 情報処理の基礎知識

基本データ構造

　配列やポインタ、構造体などを用いて、さまざまなデータ構造を実現することができます。その中でも基本的なものを紹介しましょう。

① スタック

　後入れ先出し（LIFO：Last-In First-Out）型のデータ構造で、最後に格納したデータが最初に取り出されます。干し草を積む（スタック）イメージです。C言語では配列とポインタを使って実現します。

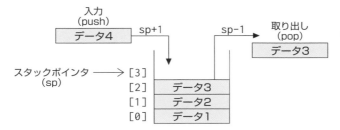

② キュー（待ち行列）

　先入れ先出し（FIFO：First-In First-Out）型のデータ構造で、最初に格納したデータが最初に取り出されます。レジなどの待ち行列のイメージです。C言語では配列とポインタを使って実現します。

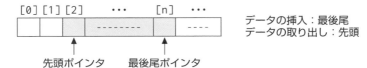

③リスト

　同じ型のデータを次々にポインタでつないだ構造をしています。
C言語では次のような構造体を使って実現します。この構造体は
自分自身と同じ構造体へのポインタを持ち、自己参照構造体と呼
ばれます。

```
struct List {
    int data;           // データ部
    struct List *next;  // 次のリストへのポインタ
};
```

データの挿入や削除は、ポインタを
つなぎかえることで実現する

第10章　まとめ

① 構造体を使うと異なる型のデータをまとめて扱うことができ
　ます。

② 構造体を使うには、まず構造体の型枠を作り、その型枠を使っ
　て実体を宣言します。

③ 構造体のメンバを参照するには.演算子を使います。

④ 構造体の宣言では、型枠と実体の両方の通用範囲を考慮する必
　要があります。

⑤ 構造体は配列と違って一括代入が可能です。

⑥ 構造体のメンバをポインタで参照する場合には、->演算子を使
　います。

⑦ 構造体を関数間でやり取りするには、一般的にポインタが使わ
　れます。

ファイル入出力

ファイル入出力を学習し、プログラムの出力結果を保存し利用できるようになりましょう。さらに、テキストファイルとバイナリファイルの違いを理解しましょう。

······················ はじめに ······················

　ここまでで学んだプログラムは、すべて実行結果を画面に表示するだけのものでした。そのため、プログラムを終了すると実行結果は利用できませんでした。実行結果を利用するには、ファイルとしてハードディスクなどのストレージに保存する必要があります。

　そうしたファイルの入出力を行うために、C言語には次のような標準ライブラリ関数が用意されています。これらは、おなじみの stdio.h ヘッダファイルをインクルードして使用します。関数名は、fileの頭文字の「f」がつくだけで標準入出力関数とよく似ていますね。

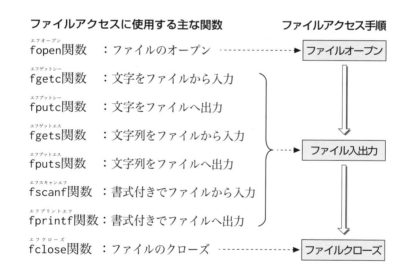

ファイルアクセスに使用する主な関数　　　　　　　**ファイルアクセス手順**

エフオープン
fopen関数　　：ファイルのオープン ·············▶ ファイルオープン

エフゲットシー
fgetc関数　　：文字をファイルから入力

エフプットシー
fputc関数　　：文字をファイルへ出力

エフゲットエス
fgets関数　　：文字列をファイルから入力

エフプットエス
fputs関数　　：文字列をファイルへ出力 ·····▶ ファイル入出力

エフスキャンエフ
fscanf関数　　：書式付きでファイルから入力

エフプリントエフ
fprintf関数：書式付きでファイルへ出力

エフクローズ
fclose関数　：ファイルのクローズ ·············▶ ファイルクローズ

ファイル入出力の基本

File Access

　ファイル入出力は難しいものではありません。すでに学習した標準入出力の知識があれば、すぐに理解することができます。

11-1-1 ストリーム

　C言語にはストリームという概念があります。ストリームとは、Cプログラムとファイルを結ぶデータの流れで、このストリーム上に入力バッファと出力バッファが置かれます。入出力を行うには、ファイルをオープンし、ストリームを確立する必要があります。なお、ファイルからの読み込みはストリームへの「入力」、ファイルへの書き込みはストリームからの「出力」となります。

図11-1-1　ファイルとストリーム

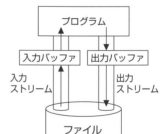

　C言語では、入出力を行う装置もファイルとして扱います。ですから、キーボード入力や画面表示の際には、入出力装置をオープンしてストリームを確立しなければなりません。しかし、入出力のたびにオープンするのは面倒です。そのため、Cプログラムには、実行すると自動的にオープンする特別なファイル「標準ストリーム」が用意されています。今まで学習したgetchar、putchar、

表11-1-1　標準ストリーム

標準ストリーム	通常割り当てられる装置
標準入力	キーボード
標準出力	ディスプレイ
標準エラー出力	ディスプレイ

11
ファイル入出力

puts、scanf、printfは、この標準ストリームを通して入出力を行う関数だったのです。

⑪①② ファイルへ文字列を入出力する

標準ストリーム経由の入出力とは異なり、ファイルを読み出したり保存したりするには、ファイルをオープンしてストリームと結合し、使い終わったファイルをクローズしてストリームから切り離す必要があります。

図11-1-2　ファイルとストリームとの関係

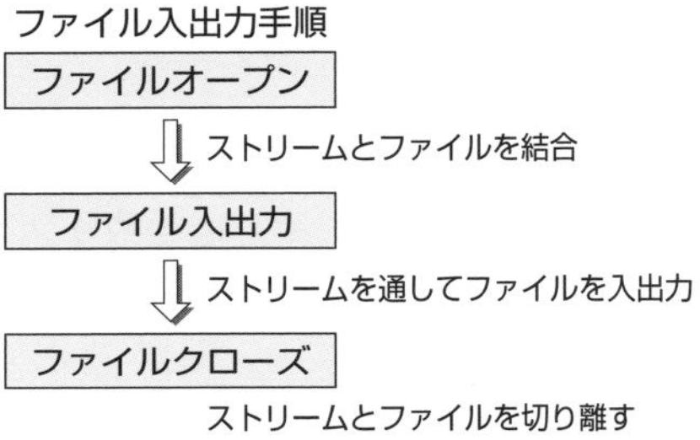

ファイル入出力手順

ファイルオープン
⇩ ストリームとファイルを結合

ファイル入出力
⇩ ストリームを通してファイルを入出力

ファイルクローズ
ストリームとファイルを切り離す

例

まずは、簡単なファイル入出力のプログラムを見てみましょう。

```
01.   /* ファイルをコピーするプログラム */
02.   #include <stdio.h>
03.
04.   int main(void)
05.   {
06.   FILE *fin, *fout;
07.   char infile[40], outfile[40];
08.   char str[256];
09.
10.     printf("コピー元ファイル = ");
11.     scanf("%39s", infile);
12.     printf("コピー先ファイル = ");
13.     scanf("%39s", outfile);
14.     if( (fin = fopen(infile, "r") ) == NULL) {
15.       printf("Input file open error.\n");
```

ファイルポインタfinとfoutの宣言（06行目）
FILE構造体型 ポインタ名 ポインタ名

入力ファイルを読み込みモードでオープンしファイルポインタをfinに取得する（14行目）
オープンに失敗したらエラー処理を行う
選択文（（ファイルポインタ = ファイルオープン関数(引数)) == 失敗)

```
16.        return 1;
17.    }
```
出力ファイルを書き込みモードでオープンしファイルポインタをfoutに取得する
オープンに失敗したらエラー処理を行う
選択文（（ファイルポインタ ＝ ファイルオープン関数(引数) ） == 失敗）
```
18.    if( (fout = fopen(outfile, "w") ) == NULL) {
19.        printf("Output file open error.¥n");
```
入力ファイルのクローズ
ファイルクローズ関数(引数)
```
20.        fclose(fin);
21.        return 1;
22.    }
23.
```
入力ファイルからファイル終了まで文字列をstrに読み込む
繰り返し文(文字列ファイル入力関数(引数) != 終了)
```
24.    while(fgets(str, sizeof(str), fin) != NULL) {
```
出力ファイルへ文字列を書き込む
文字列ファイル出力関数(引数)
```
25.        fputs(str, fout);
26.    }
27.
```
入力ファイルのクローズ
ファイルクローズ関数(引数)
```
28.    fclose(fin);
```
出力ファイルのクローズ
ファイルクローズ関数(引数)
```
29.    fclose(fout);
30.
31.    return 0;
32. }
```

サンプルコード s11-1-1.c　　　　　　**実行結果例** s11-1-1.exe

（「コピー元ファイル」で指定したファイルを「コピー先ファイル」へコピーします）

このプログラムはコピー元ファイルで指定したファイルをコピー先ファイルへコピーします。入出力は文字列単位で行っています。入出力の手順に従って、プログラムを順に見ていきましょう。

① 6行目　ファイルポインタの宣言を行っています。

```
FILE *fin, *fout;
```

⑪

ファイル入出力

ファイルポインタとは、ファイルの入出力に必要な情報を入れるFILE型構造体へのポインタです。FILE型構造体は、stdio.hヘッダファイルで宣言されています。ファイルポインタの内容は処理系依存ですが、

・**ファイル位置指示子**：現在アクセスしている位置
・**ファイル終了指示子**：ファイルの終端に達したかの情報
・**エラー指示子**：エラー情報
・**関連するバッファへのポインタ**

などを含みます。ファイル入出力を行う際には、必ずファイルポインタをfopen関数によって取得しなければなりません。

② 14、18行目　ファイルをfopen関数によりオープンしています。

構文　fopen関数

ファイル構造体へのポインタ　　　　　　　　ファイル名へのポインタ　　　　　　　　モードへのポインタ
```
FILE *fopen(const char *filename, const char *mode);
```

ポインタであることを示す*に注目です。つまり、fopen関数は、filenameの指す文字列が名前となっているファイルを、modeが指すモードでオープンし、FILE型構造体へのポインタ（**ファイルポインタ**）を返すのです。14行目ではコピー元ファイルをオープンして、ポインタ変数のfinにファイルポインタを代入しています。コピー元ファイルは読み込むだけなので、読み込み専用モードの"r"でオープンしています。
指定したファイルがなかったりしてオープンできないときには、NULL（P.298参照）ポインタが返却されます。15行目、16行目はNULL ポインタが返された場合のエラー処理です。エラーメッセージを表示したあとで、return 1;でOSに異常があったことを知らせプログラムを終了します（0以外で異常を知らせます）。**エラーの処理**は必ず書くようにしてください。

```
         正常時にはファイル  オープンする   オープン      エラー時には
         ポインタを取得する  ファイル名     モード        NULLが返る

if( ( fin = fopen( infile , "r" ) ) == NULL ) {
  printf("Input file open error.¥n");
  return 1;                                    }エラー時の処理
}
```

18行目ではコピー先ファイルをオープンして、ポインタ変数のfoutに
ファイルポインタを代入しています。コピー先ファイルは書き込みを行
うので、書き込み専用の"w"モードでオープンしています。

テキストファイル（P.400参照）をオープンするモードには、次の6種類
があります。オープンするファイルがあるかないかで、動作が異なりま
すので注意してください。

表11-1-2 fopen関数のテキストファイルへのオープンモード

モード	内容	ファイルがあるとき	ファイルがないとき
"r"	読み込み専用	正常	エラー（NULL返却）
"w"	書き込み専用	サイズを0にする（上書き）	新規作成
"a"	追加書き込み専用	最後に追加する	新規作成
"r+"	読み込みと書き込み	正常	エラー（NULL返却）
"w+"	書き込みと読み込み	サイズを0にする（上書き）	新規作成
"a+"	読み込みと追加書き込み	最後に追加する	新規作成

※ +の付いたモードで処理を変更する場合には、fflush、fseek、fsetpos、rewindのいずれ
かを呼び出す必要があります。

③ 24行目　fgets関数によりファイルから文字列の読み込みを行っています。

構文　fgets関数

```
格納配列へのポインタ  格納配列へのポインタ  入力最大文字数      ファイルポインタ
char *fgets(char *s, int n, FILE *fp);
```

fgets関数は、ファイルポインタfpが指すFILE型構造体に設定されて
いる情報に基づき、ファイルから1行入力してポインタsが指す配列に
格納し、そのポインタを返します。1行の「最大文字数」をnで指定する

必要がありますが、この文字数には'¥0'も含まれるので、実際に入力できる文字数は「最大文字数−1」となります。また、入力文字列に改行（'¥n'）をつけるので注意してください。

入力の終了と異常時にNULLを返します。24行目ではNULLでない間繰り返し処理を行い、ファイルのすべての行を読み込んでいます。

④ 25行目　fputs関数によりファイルへの文字列の書き込みを行っています。

> **構文　fputs関数**
>
> 返却値　　　　　　　　　　出力文字列へのポインタ　　　ファイルポインタ
> ```
> int fputs(const char *s, FILE *fp);
> ```

fputs関数は、fpが指す情報に基づいて、sが指す配列に格納されている文字列を1行だけファイルへ出力します。出力に失敗した場合にはEOF（P.182参照）を返却します。このプログラムでは繰り返し処理によって全行出力しています。

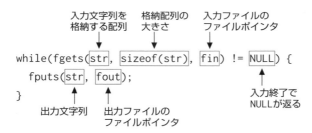

⑤ 20、28、29行目　fclose関数でファイルをクローズします。

> **構文　fclose関数**
>
> 返却値　　　　　　ファイルポインタ
> ```
> int fclose(FILE *fp);
> ```

fclose関数は、fpが指す情報に基づいてファイルをクローズします。エラー時は、EOFが返されますが、fopenと異なり、このエラーは参照され

ることはあまりありません。

1 色の名前を格納してあるファイル「color.txt」を読み込み、"green" が名前の中にあるもののみファイル「green.txt」に書き込むプログラムを作成してください。☆☆

（ヒント）文字列1の中から文字列2を検索するstrstr関数を利用すると便利です。

```
#include <string.h>
```
検索した文字列（ない場合はNULL）　　文字列1　　　　文字列2
```
char *strstr(const char *s1, const char *s2);
```

サンプルコード a11-1-1.c 　　　**実行結果例** a11-1-1.exe

11 1 3 ファイルへ文字を入出力する

P.389のs11-1-1.cはファイル入出力を文字列の1行単位で行うものでしたが、1文字単位でも行うことができます。1文字単位の入出力には、`fgetc`関数と`fputc`関数を使います。

例

s11-1-1.cを1文字単位で入出力を行うように書き換えてみましょう。

```
01.  /* ファイルをコピーするプログラム */
02.  #include <stdio.h>
03.
04.  int main(void)
05.  {
```
ファイルポインタfinとfoutの宣言
```
06.    FILE *fin, *fout;
07.    char infile[40], outfile[40];
08.    int c;
09.
10.    printf("コピー元ファイル = ");
11.    scanf("%39s", infile);
```

```
12.      printf("コピー先ファイル = ");

13.      scanf("%39s", outfile);
```
入力ファイルを読み込みモードでオープンしファイルポインタをfinに取得する
オープンに失敗したらエラー処理を行う
```
14.      if( (fin = fopen(infile, "r") ) == NULL) {

15.        printf("Input file open error.¥n");

16.        return 1;

17.      }
```
出力ファイルを書き込みモードでオープンしファイルポインタをfoutに取得する
オープンに失敗したらエラー処理を行う
```
18.      if( (fout = fopen(outfile, "w") ) == NULL) {

19.        printf("Output file open error.¥n");
```
入力ファイルのクローズ
```
20.        fclose(fin);

21.        return 1;

22.      }

23.
```
入力ファイルからファイル終了まで文字をcに読み込む
繰り返し文(文字ファイル入力関数(引数) != 終了)
```
24.      while( (c = fgetc(fin) ) != EOF) {
```
出力ファイルへ文字cを書き込む
文字ファイル出力関数(引数)
```
25.        fputc(c, fout);

26.      }

27.
```
入力ファイルのクローズ
```
28.      fclose(fin);
```
出力ファイルのクローズ
```
29.      fclose(fout);

30.

31.      return 0;

32.    }
```

サンプルコード **s11-1-2.c**　　　　　実行結果例　**s11-1-2.exe**

（「コピー元ファイル」で指定したファイルを「コピー先ファイル」へコピーします）

24行目では、fgetc関数により1文字単位での入力を行っています。

構文　**fgetc関数**

入力文字　　　　　　　　　　ファイルポインタ
```
int fgetc(FILE *fp);
```

fgetc関数は、fpが指す情報に基づいてファイルから1文字入力します。fgetcは入力の終了と異常時に EOF を返します。24行目ではEOFでない間処理を繰り返し、ファイルの文字をすべて読み込んでいます。

25行目では、fputc関数により1文字単位で出力を行っています。

構文　**fputc関数**

返却値　　　　　　出力文字　　　　　　　　ファイルポインタ
```
int fputc(int c, FILE *fp);
```

fputc関数は、fpが指す情報に基づいてファイルへ変数cに格納されている文字を出力します。エラー時にはEOF を返却します。

```
            入力文字を        入力ファイルの
            格納する変数      ファイルポインタ

while( (c = fgetc(fin) ) != EOF) {
  fputc(c, fout);
}                                      入力終了で
      出力文字列   出力ファイルの        EOFが返る
                  ファイルポインタ
```

演習 1　読み込んだファイルの中身をすべて tolower 関数（P.222）で小文字に書き換えて、別ファイルに保存するプログラムを作成してください。（全角を含むファイルを「コピー元ファイル」に指定すると、全角文字が文字化けする可能性があります。）☆

サンプルコード **a11-1-2.c**　　　　　実行結果例 **a11-1-2.exe**

❶❹ ファイルへの書式付き入出力

scanf関数とprintf関数を使うと書式付きで標準入出力が行えましたが、ファイル入出力も書式付きで行うことができます。書式付きのファイル入出力には、fscanf関数とfprintf関数を使います。

例

書式付きでファイル入出力を行ってみましょう。

```
01.  /* 10進整数値のファイル入出力を行うプログラム */
02.  #include <stdio.h>
03.  #define N 10
04.
05.  int main(void)
06.  {
```
ファイルポインタfpの宣言
```
07.    FILE *fp;
08.    int number[N];
09.
```
ファイルを書き込み読み込みモードでオープンしファイルポインタをfpに取得する
オープンに失敗したらエラー処理を行う
```
10.    if( (fp = fopen("num.txt", "w+") ) == NULL) {
11.      printf("File open error.¥n");
12.      return 1;
13.    }
14.
15.    for (int i = 1; i <= N; i++) {
```
ファイルへiを10進数で書き込む
書式付きファイル出力関数(引数)
```
16.      fprintf(fp, "%d ", i);
17.    }
18.
```
ファイルのアクセス位置を先頭に戻す(「0L」はlong型定数の0。P.327参照)
ファイル位置づけ関数(引数)
```
19.    fseek(fp, 0L, SEEK_SET);
20.    for (int i = 0; i < N; i++) {
```
ファイル内容を10進数で配列number[i]へ読み込む
書式付きファイル入力関数(引数)
```
21.      fscanf(fp, "%d ", &number[i]);
```

```
22.    }
23.

       配列numberの要素を表示して確認
24.    for (int i = 0; i < N; i++) {
25.      printf("%d ", number[i]);
26.    }
27.

       ファイルのクローズ
28.    fclose(fp);
29.

30.    return 0;
31.  }
```

サンプルコード s11-1-3.c　　　　　**実行結果例** s11-1-3.exe

```
1 2 3 4 5 6 7 8 9 10
```

s11-1-3.c は、1から10までの数値をファイルに書き込んだあと、ファイルから読み込んで配列に格納するプログラムです。

このプログラムで使用するファイルは、書き込みのあと読み込みも行うのでモード "w+" でオープンしています。

16行目では、fprintf関数を使ってファイルに10進整数を書き込んでいます。

構文 **fprintf関数**

返却値　　　　　　　　ファイルポインタ　　　　　　書式文字列へのポインタ　可変個引数
```
int fprintf(FILE *fp, const char *format, ...);
```

fprintf関数は、fpが指す情報に基づいてファイルへ書式付きで出力します。正常時には転送バイト数を返し、異常時には負の値を返します。

printf関数のファイル版だと思えばいいでしょう。ファイルポインタを指定する以外はprintfと同じように使います。

さて、ファイル入出力関数は、ファイルの先頭から順に読み書き（シーケンシャルアクセスと呼びます）できるように、読み書き後にファイル位置

指示子を進めます。そのため書き込みで進んだファイル位置指示子は、読み込む前に元に戻しておかなくてはなりません。その処理を行うのが19行目の fseek 関数です。

fseek を使うと、アクセスしたい任意のところにファイル位置指示子を設定することもできます。このようにして、ファイルの途中にアクセスするのをランダムアクセスと呼びます。

なお、ファイル位置指示子はファイルポインタが指す FILE 型構造体に格納されています。

構文　fseek関数

返却値　　　　　　　　　　　ファイルポインタ　　　　移動量　　　　　　　　　　移動原点
```
int fseek(FILE *fp, long offset, int origin);
```

---

fseek 関数は、fp が指す FILE 型構造体に格納されているファイル位置指示子を、origin から offset バイト移動します。正常時には0を返却し、異常時には0以外の値を返却します。なお、テキストファイルに対しては、offset に0、origin に SEEK_SET か SEEK_END を指定してください。それ以外を指定すると正しく移動できない場合があります。

【origin】　SEEK_SET：ファイルの先頭
　　　　　　SEEK_CUR：ファイルの現在位置
　　　　　　SEEK_END：ファイルの終端

21行目では、fscanf 関数を使ってファイルから配列へ10進整数を読み込んでいます。

構文　fscanf関数

返却値　　　　　　　　　　ファイルポインタ　　　　　　　　　書式文字列へのポインタ　可変個引数
```
int fscanf(FILE *fp, const char *format, ...);
```

この fscanf も、ファイルポインタを指定する以外は scanf と同じように使うことができます。fscanf は正常時には入力項目数を返却し、入力失敗

時にはEOFを返却します。

演習

1 キーボードから入力した氏名、身長、体重をファイルに登録する
プログラムを作成してください。☆☆

サンプルコード a11-1-3.c **実行結果例** a11-1-3.exe

```
氏名 身長 体重を入力してください。(終了条件：Ctrl+Z)
小栗潤 182 62 ↵
田中幸太 178 61 ↵
伊藤英雄 181 69 ↵
藤原和也 178 55 ↵
^Z Ctrl + Z ↵
```

2 次のように昇順に並んだデータが登録してあるファイル（data.
txt）があります。このファイルを読み込み、メジアン（中央値）と
モード（最頻値）を求めるプログラムを作成してください。☆☆☆

data.txt

6 6 6 12 12 34 56 76 76 87 87 87 92 105 105 105 105 128 128 161

サンプルコード a11-1-4.c **実行結果例** a11-1-4.exe

```
メジアン = 87
モード = 105
```

⑪ ファイル入出力

テキストとバイナリのファイル

Text file and Binary file

解説動画　https://book.mynavi.jp/c_prog/11_2_textbin/

　ファイルには、データの形式が文字列となっているテキストファイルと、コンピュータの内部で扱うビットとなっているバイナリファイルがあります。

11 2 1 テキストファイル

　データが文字列となっているファイルを**テキストファイル**と呼びます。11.1節で扱ったファイルはすべてテキストファイルでした。テキストファイルはテキストエディタを使って読むことができるので、中身の確認が簡単にできます。扱いやすいファイルだといえましょう。

　けれども、テキストファイルに数字を格納する場合、数字はすべて**文字コード**に変換されるので、内容によっては容量が増えてしまいます。

例

　ためしに32ビット整数値の最大値（INT32_MAX）（P.329参照）をテキストファイルに書き込んでみましょう。

```
01.   /* テキストファイルへ32ビット最大の整数値を書き込む */
02.   #include <stdio.h>
        int32_t型（P.328参照）とマクロINT32_MAXを使用するためにインクルード
03.   #include <stdint.h>
04.
05.   int main(void)
06.   {
        ファイルポインタftxtの宣言
07.     FILE *ftxt;
```

```
08.    int32_t txt, n = INT32_MAX;
09.
```
ファイルを書き込み読み込みモードでオープンしファイルポインタをftxtに取得する
オープンに失敗したらエラー処理を行う
```
10.    if((ftxt = fopen("txt.dat", "w+")) == NULL) {
11.      printf("ファイルがオープンできません¥n");
12.      return 1;
13.    }
```
ファイルへn（INT32_MAX）を10進数で書き込む
```
14.    fprintf(ftxt, "%d", n);
```
ファイルのアクセス位置を先頭に戻す
```
15.    fseek(ftxt, 0L, SEEK_SET);
```
ファイル内容を10進数で変数txtへ読み込む
```
16.    fscanf(ftxt, "%d", &txt);
17.    printf("txt = %d¥n", txt);
```
ファイルクローズ
```
18.    fclose(ftxt);
19.
20.    return 0;
21. }
```

サンプルコード s11-2-1.c　　　　**実行結果例** s11-2-1.exe

```
txt = 2147483647
```

⑪ ファイル入出力

　このプログラムでは、14行目で32ビット整数値の最大値INT32_MAXを
ファイル「txt.dat」に書き込んでいます。この値は「2147483647」で、テキ
ストファイルでは、次のように1バイトあたり1文字ずつ、つまり**10バイ
ト**で保存します。

図11-2-1　テキストファイルに書き込んだINT32_MAX

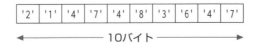

'2' '1' '4' '7' '4' '8' '3' '6' '4' '7'

◀──────── 10バイト ────────▶

11②② バイナリファイル

バイナリファイルは、数値をビットで保存します。バイナリファイルはテキストエディタを使っても読むことはできません。けれども、テキストファイルと違って数値を文字コードに変換しないので、データのサイズは小さくなります。

例

今度は32ビット整数値の最大値（INT32_MAX）をバイナリファイルに書き込んでみましょう。

```
01.  /* バイナリファイルへ32ビット最大の整数値を書き込む */
02.  #include <stdio.h>
03.  #include <stdint.h>
04.
05.  int main(void)
06.  {
```
ファイルポインタfbinの宣言
```
07.    FILE *fbin;
08.    int32_t bin, n = INT32_MAX;
09.
```
ファイルを書き込み読み込みバイナリモードでオープンしファイルポインタをfbinに取得する
オープンに失敗したらエラー処理を行う
```
10.    if((fbin = fopen("bin.dat", "w+b")) == NULL) {
11.      printf("ファイルがオープンできません¥n");
12.      return 1;
13.    }
```
ファイルへn（INT32_MAX）をint32_tサイズ1要素で書き込む
直接出力関数(引数)
```
14.    fwrite(&n, sizeof(int32_t), 1, fbin);
```
ファイルのアクセス位置を先頭に戻す
```
15.    fseek(fbin, 0L, SEEK_SET);
```
ファイルからbinへint32_tのサイズ、1個の要素で読み込む
直接入力関数(引数)
```
16.    fread(&bin, sizeof(int32_t), 1, fbin);
17.    printf("bin = %d¥n", bin);
```
ファイルクローズ
```
18.    fclose(fbin);
19.
20.    return 0;
21.  }
```

| サンプルコード s11-2-2.c | 実行結果例 s11-2-2.exe |

```
bin = 2147483647
```

このプログラムは14行目で、INT32_MAXを代入した変数nをバイナリファイルに書き込んでいます。バイナリファイルの場合、次のように数値はバイナリデータとして書き込まれます。つまり、そのまま4バイトの大きさになります。

図11-2-2 バイナリファイルに書き込んだINT32_MAX

$$7\text{FFFFFFF}_{(16)} = 2147483647_{(10)}$$

◀—— 4バイト ——▶

さて、もう少し細かくs11-2-2.cを見てみましょう。

10行目では "w+b" モードでファイルをオープンしています。これは、バイナリファイルを「書き込みと読み込み」のモードで開くことを意味します。バイナリファイルを開く場合には "rb" や "w+b" のように、モードにbをつけます。

16行目で使用しているfread関数と14行目で使用しているfwrite関数は、ブロック単位でファイルの読み書きをする標準ライブラリ関数です。バイナリファイルの読み書きは、一般的にこの2つの関数を使って行います。

構文 fwrite関数

返却値　　　書き込むデータへのポインタ　要素1個の大きさ　要素の個数　ファイルポインタ
```
size_t fwrite(const void *buf, size_t size, size_t n, FILE *fp);
```

fwrite関数は、bufが指すデータのうちsizeバイトのn個を、fpが指す情報に基づいてファイルへ書き込みます。正常時は書き込んだデータ個数（バイト数ではないので注意してください）を返却し、異常時にはnより小さな値を返却します。

fread関数

返却値 　　　　読み込む領域へのポインタ　要素1個の大きさ　　　要素の個数　　ファイルポインタ

```
size_t fread(void *buf, size_t size, size_t n, FILE *fp);
```

　fread関数は、fpが指す情報に基づいて、sizeバイト単位でn個のデータを読み込み、bufが指す変数に格納します。正常時は読み込んだデータ個数（バイト数ではありません）を返却し、ファイル終了時および異常時はnより小さな値を返却します。

11 ② ③ バイトオーダー

　バイナリファイルはテキストエディタで読むことができません。中身を確認できないのは不便なので、ファイルを読み込んで16進数で表示するファイルダンププログラムを書いてみましょう。

例

　ファイルを読み込んで16進数で表示します。

```
01.  /* ファイルダンププログラム */
02.  #include <stdio.h>
03.  #include <ctype.h>
04.
05.  #define W 16   // 16桁ずつ表示する
06.
     コマンドライン入力をmain関数の引数で受け取る (P.307)
07.  int main(int argc, char *argv[])
08.  {
     ファイルポインタfpの宣言
09.    FILE *fp;
10.    int n;
11.    unsigned offset = 0;
     格納領域bufを符号なし文字型で宣言する
12.    unsigned char buf[W];
```

```
13.
```
コマンドライン引数が2個未満なら
```
14.    if (argc < 2) {
15.      printf("ファイル名を指定してください。¥n");
16.      return 0;
17.    }
```
コマンドラインで受け取ったファイルをバイナリ読み込みモードでオープンしファイル
ポインタをfpに取得する。オープンに失敗したらエラー処理を行う
```
18.    if ((fp = fopen(argv[1], "rb")) == NULL) {
19.      printf("ファイルオープンエラーです。¥n");
20.      return 1;
21.    }
```
ファイル終了までファイル内容をbufに1バイトのサイズ、16個の要素で読み込む
```
22.    while ((n = fread(buf, 1, W, fp)) > 0) {
```
オフセットアドレスを表示する
```
23.      printf("%08X: ", offset);
```
読み込んだファイル内容を16進数で表示する
```
24.      for (int i = 0; i < n; i++) {
25.        printf("%02X ", buf[i]);
26.      }
```
16個に足りない分はスペースを表示する
```
27.      if (n < W) {
28.        for (int i = n; i < W; i++) {
29.          printf(" ");
30.        }
31.      }
32.      for (int i = 0; i < n; i++) {
```
印字可能文字なら (P.219)
```
33.        if (isprint(buf[i])) {
```
buf[i]の要素を文字表示
```
34.          putchar(buf[i]);
35.        }
```
そうでないなら'.'を表示
```
36.        else {
37.          putchar('.');
38.        }
39.      }
40.      putchar('¥n');
```
オフセットを16バイト更新
```
41.      offset += W;
```

⑪

ファイル入出力

```
42.        }
43.        putchar('¥n');
44.
           ファイルクローズ
45.        fclose(fp);
46.
47.        return 0;
48.    }
```

```
C:¥source¥11>s11-2-3 txt.dat
00000000: 32 31 34 37 34 38 33 36 34 37              2147483647
   ←→        ←――――――――――――――――――――――――――――→       ←――――――→
   番地              バイナリ表示                      テキスト表示
C:¥source¥11>s11-2-3 bin.dat
00000000: FF FF FF 7F                                . . . .
   ←→        ←――――――――――――――――――――――――――――→       ←――――――→
   番地              バイナリ表示                      テキスト表示
```

（処理系により異なる場合があります）

　これで、s11-2-1.cで作成したtxt.datの中身とs11-2-2.cで作成したbin.
datの中身が確認できますね。なお、アドレスは、相対的にデータの前から
何番目であるかを示すオフセットアドレスで表示しているので、両者とも
「00000000」となっています。

　txt.datをダンプしてみると、バイナリ表示には「2147483647」の文字コー
ド（ACSII、16進数）が並んでいるのがわかりますね。右側はテキスト表示
なので、「2147483647」となっています。

　bin.datのほうはどうでしょう。2147483647の16進数は「7FFFFFFF」で
すが、なぜかバイナリ表示は「FF FF FF 7F」となっています。テキスト表
示はできないので、右側には37行目で指定した（.）が並んでいます。

　bin.datのバイナリ表示が「7F FF FF FF」とならないのはなぜでしょう。
データはメモリに1バイトずつアドレス順に格納されますが、実は、上位
のアドレスから順に格納する方式と、下位のアドレスから順に格納する方
式の2通りがあるのです。この方式をバイトオーダーまたはエンディアン
と呼び、上位アドレスからの方式をビッグ・エンディアン、下位からの方

式をリトル・エンディアンと呼びます。筆者の環境はリトル・エンディアンなので「FF FF FF 7F」となっているのです。なお、Core iシリーズに代表されるインテルのCPUではリトル・エンディアンが、モトローラのCPUではビッグ・エンディアンが採用されています。

図11-2-3 ビッグ・エンディアンとリトル・エンディアン

| 0A | 0B | 0C | 0D |

←―――――→
ビッグ・
エンディアン

| 0D | 0C | 0B | 0A |

←―――――→
リトル・
エンディアン

※ 0A0B0C0D(16)を格納したところ

演習

1 P.361の演習1 (a10-1-2.c) で使用した構造体をテキストファイルに書き込んだのちに読み込み、さらに画面に表示するプログラムを作成してください。☆☆

サンプルコード a11-2-1.c　　　　**実行結果例 a11-2-1.exe**

```
1 安部寛之 76 82 87 93 88
2 内山理香 54 66 71 64 76
3 小田裕一 93 45 63 97 96
4 後藤美希 81 88 72 84 78
5 柴崎ユウ 58 61 77 56 88
```

2 P.361の演習1 (a10-1-2.c) で使用した構造体をバイナリファイルに書き込んだのちに読み込み、さらに画面に表示するプログラムを作成してください。☆☆

サンプルコード a11-2-2.c　　　　**実行結果例 a11-2-2.exe**

```
1 安部寛之 76 82 87 93 88
2 内山理香 54 66 71 64 76
3 小田裕一 93 45 63 97 96
4 後藤美希 81 88 72 84 78
5 柴崎ユウ 58 61 77 56 88
```

⑪
ファイル入出力

第11章　まとめ

① ファイル入出力関数を使用するには`stdio.h`ヘッダファイルをインクルードします。

② ファイルの入出力を行うときには`fopen`関数でファイルをオープンし、入出力が終了したら`fclose`関数でファイルをクローズします。

③ ファイルをオープンするときには、fopenの引数であるモードで、ファイルの読み、書き、追加の指定をします。

④ ファイルの入出力関数では引数にファイルポインタを指定します。

⑤ `fseek`関数を使うとファイルのランダムアクセスをすることができます。

⑥ ファイルにはテキストファイルとバイナリファイルがあります。

⑦ バイナリファイルでは処理系によりバイトオーダーが異なります。

索　引

索
引

著者プロフィール

すがわらともこ
菅原朋子

ソフトウェア開発会社にてアプリケーション開発に携わる。現在、福島県立テクノアカデ
ミー郡山職業能力開発短期大学校講師。担当科目はC言語およびC#、Javaプログラミング、
基本情報技術者試験対策、卒業研究など。
著書に『ドリル&ゼミナールC言語』（マイナビ出版）、『ゴールからはじめるC#』（技術評論
社）がある。また、2016年よりオンライン動画学習サイト『LinkedIn ラーニング』にてプ
ログラミング基礎講座の講師も手掛ける。

[STAFF]
カバーデザイン：海江田 暁（Dada House）
イラスト：カトウナオコ
制作：島村龍胆
担当：山口正樹

ドウ ガ
動画でよくわかる
ソクシュウシー ゲン ゴ
速習C言語

2021年4月20日　　初版第1刷発行

著　者　菅原 朋子
発行者　滝口 直樹
発行所　株式会社 マイナビ出版
　　　　〒101-0003 東京都千代田区一ツ橋2-6-3 一ツ橋ビル 2F
　　　　TEL：0480-38-6872（注文専用ダイヤル）
　　　　　　　 03-3556-2731（販売）
　　　　　　　 03-3556-2736（編集）
　　　　E-mail：pc-books@mynavi.jp
　　　　URL：https://book.mynavi.jp
印刷・製本　株式会社ルナテック

©2021 菅原 朋子, Printed in Japan.
ISBN 978-4-8399-7545-6